Krauss / Führer / Neukäter

Grundlagen der Tragwerklehre 1

Grundlagen der Tragwerklehre 1

9., überarbeitete Auflage
mit 545 Abbildungen und 21 Tabellen

Univ.-Prof. em. Dr.-Ing. Franz Krauss
Lehrstuhl für Baukonstruktion (Tragwerklehre)
RWTH Aachen

Univ.-Prof. Dr.-Ing. Wilfried Führer
Inhaber des Lehrstuhls
für Baukonstruktion (Tragwerklehre)
RWTH Aachen

Dipl.-Ing. Hans Joachim Neukäter
Architekt
Leitender Baudirektor

Rudolf Müller

Die Deutsche Bibliothek – CIP-Einheitsaufnahme

Grundlagen der Tragwerklehre /
Franz Krauss ; Wilfried Führer; Claus-Christian Willems; Hans Joachim Neukäter. –
Köln : Müller, 2002
Bd. 1 verf. von Franz Krauss, Wilfried Führer
und Hans Joachim Neukäter
Bd. 2 verf. von Franz Krauss, Wilfried Führer
und Claus-Christian Willems
1. Mit 21 Tabellen. – 9., überarb. Aufl. – 2002

ISBN 3-481-01888-6

ISBN 3-481-01888-6

© Verlagsgesellschaft Rudolf Müller GmbH & Co. KG, Köln 2002
Alle Rechte vorbehalten
Umschlaggestaltung: DesignBüro Lörzer, Köln
Satz und Druck: Druckhaus »Thomas Müntzer« GmbH, Bad Langensalza
Printed in Germany

Die vorliegende Broschur wurde auf umweltfreundlichem Papier
aus chlorfrei gebleichtem Zellstoff gedruckt.

Vorwort zur 9. Auflage

Die europäischen Normen lösen nach und nach die DIN-Vorschriften ab. Wir befinden uns weiter in einer Übergangsphase; DIN und Eurocode (EC) gelten nebeneinander.

Dieses Buch ist vor allem für Studenten geschrieben. Sie werden in ihrer beruflichen Tätigkeit vorwiegend nach Eurocode arbeiten. Aber auch Architekten in der Praxis werden sich auf die neuen Normen einstellen müssen, sei es, weil diese nach einer Übergangszeit allein gültig sein werden, sei es im Sinne einer europaweiten Zusammenarbeit.

In dieser Auflage wurde die schon begonnene Umstellung von DIN auf Eurocode abgeschlossen. Zeichnungen und Diagramme wurden zum besseren Verständnis überarbeitet und teilweise durch zusätzliche ergänzt.

Die Verfahren nach EC 1 bis 9 sind z.T. aufwändig. An der RWTH Aachen wird deshalb an der Entwicklung vereinfachter Verfahren für Lehre und Vorbemessung gearbeitet. Die bisherigen Ergebnisse sind in diesem Buch dargestellt.

Die Verfasser danken Herrn Dr.-Ing. Rolf Gerhardt, Herrn Prof. Dr.-Ing. Thomas Jürgens, Herrn Dipl.-Ing. Holger Eggemann, Frau Dipl.-Ing. Katharina Leitner und einigen studentischen Hilfskräften für ihre maßgebliche Mitarbeit an diesem Werk.

Franz Krauss   Aachen, Juli 2002
Wilfried Führer
Hans Joachim Neukäter

Vorwort zur 1. Auflage

Der Entwurf der tragenden Konstruktion ist ein wesentlicher Teil des architektonischen Gesamtentwurfes. Die Einheit dieser Konstruktion mit Funktion und Gestaltung des Gebäudes muß Ziel des Architekten sein. In wirtschaftlicher Hinsicht wirkt sich der richtige Entwurf der tragenden Konstruktion weit stärker aus als deren spätere genaue Berechnung. Nur aus einer guten Grundkonzeption kann der Ingenieur ein wirtschaftliches Tragwerk weiterentwickeln.

Der Architekt muß mit dem Tragwerk-Ingenieur verständnisvoll zusammenarbeiten. Hierfür darf nicht das Wissen des einen erst dort beginnen, wo das des anderen aufhört. Das Ineinandergreifen der Kenntnisse ist notwendig.

Ziel dieses Buches ist, Architekten die für das Entwerfen tragender Konstruktionen und für das Zusammenarbeiten mit dem Ingenieur erforderlichen Grundlagen zu vermitteln. Dabei kann es nicht darum gehen, das Aufstellen statischer Berechnungen zu lehren, doch sollte der entwerfende Architekt den Kraftverlauf verfolgen, die Größenordnung der Kräfte sowie Abmessungen von Bauteilen überschlagen und Varianten vergleichen können. Dazu genügt nicht das oft zitierte statische Gefühl allein, sondern dieses Gefühl muß durch Kenntnisse und durch Verstehen der Zusammenhänge unterbaut sein.

Der vorliegende erste Band hat die Grundbegriffe des Tragverhaltens von Bauteilen zum Inhalt, im wesentlichen beschränkt auf statisch bestimmte Systeme. Zur Erläuterung und zum Begreifen ist ein wenig Rechenarbeit unvermeidbar. Auf diesen Grundlagen aufbauend, soll im zweiten Band die Tragkonstruktion als Ganzes im Vordergrund stehen. Dort werden u. a. Windaussteifung, Rahmen, Seile und Bogen behandelt werden; dabei wird die rechnerische Erfassung weiter zurücktreten – sie würde zum Verständnis nur noch wenig beitragen.

Curt Siegel war der Wegbereiter einer architekturbezogenen Lehre über Tragwerke. Selbst Architekt und Ingenieur, verstand er es, das für Architekten Wesentliche herauszuarbeiten und anschaulich zu lehren. Als sein Schüler baue ich auf seinem Wirken auf. Vieles in diesem Buch geht auf Grundgedanken Siegels zurück.

Dieses Buch entstand in laufender Zusammenarbeit der drei Verfasser. Es basiert auf deren Vorlesungsmanuskripten. Für die endgültige Ausarbeitung danken wir Herrn Dipl.-Ing. Claus-Christian Willems und vielen Studenten.

Franz Krauss   Aachen, Mai 1980

Inhalt

Übersicht der Bezeichnungen 9

1 Lasten 13
   Zahlenbeispiel – Lastaufstellungen 25

2 Gleichgewicht der Kräfte und Momente 37

3 Auflager 43
   3.1 Art der Auflager 43
   3.2 Ermittlung der Auflagerkräfte 46
   3.3 Lastfälle 54
   3.4 Lasten in Richtung der Stabachse 55
   3.5 Einspannung 58

4 Statische Bestimmtheit 61

5 Innere Kräfte und Momente 67
   5.1 Längskräfte 69
   5.2 Querkräfte 71
   5.3 Momente 80
   5.4 Beziehung von Querkraft und Moment 86
   5.5 Ermittlung der Momente über die Querkraft 98

6 Lastfälle, Hüllkurven
   und eine schnellere Methode zur Ermittlung der Auflagerkräfte 99

7 Festigkeit von Bau-Materialien 113
   7.1 Kräfte und Spannungen 113
   7.2 Elastische und plastische Verformungen 115
   7.3 Elastizitätsmodul, Hookesches Gesetz 118
   7.4 Holz 120
   7.5 Fließen des Stahles 121
   7.6 Stahlbeton 123
   7.7 Sicherheitskonzept nach Eurocode 124

8 Bemessung von Biegeträgern in Holz und Stahl 129
   8.1 Widerstandsmoment und Trägheitsmoment 130
   8.2 Schub 152
   8.3 Durchbiegung 161
   8.4 Gestalt von Biegeträgern 166

9 Zug- und Druckstäbe 171
    9.1 Zugstäbe 171
    9.2 Druckstäbe 172
    Zahlenbeispiel zu den Kapiteln 1 bis 9 189

10 Wände und Pfeiler aus Mauerwerk 209
    10.1 Grundzüge der vereinfachten Wandberechnung nach Eurocode 6 Teil 3 215
    10.2 Charakteristische Beispiele als Entwurfshilfen für den Architekten 221

11 Graphische Statik 225
    11.1 Grundlagen 225
    11.2 Zusammensetzen von mehreren Kräften 228
    11.3 Poleck und Seileck 233
    11.4 Zerlegen von Kräften 238
    11.5 Zusammensetzen und Zerlegen 243
    11.6 Seillinie und Momentenlinie 244

12 Fachwerke 247
    12.1 Zeichnerische Methode zur Ermittlung der Stabkräfte – Cremonaplan 252
    12.2 Rechnerische Methode zur Ermittlung der Stabkräfte
         – Rittersches Schnittverfahren 261
    12.3 Eine Überschlagsmethode 266
    12.4 Erkennen von Stabkräften 267
    12.5 Aussteifung des Druckgurtes 272

13 Schräge und geknickte Träger 273

14 Decken und Träger aus Stahlbeton 287
    14.1 Allgemeines 287
    14.2 Stahlbetonbalken 297
    14.3 Stahlbetonplatten 312
    14.4 Plattenbalken 322
    14.5 Rippendecke und deckengleiche Träger 334
    Zahlenbeispiele 352

15 Stützen und Wände aus Beton und Stahlbeton 367
    15.1 Allgemeines 367
    15.2 Gedrungene Beton- und Stahlbetonstützen 369
    15.3 Schlanke Beton- und Stahlbetonstützen 376

Literaturverzeichnis 389

Stichwortverzeichnis 394

Übersicht der Bezeichnungen

A	Querschnittsfläche
A_S	Querschnittsfläche des Stahles
A_C	Querschnittsfläche des Betons
C	Betonfestigkeitsklasse z. B. C 20/25
BSt	Betonstahlfestigkeitsklasse z. B. BSt 500
d	Dicke eines Querschnitts
	Statische Nutzhöhe eines Betonquerschnitts (Eurocode 2)
d_1, d_2	Abstand der Bewehrung vom Rand (Eurocode 2)
E	Elastizitätsmodul
e	Exzentrizität, Ausmittigkeit
F	Last, Kraft (force)
F_C	Betondruckkraft
F_S	Stahlzugkraft
F_H	Horizontalkraft
F_V	Vertikalkraft
F	Rechenwert der Materialfestigkeit
αf_{cd}	Bemessungswert der Betondruckfestigkeit = σ_{Rd}
f_{Yk}	Nennstreckgrenze Stahl, charakteristischer Wert
f_{Yd}	Rechenwert der Stahlfestigkeit, Bemessungswert, = σ_{Rd} Grenzspannung
h	Höhe eines Querschnitts
I	Trägheitsmoment = Flächenmoment 2. Grades
i	Trägheitsradius $\sqrt{\dfrac{I}{A}}$
k	Beiwerte der Stahlbetonbemessung; Abminderungsbeiwerte
l	Stützweite
l_i	ideelle Stützweite = Entfernung der Momentennullpunkte
M	Biegemoment
N	Normalkraft, Längskraft
Q	Querkraft (DIN)
V	Querkraft (Eurocode)

innere Schnittgrößen allgemein

g, G	ständige Last (ständige Einwirkung)
p, P	veränderliche Last, Verkehrslast (veränderliche Einwirkung)
q	Last allgemein
q, Q	veränderliche Last (Einwirkung) (Eurocode, bisher p, P)
R	Widerstand eines Tragwerkes (Eurocode: Beanspruchbarkeit, resistance)
S	Einwirkungen auf ein Tragwerk (Eurocode: Beanspruchung)

s	Index für Stahl
s	Systemlänge, auch Abstand zwischen zwei Bauteilen
s	Schneelast
s_0	Regelschneelast
S	statisches Moment
s_k	Knicklänge
w, W	Windlast
W	Widerstandsmoment
x y z	Koordinaten
z	Hebelarm der inneren Kräfte
x	Höhe der Betondruckzone
α	fester Winkel
	Abminderungsfaktor für Langzeitwirkung (Eurocode 2)
β	Quotient $\dfrac{s_k}{s}$
γ	Teilsicherheitsbeiwert (bisher Sicherheitsfaktor)
$\gamma_{G,\,Q} = \gamma_F$	Teilsicherheitsbeiwert Einwirkungen G, Q
γ_M	Teilsicherheitsbeiwert Material
γ_C	Teilsicherheitsbeiwert Beton
γ_s	Teilsicherheitsbeiwert Betonstahl
ε	Dehnung $= \dfrac{\Delta l}{l} = \dfrac{\sigma}{E}$
ε_C	Betondehnung
ε_S	Stahldehnung
δ	Durchbiegung
λ	Schlankheit $\dfrac{s_k}{i}$
SL	Scher-/Lochleibungsverbindung mit Lochspiel
SLP	Scher-/Lochleibungsverbindung ohne Lochspiel (Paßschrauben)
GV	gleitfeste, vorgespannte Verbindung
GVP	gleitfeste, vorgespannte Verbindung mit Paßschrauben
ρ	Bewehrungsgrad (Eurocode)
μ	Reibungsbeiwert
σ_K	Knickspannung (allgemein)
σ_i	ideelle Spannung
σ_D	Druckspannung
σ_N	Normalspannung
σ_M	Biegespannung auch σ_B
τ	Schubspannung

Nebenzeichen

cal	rechnerisch (calculated)
crit	kritisch, auch kr
erf	erforderlich
max	maximal (Größt-)
min	minimal (Kleinst-, auch Größtwerte mit neg. Vorzeichen)
tot	gesamt (total)
vorh	vorhanden
zul	zulässig
bü	Bügel

Indices

k	charakteristische Größe
d	Bemessungsgröße
c	Beton (concrete)
y	Stahl
R	Widerstand
S	Einwirkung
M	Material
F	Last, Kraft
H	horizontal
V	vertikal

Ⓖ **Grundkenntnisse**

Ⓔ **Erweiterungskenntnisse** für besonders interessierte Leser – zum Verständnis der Grundkenntnisse nicht notwendig.

Ⓗ **Herleitung** von Zusammenhängen und Formeln. Das Durcharbeiten dieser Herleitungen ist nicht unbedingt erforderlich, wird aber – vor allem mathematisch interessierten Lesern – das Verständnis vertiefen.

Ⓩ **Zahlenbeispiel.** Der Stoff wird an praktischen Beispielen erläutert und vertieft.

Hinweise »Tabellen« (»Tabellenband«) beziehen sich auf den Band »Tabellen zur Tragwerklehre«.

1 Lasten

 Ein Gebäude ist vielen *Einwirkungen* ausgesetzt. Lasten und andere Kräfte, Witterungseinflüsse wie Wind, Sonneneinstrahlung, Wärme und Kälte, das alles sind Einwirkungen.

Uns werden hier vor allem die *Lasten* (direkte Einwirkungen) interessieren und die *Beanspruchung*, der das Gebäude durch sie unterworfen wird. Und wir werden später untersuchen, wie weit das Gebäude ihnen *Widerstand* entgegenzusetzen vermag, wie groß also die *Beanspruchbarkeit* ist und mit welchen Mitteln des Entwurfs und der Konstruktion diese Widerstände und die erforderlichen Sicherheiten erreicht werden können.

Tragende Konstruktionen haben die Aufgabe, Lasten aufzunehmen, d. h. zu »*tragen*« und in den Baugrund abzuleiten. Dieses Tragen und Ableiten von Lasten kann entweder die alleinige Aufgabe eines tragenden Bauteils sein oder kann verbunden sein mit anderen Aufgaben. So haben viele Stützen und Balken oft nur den Zweck, Lasten zu tragen, während Wände und Decken meist auch Räume umhüllen und gegen klimatische Einflüsse, gegen Sicht, Lärm etc. schützen sollen.

Eigengewichte der tragenden Bauteile, Eigengewichte anderer Bauteile, Gewicht der Benutzer, der Einrichtung, gelagerter Gegenstände und Güter, Schnee und Wind – das alles sind Lasten. Nach DIN 1080 wird die Benennung »*Last*« für Kräfte verwendet, die von außen auf ein Gebäude einwirken, aber keine Reaktionskräfte sind (Reaktionskräfte sind hier Auflagerkräfte, darüber mehr in den nächsten Kapiteln).

Für Bremskräfte (z. B. auf Brückenfahrbahnen) und Kräfte aus Längenänderung der Bauteile (z. B. infolge Erwärmung) wird nicht das Wort »*Last*«, sondern der umfassendere Begriff »*Kraft*« gebraucht.

Wir unterscheiden Lasten und andere Kräfte
- nach der **Dauer** ihres Wirkens,
- nach der **Richtung**, in der sie wirken,
- nach der Art ihrer **Verteilung**.

Nach der **Dauer** des Wirkens unterscheiden wir zwischen *ständigen* und *nichtständigen* (vorübergehenden) Lasten. Unter den nichtständigen Lasten bilden die *dynamischen* Lasten eine besondere Gruppe.

Ständige Lasten (ständige Einwirkungen) sind die:
- *Eigengewichte* der unveränderlichen Bauteile, sowohl der tragenden als auch der nichttragenden. Sie sind immer da.

Zu den *nichtständigen* Lasten und Kräften (vorübergehende Einwirkungen) gehören die:
- *Verkehrslasten*, d. h. die Lasten, die durch Benutzer, Einrichtung, Lagerstoffe etc. entstehen,
- *Schneelasten*,
- *Windlasten*,
- *Erddruck* (in den meisten Fällen als nichtständig anzunehmen),
- Kräfte, die aus Längenänderung infolge *Temperaturänderung, Trocknen, Schwinden* etc. in der Konstruktion entstehen (Sie zählen zu den indirekten Einwirkungen).

Auch solche Bauteile, die eingebaut, aber auch wieder entfernt werden können – z. B. variable Trennwände – sind den nichtständigen Lasten zuzurechnen.

Eine wichtige Gruppe der nichtständigen Lasten sind die *dynamischen* Lasten:
- *Bremskräfte*, die durch allmähliches Beschleunigen bzw. Bremsen (z. B. von Krananlagen) entstehen.
- *Anprallasten*. Sie entstehen durch stoßartiges Abbremsen, z. B. von anprallenden Fahrzeugen.
- *Schwingungen*, z. B. durch Maschinen, Glocken, aber auch durch Wind. Sie können zu einer ernsten Gefahr für Bauwerke werden, wenn sie mit der Eigenschwingung des Bauwerkes oder einem Mehrfachen dieser Eigenschwingung übereinstimmen, d. h. wenn *Resonanzerscheinungen* auftreten.
- Bei *Erdbeben* bewegt sich der Baugrund unter dem Gebäude. Infolge Massenträgheit der Gebäudeteile entstehen hieraus Kräfte.

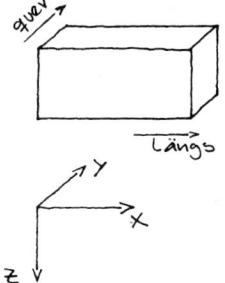

Nach der **Richtung** werden unterschieden:
- *vertikale* Lasten,
- *horizontale* Lasten in *Gebäudelängsrichtung*,
- *horizontale* Lasten in *Gebäudequerrichtung*.

Anstelle der nicht immer eindeutigen Begriffe »Längs-« und »Querrichtung« können Bezeichnungen wie x- und y-Richtung eingeführt werden. Die Vertikale wäre dann die z-Richtung. Schräg wirkende Lasten können in x- und y- und z-Komponenten zerlegt werden, wenn dies die weiteren Untersuchungen erleichtert.

Erfahrungsgemäß wird das Abtragen der *vertikalen* Lasten meist schon bei den Vorentwürfen konstruktiv richtig bedacht. Hingegen ist oft ein Vernachlässigen der *horizontalen* Lasten – wie z. B. Wind – im Entwurf festzustellen. Die Stabilisierung gegen horizontale Lasten – z. B. durch Wandscheiben – kann aber den Entwurf entscheidend beeinflussen. Deshalb sollte der Entwerfende gerade der Horizontal-Stabilisierung eines Bauwerkes von Anfang an besonderes Augenmerk widmen!

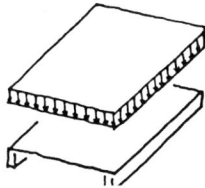

 Verteilung

Lasten, die auf eine Fläche verteilt sind, heißen *Flächenlasten.* So ist z. B. das Eigengewicht einer Deckenplatte eine ständige Flächenlast, die auf diese Decke wirkende Verkehrslast wird als nichtständige Flächenlast betrachtet; hierbei werden die Lasten aus Menschen, Möbeln etc. als gleichmäßig verteilt angenommen. Eigengewicht und Verkehrslast wirken hier vertikal.

Der Wind erzeugt Flächenlasten, ihre Richtung ist immer senkrecht zur Angriffsfläche, kann also horizontal, aber auch schräg, bei Windsog sogar vertikal sein.

Kräfte, die auf einer Linie angreifen, werden als *Linienlasten* oder als *Streckenlasten* bezeichnet. Wenn z. B. die oben genannte Platte auf Balken oder Trägern auflagert, so wirken damit Streckenlasten auf diese Balken, und zwar ständige Streckenlasten aus dem Eigengewicht der Platte und nichtständige aus der Verkehrslast auf der Platte. Hinzu kommt die ständige Streckenlast aus dem Eigengewicht des Balkens.

Bei dieser Betrachtung wird die Breite des Balkens außer acht gelassen, wir vereinfachen den Balken in Gedanken zu einem linienförmigen Tragwerk, die auf ihn wirkenden Lasten zu Streckenlasten.

Allerdings muß bei der Ermittlung seines Eigengewichtes und später bei seiner Bemessung die Breite dann doch berücksichtigt werden.

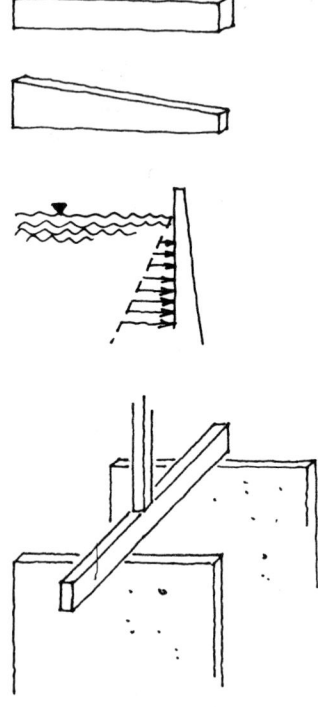

 Flächen- und Streckenlasten sind meist gleichmäßig verteilt oder werden zumindest vereinfacht als gleichmäßig verteilt angenommen – also ihre Größe ist an jedem Ort der Fläche oder der Strecke gleich groß.

Diese Lasten können aber auch ungleichmäßig verteilt sein, so z. B. das Eigengewicht eines konisch zulaufenden Trägers oder der Wasserdruck gegen eine Staumauer – er wird nach unten größer.

Ein Balken, der auf zwei Wänden aufliegt, belastet diese Wände durch *Einzellasten*, auch *punktförmige* Lasten genannt. Auch ein Pfosten, der auf einem horizontalen Balken aufsteht, erzeugt dort eine Einzellast.

Wie vorher bei der Breite des Balkens, so vernachlässigen wir jetzt die geringe Fläche des Auflagers und betrachten sie als einen Punkt.

Vereinfachungen dieser Art werden wir im folgenden noch oft brauchen. Sie sind notwendig, um mit angemessenem Aufwand Tragsysteme untersuchen zu können. Selbstverständlich müssen solche Vereinfachungen der Wirklichkeit möglichst nahe kommen.

Bezeichnungen und Symbole

Nach Eurocode EC 1 werden ständige Lasten mit G, nichtständige mit Q bezeichnet, unabhängig von ihrer Verteilung. Die Verfasser schlagen jedoch vor, nach der Verteilung der Lasten zu unterscheiden und dabei z. T. die bisher gebräuchlichen Zeichen zu übernehmen. Nach diesem Vorschlag bezeichnen wir:

Flächen- und Streckenlasten mit kleinen Buchstaben, und zwar
– ständige Lasten mit g
– Verkehrslasten   mit p
– Schneelast   mit s
– Windlast   mit w

Bei der Windlast kann getrennt werden in Winddruck w_D und Windsog w_S.

Kombinationen von g, p und evtl. s können mit q bezeichnet werden. Doch Vorsicht: Nicht immer darf man diese Lasten einfach addieren. So ist z. B. auf einem begehbaren Dach nicht die Verkehrslast p und die Schneelast s gleichzeitig anzunehmen. Oder: Einseitige Schneelast wird nur mit ihrem halben Wert (s/2) angesetzt. Auch werden bei der späteren Bemessung die Lastarten unterschiedlich behandelt. Deshalb ist es oft klarer, weiterhin g + p etc. zu schreiben.

Bei allgemeinen Herleitungen oder Formeln, die für g oder p oder g + p etc. gleichermaßen gelten, werden wir im Folgenden weiterhin q schreiben.

Zur Unterscheidung der Flächenlasten von den Streckenlasten sei empfohlen, Flächenlasten außerdem mit einem Querstrich zu versehen, also $\bar{g}$, $\bar{p}$, $\bar{s}$, $\bar{w}$.

Flächenlasten werden meist in kN/m^2 angegeben, Streckenlasten in kN/m.

Für Einzellasten werden nach diesem Vorschlag Großbuchstaben gewählt, also für ständige Einzellasten G, für solche aus Verkehrslast P, für Schnee S etc. Nur für die Summe dürfen wir nicht Q verwenden; die Bezeichnung Q ist sowohl nach DIN als auch nach EC schon vergeben, und hier könnte es böse Verwechslungen geben. Deshalb schreiben wir nur G + P, eventuell + S.

Bezeichnungen für Lasten, Übersicht

	Flächenlasten	Streckenlasten	Einzellasten
	kN/m^2	kN/m	kN
Ständige Lasten Verkehrslasten (nichtständige Lasten) Schnee	$\bar{g}$ $\bar{p}$ $\bar{s}$	g p s	G P S
Wind andere Horizontalkräfte	$\bar{w}$ $\bar{h}$	w h	W H

Kombinationen von g und p oder s können mit q bzw. $\bar{q}$, bezeichnet werden (Vergleiche dazu Seite 19).

In Systemskizzen werden Lasten durch folgende Symbole dargestellt:

gleichmäßig verteilte *Streckenlasten*

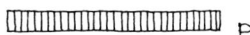 p

ungleichmäßig verteilte *Streckenlasten*

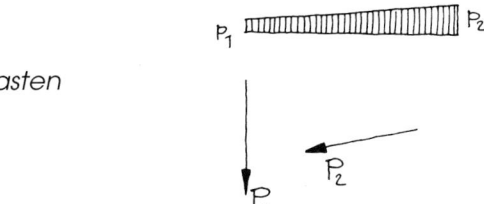

P_1 ... P_2

Einzellasten

P_2

P_1

Für Einzellasten kann auch allgemein die Bezeichnung F (force) und für Horizontalkräfte H verwendet werden.

Ⓖ Lasten nach DIN 1055 und Eurocode

DIN 1055

Die Gewichte der Baustoffe und der als Belastung in Frage kommenden Lagerstoffe, die erfahrungsgemäß möglichen Verkehrslasten sowie Wind- und Schneelasten sind in DIN 1055 festgelegt. Zukünftig wird Eurocode (EC) 1 an deren Stelle treten.

Es ist also nicht notwendig, im Einzelfall Untersuchungen anzustellen etwa über Zahl und Gewicht der Personen, die sich möglicherweise in einem Raum aufhalten, sondern in Abhängigkeit von der Funktion dieses Raumes können die Werte der DIN 1055 und EC 1 entnommen werden.

Eurocode 1

Die wichtigsten dieser Werte sind im Tabellenband unter Abschnitt L »Lastannahmen« zu finden. Dazu einige Anmerkungen:

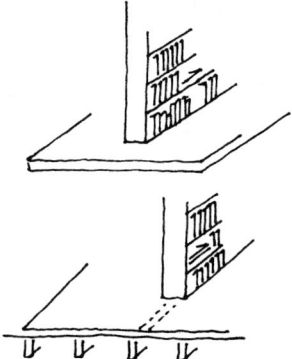

Beim Betrachten dieser Tabellen erscheint es zunächst verwunderlich, daß bei Wohnräumen über Decken mit ausreichender Querverteilung der Lasten (z. B. Stahlbetonplatten) geringere Lasten anzunehmen sind als für Decken unter denselben Räumen ohne ausreichende Querverteilung der Lasten (z. B. Holzbalken). Der Grund liegt nicht etwa darin, daß die einen Räume tatsächlich weniger belastet wären als die anderen, sondern er liegt darin, daß hohe Einzellasten, die in Wohnräumen auftreten können – z. B. durch einen Bücherschrank oder ein Klavier – bei der einen Decke auf eine größere mittragende Breite verteilt werden, bei der anderen Decke hingegen, z. B. bei der Holzbalkendecke, von nur einem oder zwei Balken aufgenommen werden müssen (Tabellen L 3).

Tabellen L 3

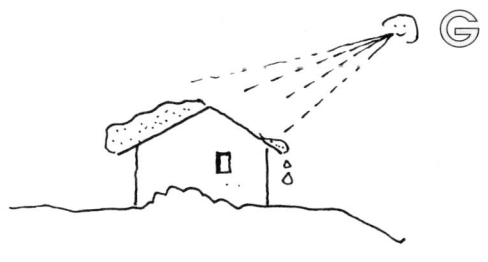

DIN 1055

Tabellen L 4

Tabellen L 5

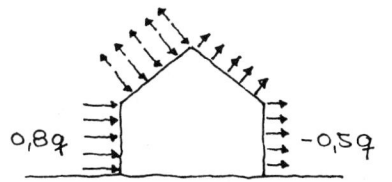

Die *Schneelast* hängt ab von der Dachneigung. Auf einem flachen oder wenig geneigten Dach kann mehr Schnee liegen bleiben als auf einem steilen.

Die zu erwartende Schneemenge ist je nach geographischer Lage verschieden. DIN 1055 unterscheidet vier Schneelastzonen. Die anzunehmende Schneelast ergibt sich nach Schneelastzone und nach Seehöhe. Eine Karte in DIN 1055 gibt Aufschluß über die Zonen. In Zweifelsfällen sollte man die zuständigen Bauämter befragen.

Die *Windlasten* nehmen zu mit der Höhe über Erdboden. Der Staudruck – er wird q benannt – ist deshalb abhängig von der Gebäudehöhe (Tabelle 1, L 5). An der See, im Gebirge und in exponierten Lagen sind höhere Werte anzunehmen.

Wind wirkt immer im rechten Winkel zur betroffenen Fläche!

Wind wirkt nicht nur als Druck, sondern auch als Sog. So ist es zu erklären, daß Wind Dächer abheben kann, wenn diese nicht genügend befestigt sind.

Wind ist nicht nur auf der Luv-, sondern auch auf der Leeseite zu berücksichtigen.

Für das Gebäude als Ganzes ist der Staudruck q mit dem Beiwert c = 1,3 zu multiplizieren. Davon entfallen 0,8 q als Druck auf die Luvseite, – 0,5 q als Sog auf die Leeseite.

Die Windlast auf Dächern ist abhängig von der Dachneigung. Hier mag manches überraschen: So wirkt auf Flachdächern und auf der Luv- wie auf der Leeseite leicht geneigter Dächer nur Sog. Bei Neigungen zwischen 25° und 50° wirkt auf der Leeseite nur Sog, auf der Luvseite jedoch kann entweder Druck oder Sog entstehen, das hängt von mehreren Einflüssen ab.

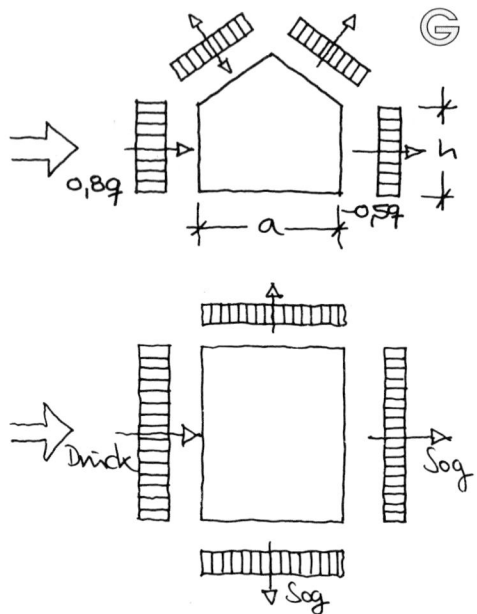

Wir müssen vorsichtshalber das jeweils Ungünstigere annehmen. Erst bei Neigungen über 50° herrscht stets auf der Luvseite Druck, auf der Leeseite Sog (Tabelle 2, L 5).

An den Rändern und insbesondere an den Ecken von Dächern können vielfach höhere Sogwerte auftreten, bis zu – 3,2 q. Sorgsame Verankerung der Dächer ist hier besonders notwendig.

Auch an Wänden parallel zur Windrichtung entsteht Sog. Die Stärke hängt ab vom Verhältnis h/a, also der Gebäudehöhe (bis Traufe) und der Gebäudetiefe in Windrichtung (Tabellen L 5).

Tabellen L 5

DIN 1055 und EC 1

DIN 1055 und EC 1 geben für viele Gebäudeformen Werte der Windlasten an. Für weitere Formen können Windkanal-Versuche mit geeigneten Modellen Aufschluß geben.

Die in den Tabellen angegebenen Lasten heißen *charakteristische Lasten*. Es sind *wahrscheinliche* Höchstlasten. Seltene Überschreitungen sind nicht völlig auszuschließen. Deshalb sind sie für die weiteren Arbeitsgänge mit den Sicherheitsfaktoren γ_F zu multiplizieren. Wir werden vereinfachend einen einheitlichen Sicherheitsfaktor $\gamma_F = 1{,}4$ annehmen. Näheres dazu in Abschnitt 7 (Sicherheitsfaktoren nach Eurocode).

Z Zahlenbeispiel – Lastaufstellungen

Im folgenden Beispiel werden Lastaufstellungen für ein einfaches Holzhaus gezeigt. Die Lasten sind den Tabellen L 2 bis 5 zu entnehmen.

Tabellen L 2 bis 5

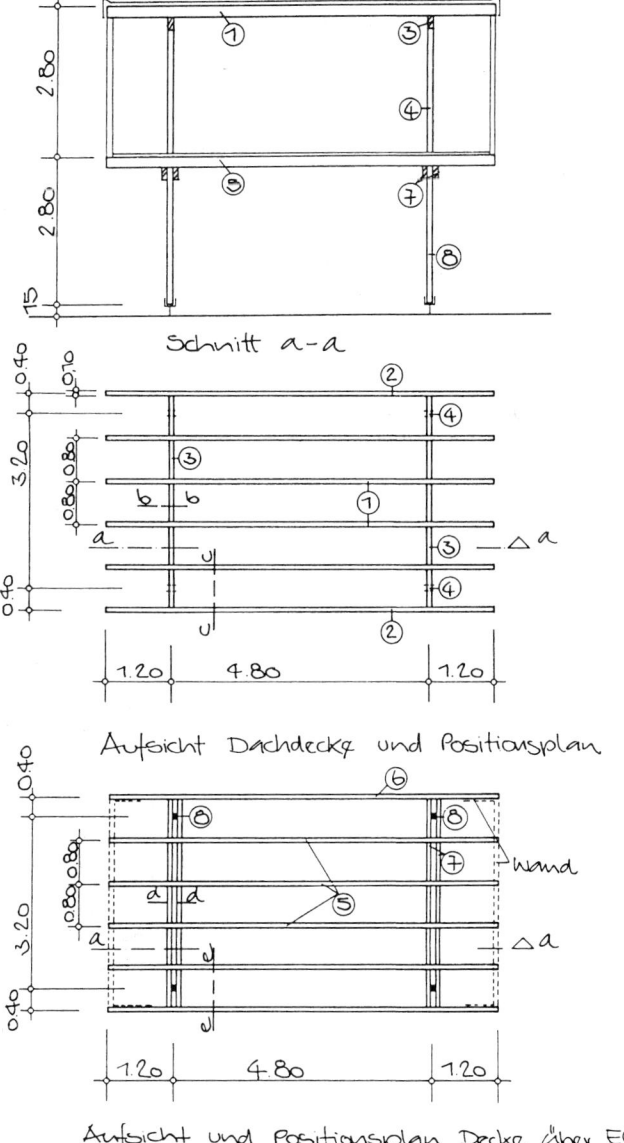

In diesem Beispiel sind die Lasten noch nicht mit dem Sicherheitsfaktor γ_F multipliziert. Sie werden so als »charakteristische Lasten« bezeichnet.

Z Position 1: Balken der Dachdecke

Mit »Position« werden die verschiedenen
Bauteile bezeichnet, wobei gleiche Bauteile
meist die gleiche Positionsnummer haben. Im
Positionsplan – einer Übersichtsskizze zum
schnellen Auffinden der Positionen und zum
Erkennen ihrer gegenseitigen Beziehung –
werden die Positionsnummern in kleine Kreise
gesetzt, also ① im Positionsplan bedeutet:
Position 1.

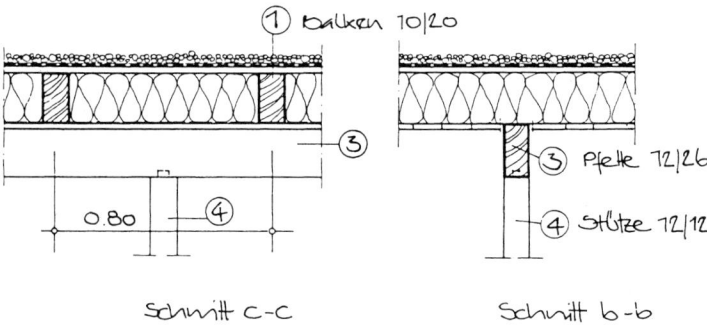

Schnitt c-c   Schnitt b-b

Alle Holzbauteile: | **Flächenlasten** | |
Nadelholz Gkl II | *Ständige Lasten:* | kN/m^2 |

Alle Holzbauteile: *Nadelholz Gkl II*	**Flächenlasten** *Ständige Lasten:*	kN/m^2
	3 cm Kies	
Tabellen L 2	$\quad$ 0,03 · 18 kN/m³	0,54
	3lagige Dachabdichtung,	
	$\quad$ verschweißt	0,22
	20 cm Glaswolle	0,20
	2,2 cm Spanplatte	
	$\quad$ 0,022 m · 7,0 kN/m³	0,15
	2,4 cm Holzschalung	
	$\quad$ 0,024 m · 6 kN/m³	0,14
	$\bar{g}_1 =$	1,25
Tabellen L 4	*Schnee:*	
	für horizontale Dächer $\quad \bar{s}_1 =$	0,75
	$\bar{q}_1 = \bar{g}_1 + \bar{s}_1 =$	2,00

Z Streckenlasten je 1 m Balken

Ständige Lasten
Eigengewicht:

	kN/m
Da wir die endgültigen Abmessungen der Balken bei der Lastaufstellung noch nicht kennen, schätzen wir den Balken mit 10/20 cm.	
$0,10 \text{ m} \cdot 0,20 \text{ m} \cdot 6,0 \text{ kN/m}^3\text{*)}$ =	0,12
Die weiteren Streckenlasten ergeben sich aus den Flächenlasten mal Balkenabstand. Sie werden immer auf 1,0 m Balkenlänge bezogen.	
aus $\bar{g}_1$: $1,25 \text{ kN/m}^2 \cdot 0,80 \text{ m}$ =	1,00
g_1 =	1,12
Schnee:	
$0,75 \text{ kN/m}^2 \cdot 0,80 =$ s_1 =	0,60
$q_1 = g_1 + s_1 =$	1,72

Balkenabstand 0,80 m

Tabellen H 2

*) Die Eigenlast der Hölzer kann auch den Tabellen H 2 entnommen werden.

Position 1

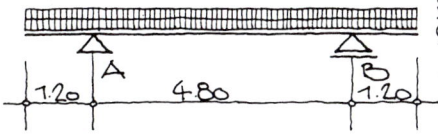

$$s = 0,60 \text{ kN/m}$$
$$g = 1,72$$
$$q = 1,72 \text{ kN/m}$$

Das Ergebnis dieser Lastaufstellung wird für jede Position in einer Systemskizze niedergelegt. Diese Skizze ist für weitere Untersuchungen eine wichtige Grundlage. In einer statischen Berechnung würde jetzt die eingehende Untersuchung und Bemessung des Bauteils erfolgen (siehe spätere Zahlenbeispiele).

Z   In diesem Beispiel jedoch beschränken wir
uns auf die Ermittlung der Auflagerreaktionen
und fahren dann mit der Lastaufstellung für
die anderen Positionen fort.

Die Balken Position 1 liegen auf den Pfetten
Position 3. Wir müssen also die *Auflagerkräfte*
kennen, die hier von den Balken auf die
Pfetten übertragen werden. Die Ermittlung
von Auflagerkräften wird in Kapitel 3 besprochen werden. Jedoch hier, in diesem Beispiel, können wir uns schon jetzt helfen:
Wegen der Symmetrie sind die beiden Auflagerkräfte des Balkens – wir nennen sie A
und B – gleich groß, also gleich der Streckenlast mal der halben Gesamtlänge. Hierbei
trennen wir ständige Last g und Schnee s.

Aus g_1:

$$A_{g1} = B_{g1} = 1,12 \text{ kN/m} \cdot \frac{1,20 \text{ m} + 4,80 \text{ m} + 1,20 \text{ m}}{2} = 4,03 \text{ kN}$$

Aus s_1:

$$A_{s1} = B_{s1} = 0,60 \text{ kN/m} \cdot \frac{1,20 \text{ m} + 4,80 \text{ m} + 1,20 \text{ m}}{2} = 2,16 \text{ kN}$$

$$\underline{A_{q1} = B_{q1} = 6,19 \text{ kN}}$$

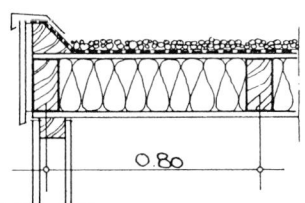

$\mathbb{Z}$ **Position 2: Randbalken der Dachdecke**

	kN/m
Aus konstruktiven Gründen wird der Randbalken gleich den anderen Balken gewählt. Geschätzt wie Position 1: 10/20 cm	0,12
Weitere Randhölzer, geschätzt:	0,10

Die Streckenlast des Randbalkens ergibt sich aus dem halben Balkenabstand. Hinzu kommt die Breite von Balkenmitte bis zum äußeren Rand (ca. 10 cm).

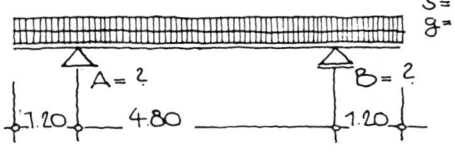

Aus $\bar{g}_1$:

$$1,25 \text{ kN/m}^2 \cdot \left(\frac{0,80 \text{ m}}{2} + 0,10 \text{ m} \right) = 0,63$$

$$g_2 = 0,85$$

Schnee:

$$0,75 \text{ kN/m}^2 \cdot \left(\frac{0,80 \text{ m}}{2} + 0,10 \text{ m} \right)$$

$$= s_2 = 0,38$$

$$q_2 = g_2 + s_2 = 1,23$$

Position 2

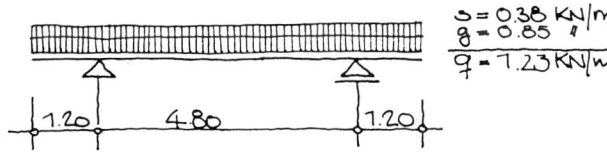

Auflagerkräfte (wie in Position 1 wegen Symmetrie leicht zu ermitteln):
Aus g_2:

$$A_{g2} = B_{g2} = 0,85 \text{ kN/m} \cdot \frac{1,20 \text{ m} + 4,80 \text{ m} + 1,20 \text{ m}}{2} = 3,06 \text{ kN}$$

Aus s_2:

$$A_{s2} = B_{s2} = 0,38 \text{ kN/m} \cdot \frac{1,20 \text{ m} + 4,80 \text{ m} + 1,20 \text{ m}}{2} = 1,37 \text{ kN}$$

$$A_{q2} = B_{q2} = 4,43 \text{ kN}$$

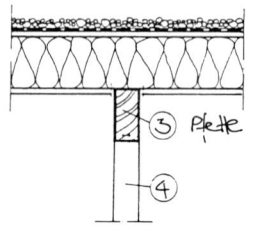

Z **Position 3: Pfetten**

Streckenlast	kN/m
Eigengewicht:	
(geschätzt: 12/26 cm)	
$0,12 \text{ m} \cdot 0,26 \text{ m} \cdot 6,0 \text{ kN/m}^3 \approx$	0,20
$g_3 =$	0,20

(Die Balken Position 1 und
Position 2 belasten als Einzel-
lasten die Pfette Position 3)
Einzellasten aus Position 1:

		kN
aus A_{g1}:	$G_1 =$	4,03
aus A_{s1}:	$S_1 =$	2,16
	$G_1 + S_1 =$	6,19

Einzellasten aus Position 2:

aus A_{g2}:	$G_2 =$	3,06
aus A_{s2}:	$S_2 =$	1,37
	$G_2 + S_2 =$	4,43

Position 3

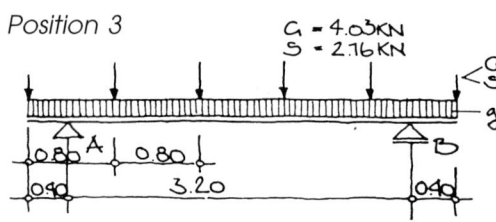

Auch hier können wir wegen Symmetrie des Systems und der Lasten
in einfacher Weise die Auflagerkräfte bestimmen; je die Hälfte der
Lasten entfällt auf jedes Auflager.

$A_{g3} = B_{g3} =$

$$0,20 \text{ kN/m} \cdot \frac{0,40 \text{ m} + 3,20 \text{ m} + 0,40 \text{ m}}{2} + 3,06 \text{ kN} + 2 \cdot 4,03 \text{ kN} \qquad = 11,52 \text{ kN}$$

$$A_{s3} = B_{s3} = 1,37 \text{ kN} + 2 \cdot 2,16 \text{ kN} \qquad\qquad\qquad\qquad = 5,69 \text{ kN}$$

$$A_{q3} = B_{q3} = 17,21 \text{ kN}$$

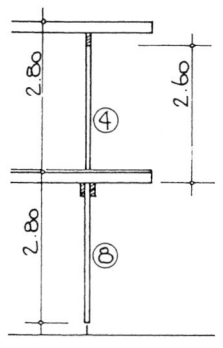

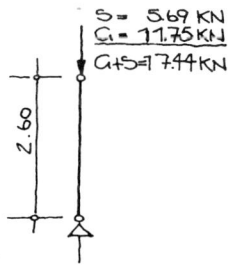

Z Position 4: Stütze

	kN
Einzellast	
Eigengewicht:	
(geschätzt: 12/12 cm)	
$0,12 \text{ m} \cdot 0,12 \text{ m} \cdot 6 \text{ kN/m}^3 \cdot 2,6 \text{ m}$	0,23
Die Pfette Position 3 liegt	
auf der Stütze Position 4	
auf. Deshalb belasten die	
Auflagerkräfte der Pfette	
die Stützen als Einzellasten.	
A_{g3} aus Position 3:	11,52

		kN
	$G_4 =$	11,75
A_{s3} aus Position 3:	$S_4 =$	5,69
	$G_4 + S_4 =$	17,44

Anmerkung:

Das Eigengewicht der Stütze schon oben anzusetzen, obwohl es sich erst allmählich aufaddiert, ist praxisüblich – eine der vielen gebräuchlichen Vereinfachungen.

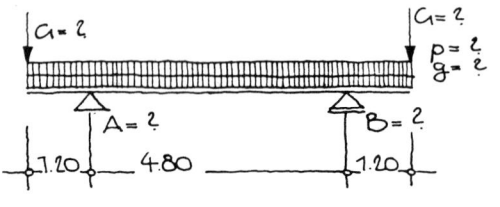

Z **Position 5: Balken der Decke
über Erdgeschoß**

Flächenlast	kN/m²
Ständige Lasten	
Belag (z. B. Spannteppich)	0,10
2 cm Spanplatte	0,20
20 cm Glaswolle	0,20
2 cm Holzschalung	
$0,02 \cdot 6$ kN/m³	0,12
$\bar{g}_5 =$	0,62

Tabellen L 3

(Deckenkonstruktion ohne ausreichende Querverteilung)

Verkehrslast		
unter Wohnräumen	$\bar{p}_5 =$	2,00
$\bar{q}_5 = \bar{g}_5 + p_5 =$		2,62

Streckenlast	kN/m
Eigengewicht des Balkens	
(geschätzt 10/20 cm)	
$0,10$ m $\cdot 0,20$ m $\cdot 6$ kN/m³	0,12
übrige ständige Lasten aus $\bar{g}_5$	
0,62 kN/m² $\cdot 0,80$ m	0,50
$g_5 =$	0,62

Balkenabstand 0,80 m

Verkehrslast		
2,00 kN/m² $\cdot 0,80$ m	$p_5 =$	1,60
$q_5 = g_5 + p_5 =$		2,22

ℤ Wände

Die Wände – es sind hier nur die vier Außenwände – stehen in dieser Hütte auf der Decke über Erdgeschoß auf. Sie gehen also nicht – wie bei den meisten Häusern – bis zu den Fundamenten durch. Das Erdgeschoß ist hier ohne Wände, dort stehen nur die vier Stützen.

Wir gehen an dieser Stelle noch nicht auf die Konstruktion der Wände ein, sondern nehmen ihr Gewicht mit $0{,}6$ kN/m^2 vertikaler Wandfläche an. Fenster und Türen sind hier pauschal inbegriffen.
Die Wand ist $2{,}60$ m hoch. Damit entfällt auf $1{,}00$ m horizontale Wandlänge:

	kN/m
$0{,}6$ kN/m$^2 \cdot 2{,}60$ m $=$ $\quad g_{Wand} =$	$1{,}56$

Die Balken, Position 5, werden von der Wand an ihren äußersten Punkten belastet. Da der Balkenabstand $0{,}80$ m beträgt, entfällt auf jeden dieser Punkte eine Einzellast von:

	kN
$1{,}56$ kN/m $\cdot 0{,}80$ m $=$ $\quad G_{Wand} =$	$1{,}25$

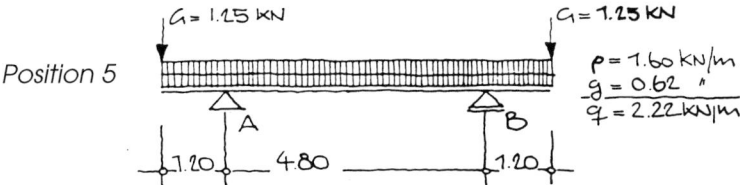

Position 5

$G = 1{,}25$ kN $\qquad G = 1{,}25$ kN

$p = 1{,}60$ kN/m
$g = 0{,}62$ "
$q = 2{,}22$ kN/m

A $\qquad$ B

$1{,}20 \quad\quad 4{,}80 \quad\quad 1{,}20$

Auflagerkräfte:

$$A_{g5} = B_{g5} = 0{,}62 \text{ kN/m} \cdot \frac{1{,}20 \text{ m} + 4{,}80 \text{ m} + 1{,}20 \text{ m}}{2} + 1{,}25 \text{ kN} = 3{,}48 \text{ kN}$$

$$A_{p5} = B_{p5} = 1{,}60 \text{ kN/m} \cdot \frac{1{,}20 \text{ m} + 4{,}80 \text{ m} + 1{,}20 \text{ m}}{2} = 5{,}76 \text{ kN}$$

$$\underline{A_{q5} = B_{q5} = 9{,}24 \text{ kN}}$$

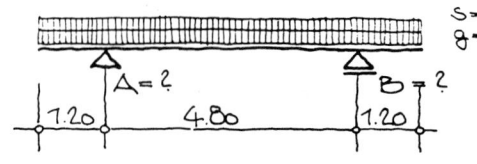

Z **Position 6: Randbalken der Decke**
über Erdgeschoß

	kN/m
Auch hier wird aus konstruktiven Gründen der Randbalken gleich den anderen Balken gewählt (vgl. Position 2). Geschätzt 10/20 cm, wie Position 5	0,12

$s = ?$
$g = ?$
$A = ?$ $B = ?$

aus $\bar{g}_5$:

$$0,62 \text{ kN/m}^2 \cdot \left(\frac{0,80 \text{ m}}{2} + 0,10 \text{ m} \right) = \quad 0,31$$

Eine der vier Wände steht längs auf dem Randbalken auf. Sie belastet ihn als Streckenlast.

	kN/m
Wand (vgl. Seite 33)	1,56
$g_6 =$	1,99

aus $\bar{p}_5$:

$$2,00 \text{ kN/m}^2 \cdot \left(\frac{0,80 \text{ m}}{2} + 0,10 \text{ m} \right) = \quad p_6 = \quad 1,00$$

	kN/m
$q_6 = g_6 + p_6 =$	2,99

Die anderen Außenwände, die die Balken Position 5 an ihren Enden belasten, wirken auch hier als Einzellasten:

	kN
$1,56 \text{ kN/m} \cdot \dfrac{0,80 \text{ m}}{2} = \quad G_{\text{Wand}} =$	0,62

Position 6

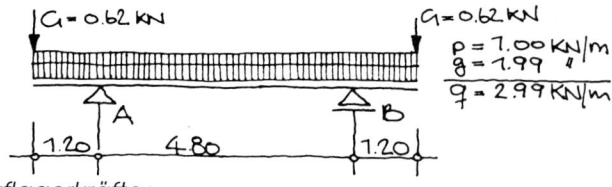

Auflagerkräfte:

$$A_{g6} = B_{g6} = 1,99 \text{ kN/m} \cdot \frac{1,20 \text{ m} + 4,80 \text{ m} + 1,20 \text{ m}}{2} + 0,62 \text{ kN} \quad = 7,78 \text{ kN}$$

$$A_{p6} = B_{p6} = 1,00 \text{ kN/m} \cdot \frac{1,20 \text{ m} + 4,80 \text{ m} + 1,20 \text{ m}}{2} \quad = \underline{3,60 \text{ kN}}$$

$$A_{q6} = B_{q6} \quad = 11,38 \text{ kN}$$

Position 7: Zangen

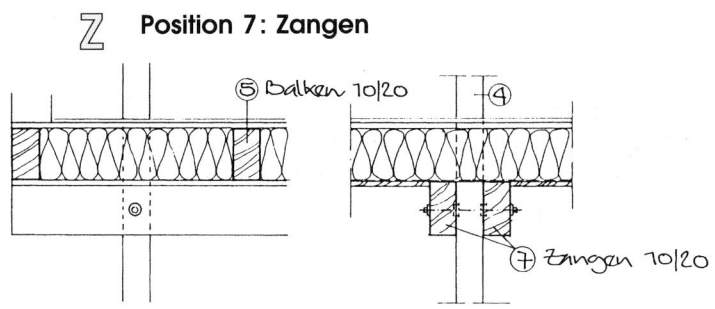

⑤ Balken 10|20   ④

⑦ Zangen 10|20

Eigengewicht:	kN/m
(geschätzt 2 · 10/20 cm)	
2 · 0,10 m · 0,20 m · 6,0 kN/m³ =	0,24
g_7 =	0,24

MM = 5,0 kN/m²   Bautabelle für Holz!

Einzellasten aus Position 5:		kN
aus A_{g5}:	G_5 =	3,48
aus A_{p5}:	P_5 =	5,76
	$G_5 + P_5$ =	9,24

Einzellasten aus Position 6:		
aus A_{g6}:	G_6 =	7,78
aus A_{p6}:	P_6 =	3,60
	$G_6 + P_6$ =	11,38

Position 7

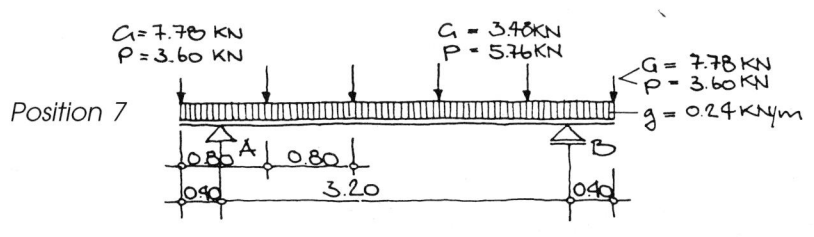

G = 7.78 KN
P = 3.60 KN

G = 3.48 KN
P = 5.76 KN

G = 7.78 KN
P = 3.60 KN
g = 0.24 KN/m

0.80 A 0.80
0.40   3.20   0.40
B

Auflagerkräfte:

$A_{g7} = B_{g7} =$

$$0,24 \text{ kN/m} \cdot \frac{0,40 \text{ m} + 3,20 \text{ m} + 0,40 \text{ m}}{2} + 7,78 \text{ kN} + 2 \cdot 3,48 \text{ kN} = 15,22 \text{ kN}$$

$A_{p7} = B_{p7} = 3,60 \text{ kN} + 2 \cdot 5,76 \text{ kN} = 15,12 \text{ kN}$

$A_{q7} = B_{q7} = 30,34 \text{ kN}$

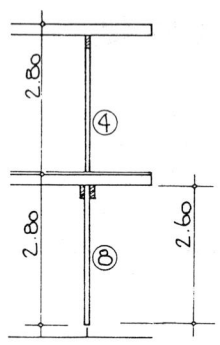

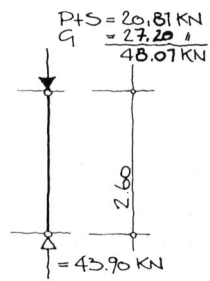

Tabellen L 1

Z   Position 8: Stütze

Die Stützen Position 8 werden durch die Stützen Position 4 und durch die Zangen Position 7 belastet.

	kN
Eigengewicht	
(geschätzt 12/12 cm)	
$0{,}12\,\text{m} \cdot 0{,}12\,\text{m} \cdot 6{,}0\,\text{kN/m}^3$	
$\cdot\, 2{,}60\,\text{m}$ =	0,23
G_4 aus Position 4:	11,75
A_{g7} aus Position 7:	15,22
$G_8 =$	27,20
S_4 aus Position 4:	5,69
A_{p7} aus Position 7:	15,12
$P_8 + S_8 =$	20,81
$G_8 + P_8 + S_8 =$	48,01

Anmerkungen:

1. In der Praxis wird weit mehr als hier mit Überschlagwerten und Vernachlässigungen gearbeitet. Dem Anfänger sei jedoch die hier geübte detaillierte Betrachtung empfohlen – nicht wegen der genauen Zahlenrechnung, sondern um den Kraftverlauf exakt zu verfolgen.
2. Die Ermittlung der Auflagerkräfte kann so, wie in diesem Beispiel gezeigt, nur bei Symmetrie angewandt werden. Näheres dazu in Kapitel 3.
3. Die Windkräfte wurden bei diesem Beispiel nicht erfaßt. Sie müssen durch Diagonal-Hölzer oder Entsprechendes aufgenommen werden.
4. Ein kurzgefaßtes Schema einer Lastaufstellung enthält der Tabellenband unter L 1.

2 Gleichgewicht der Kräfte und Momente

 Eine Kraft ist die Ursache einer Bewegungsänderung. Ein Gebäude sollte sich aber nicht in Bewegung setzen, es soll in Ruhe sein und bleiben. Deshalb muß jeder Kraft eine andere, gleichgroße entgegenwirken. *Die Kräfte müssen im Gleichgewicht stehen.*

Ein Bauteil, das nicht auf einem anderen aufliegt, fällt herunter. Damit es das nicht tut, muß es aufgelagert sein, und die Auflager müssen die erforderlichen Gegenkräfte entwickeln können, um das Bauteil im Gleichgewicht zu halten.

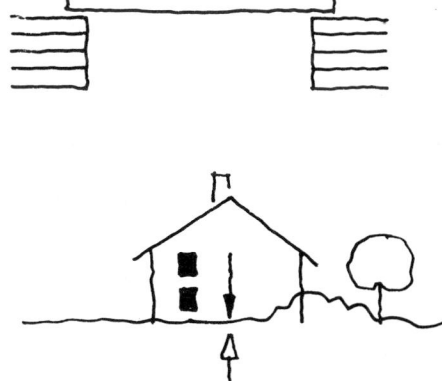

Wenn z. B. ein Bauwerk insgesamt 500 kN wiegt, d. h. mit einer Vertikalkraft von 500 kN auf den Baugrund drückt, so muß dieser Baugrund in der Lage sein, einen Gegendruck von 500 kN zu entwickeln. Kann er dies nicht, weil die Fundamente zu klein sind oder weil ein genialer Baumeister auf Sumpf gegründet hat, dann besteht kein Gleichgewicht der Kräfte; das Gebäude wird sich in Bewegung setzen, Richtung Erdmittelpunkt. Die Bewegung wird allerdings gebremst werden, denn selbst Sumpf kann der Last eines Bauwerks eine – wenn auch nicht ausreichende – Kraft entgegensetzen. Der Baugrund wird immer stärker zusammengedrückt, allmählich eine immer größere Gegenkraft entwickeln, und sie wird entweder schließlich die erforderliche Größe erreichen, oder das Bauwerk wird so lange absinken, bis es auf festeren Grund gerät, der ihm die erforderliche Kraft entgegensetzen kann.

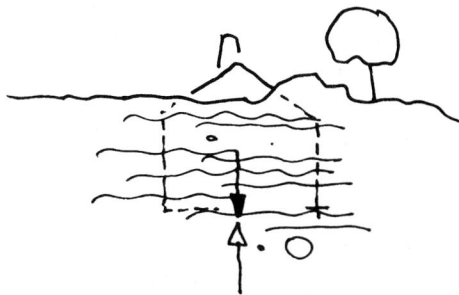

In diesem Beispiel war also die Reaktionskraft nicht von vornherein da, sondern sie wurde erst allmählich aufgebaut bzw. nach tieferem Absinken gefunden.

(Wir werden übrigens bald sehen, daß ein *geringes* Absinken immer nicht nur unvermeidbar, sondern sogar notwendig ist, damit der Boden gepreßt und so in die Lage versetzt wird, die erforderliche Gegenkraft aufzubringen.)

Der Baugrund muß also eine *Reaktionskraft* entwickeln, die der *Aktionskraft* – in unserem Beispiel 500 kN – gleich, aber entgegengesetzt gerichtet ist.

Aktion = Reaktion

ist eine grundlegende Voraussetzung der Standfestigkeit.

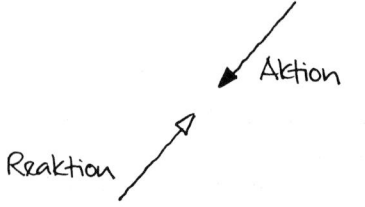

Wir stellen Aktionskräfte durch einen geschlossenen Pfeil dar, Reaktionskräfte durch einen offenen. (Vorschlag der Verfasser – nicht aus DIN bzw. Eurocode.)

In dem Beispiel mit dem Sumpf als Baugrund wirkte die Aktionskraft und folglich auch die Reaktionskraft vertikal. Wir können Vertikalkräfte mit F_V bezeichnen. Nach unten wirkende Vertikalkräfte, der weitaus häufigste Fall für Lasten, werden mit positivem Vorzeichen (+) bezeichnet. Entsprechend bekommen nach oben wirkende Kräfte ein negatives Vorzeichen (–).

Statt eines Vorzeichens kann ein Pfeil die Kraftrichtung kennzeichnen. Jetzt ist mit zusätzlichen Vorzeichen Vorsicht geboten. Ein (+) zusätzlich zum Pfeil bedeutet, daß die Kraft in Richtung des Pfeiles wirkt, ein (–), daß sie entgegen der Richtung des Pfeils wirkt.

Es gilt:
Die Summe der *Vertikalkräfte* ist Null.
Bezeichnet man Summe mit Σ (dem griechischen Buchstaben Groß-Sigma), so können wir schreiben:

$$\Sigma\, F_V = 0$$

Entsprechendes gilt für die Horizontalkräfte. Wind und vielleicht ein anstoßendes Fahrzeug bewirken horizontale Kräfte auf das Bauwerk, die wir mit F_H bezeichnen. Würde das Gebäude auf Rollen stehen, so könnte diese Lagerung nicht die erforderliche Reaktion gegen F_H-Kräfte entwickeln, es bestünde kein Gleichgewicht der F_H-Kräfte, der Bau würde wegrollen. Aber beruhigenderweise steht er nicht auf Rollen, sondern auf Fundamenten, deren Bodenreibung groß genug ist, um der Kraft F_H eine gleich große Reaktionskraft entgegenzustellen.

Es gilt:
Die Summe der *Horizontalkräfte* ist Null.

$$\Sigma\, F_H = 0$$

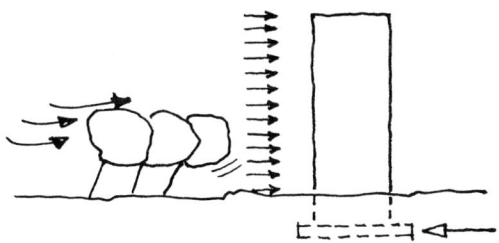

Wie schon bei den Lasten sind auch hier die beiden Horizontalrichtungen F_{Hx} und F_{Hy} zu unterscheiden, es muß also gelten:

$\Sigma\, F_{Hx} = 0$ und
$\Sigma\, F_{Hy} = 0$

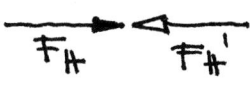

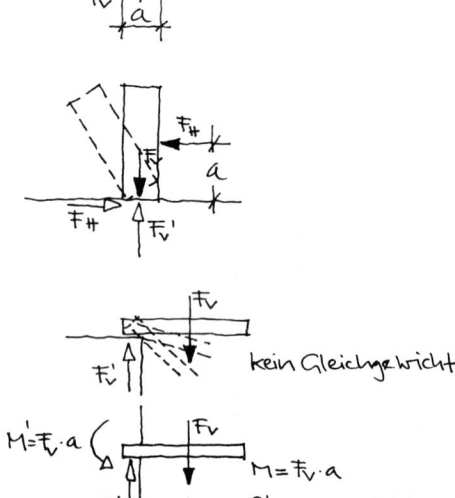

 Doch selbst wenn für ein Bauwerk oder für ein Bauteil die Bedingungen

$\Sigma F_V = 0$ und
$\Sigma F_H = 0$ (in jeder Richtung)

erfüllt sind, so ist sein Gleichgewicht noch nicht gewährleistet.

Die Hütte am Felsrand würde trotz bestem Untergrund abstürzen, der Turm trotz guter horizontaler Verankerung kippen, wenn nicht auch Maßnahmen zur Aufnahme des *Drehmoments* getroffen würden, das entsteht, wenn Aktion und Reaktion nicht in derselben Wirkungslinie angreifen, sondern um einen Hebelarm a gegeneinander versetzt sind. (Solche gleich große, entgegengesetzt wirkende und um einen Abstand versetzte Kräfte heißen »Kräftepaar«. Jedes Kräftepaar erzeugt einen Moment.)

Dem Drehmoment M muß ein gleich großes Reaktionsmoment M' entgegenwirken, damit Gleichgewicht herrscht.

Es gilt:
Die Summe der *Momente* ist Null.

$$\boxed{\Sigma M = 0}$$

Diese Bedingung muß in jeder der drei Ebenen gelten, die durch die vertikale Richtung, die horizontale x-Richtung und die horizontale y-Richtung bestimmt werden.

Im dreidimensionalen Raum – d. h. für jedes Bauwerk und jedes Bauteil – müssen also insgesamt sechs Gleichgewichtsbedingungen erfüllt werden:

$$\Sigma F_V = 0$$
$$\Sigma F_{Hx} = 0$$
$$\Sigma F_{Hy} = 0$$
$$\Sigma M_{xz} = 0$$
$$\Sigma M_{yz} = 0$$
$$\Sigma M_{xy} = 0$$

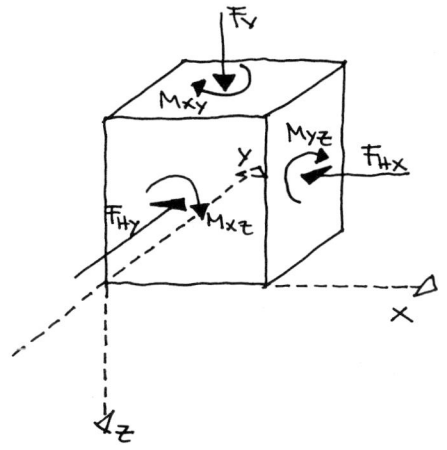

Bei den meisten Gebäuden und Bauteilen ist es möglich, die verschiedenen Ebenen getrennt zu betrachten und nacheinander zu untersuchen. Dies führt zu einer wesentlichen Erleichterung der Arbeit.

Bei der Betrachtung in jeder einzelnen Ebene genügt es, jeweils drei Gleichgewichtsbedingungen zu erfüllen, in der Regel:

$$\Sigma F_V = 0$$
$$\Sigma F_H = 0$$
$$\Sigma M = 0$$

Diese drei Gleichgewichtsbedingungen stellen die Grundlage unserer weiteren Arbeit dar. Sie gelten nicht nur für jedes Bauwerk und jedes Bauteil, sondern auch für jedes kleine Teilchen. Mit Hilfe dieser drei Gleichgewichtsbedingungen werden wir unbekannte Kräfte ermitteln. Wir werden sie aber auch heranziehen, um Spannungen in Bauteilen zu bestimmen und um die erforderlichen Abmessungen festzulegen.

Der entwerfende Architekt wird darauf zu achten haben, daß das Gleichgewicht der Kräfte und Momente am Bauwerk und in jedem Bauteil für jeden möglichen Lastfall hergestellt werden kann, mit einfachen und wirtschaftlichen Mitteln, die sich sinnvoll in die Gesamtheit des Entwurfs einfügen.

3 Auflager

 ## 3.1 Art der Auflager

Ein Bauteil liegt auf einem anderen Bauteil
auf. Es ist auf diesem »aufgelagert«. Die
Verbindungsstelle zwischen diesen beiden
Bauteilen heißt *Auflager*.

Wir unterscheiden drei Arten der Auflager:

1. **Einspannende Auflager**
2. **Unverschieblich gelenkige Auflager**
3. **Verschiebliche Auflager**

3.1.1 Einspannende Auflager

(Meist – sprachlich unkorrekt – als »eingespannte Auflager« bezeichnet.)

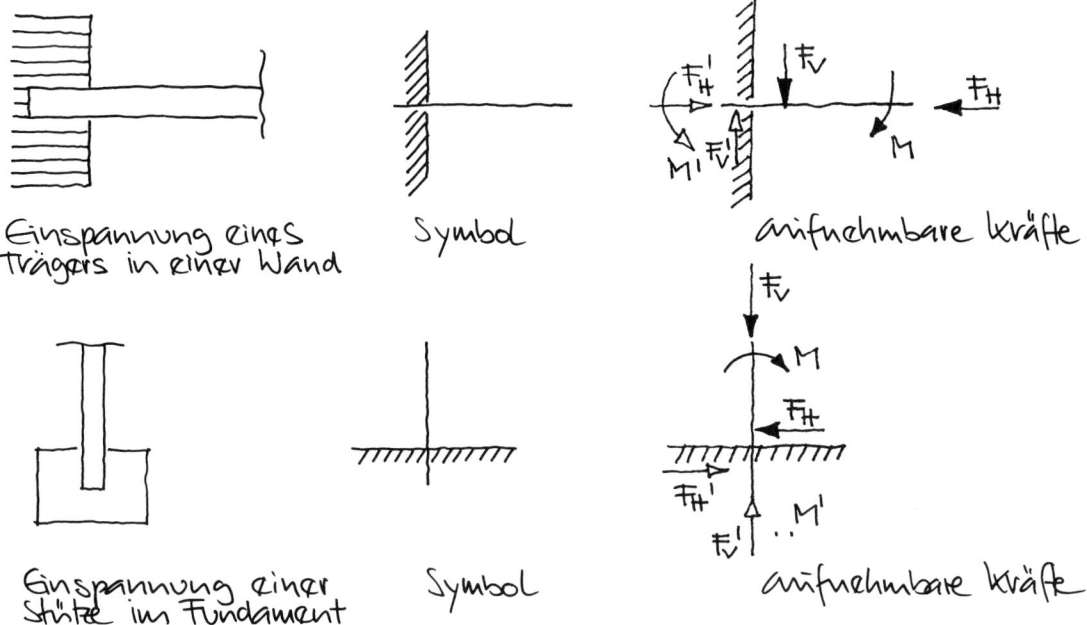

Einspannung eines Trägers in einer Wand

Symbol

aufnehmbare Kräfte

Einspannung einer Stütze im Fundament

Symbol

aufnehmbare Kräfte

Der skizzierte Träger ist in einer Wand, die skizzierte Stütze in einem Fundament *einge-spannt*. Am einspannenden Auflager können Vertikalkräfte, Horizontalkräfte und Momente aufgenommen werden, d. h. das Auflager kann diesen Kräften und Momenten entsprechende Reaktionen entgegensetzen.

3.1.2 Unverschieblich gelenkige Auflager

Von diesen Auflagern können vertikale und horizontale Kräfte, jedoch keine Momente aufgenommen werden. Die Bauteile sind zwar unverschieblich, aber drehbar gelagert. Das Auflager bildet ein *Gelenk*; es wird durch einen kleinen Kreis oder die Spitze eines Dreiecks symbolisch dargestellt.

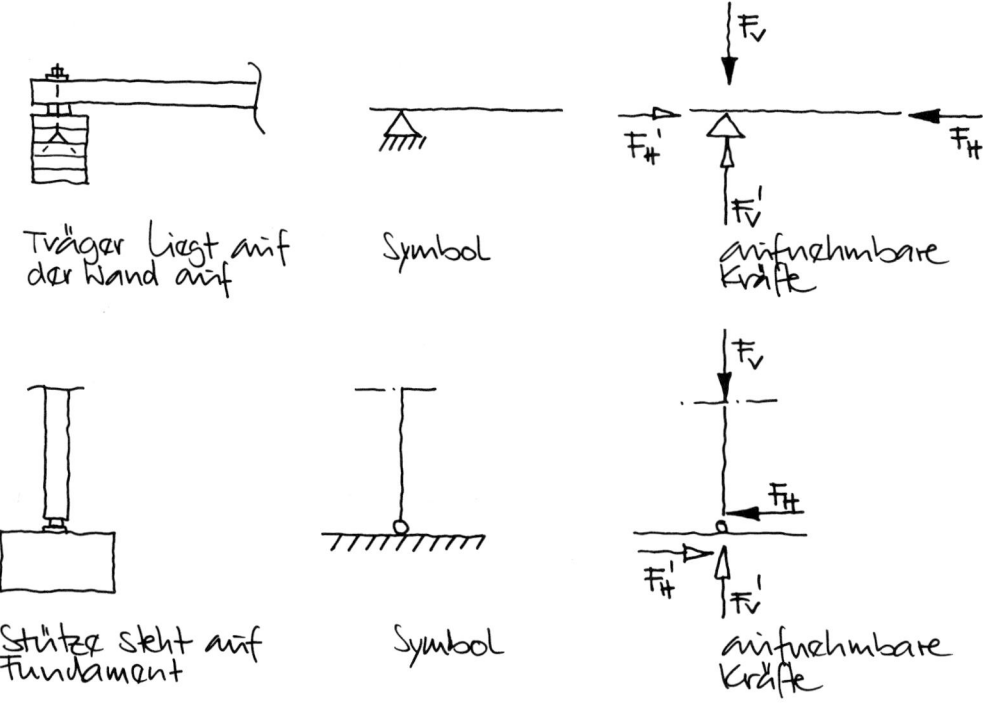

Träger liegt auf der Wand auf   Symbol   aufnehmbare Kräfte

Stütze steht auf Fundament   Symbol   aufnehmbare Kräfte

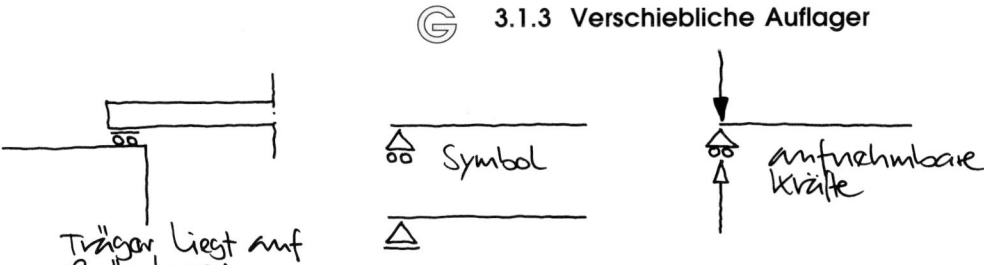

3.1.3 Verschiebliche Auflager

Träger liegt auf Rollenlager

Symbol

aufnehmbare Kräfte

Viele Brückenauflager sind deutlich erkennbar als Rollenlager ausgebildet. Die Wärmedehnung der Brücke erfordert, daß der Brückenträger nur an *einem* Auflager unverschieblich, an dem anderen (bzw., falls er über mehrere Auflager läuft, an allen anderen Auflagern) verschieblich gelagert ist, weil sonst die Wärmedehnung zu hohen Spannungen in den Bauteilen führen könnte.

Jedes Bauteil, nicht nur der Brückenträger, ist Wärmedehnungen und anderen Volumen-Änderungen unterworfen. Um die Bewegungen spannungsfrei zu ermöglichen, sind *verschiebliche Auflager* erforderlich. Sie sind jedoch im Hochbau nur selten als Rollenlager ausgebildet, hier genügen meist einfachere Konstruktionen, z. B. mit Gleitfolien etc. Oft reicht schon der kleine Bewegungsspielraum zwischen zwei nur locker verbundenen Bauteilen, um die erforderliche Verschieblichkeit zu gewährleisten.

Verschiebliche Auflager sind in der Praxis immer gelenkig. Es ist daher nicht notwendig, von »verschieblich gelenkigen Auflagern« zu sprechen, das Wort »verschieblich« schließt »gelenkig« ein.

Verschiebliche Auflager können nur **Kräfte in einer Richtung** und **keine Momente** aufnehmen.

$\Sigma F_V = 0$
$\Sigma F_H = 0$
$\Sigma M = 0$

3.2 Ermittlung der Auflagerkräfte

Beispiel 3.2.1: Einzellast

Gegeben ist ein Träger auf zwei Stützen, belastet mit einer Einzellast P. Das Eigengewicht oder andere Lasten sollen zunächst außer acht bleiben, wir betrachten nur P. Gesucht sind die Auflagerreaktionen A und B.

Zur Lösung stehen uns die drei Gleichgewichtsbedingungen zur Verfügung. Welche ist hier geeignet?

$$\Sigma F_V = 0$$

führt zu $- A - B + P = 0$

(Wir gehen davon aus, daß die Auflagerreaktionen nach oben wirken. Wie in Kapitel 2 dargelegt, bezeichnen wir nach oben wirkende Kräfte mit (–). Dies wird im folgenden näher erläutert.)

Aber nur eine Gleichung mit zwei Unbekannten ist nicht lösbar. Mit dieser Gleichung allein kommen wir also nicht zum Ziel.

Versuchen wir es mit

$\Sigma F_H = 0$

Das bringt uns nicht weiter, weil F_H-Kräfte nicht auftreten. Nächster Versuch:

$\Sigma M = 0$

Diese Bedingung muß um jeden Punkt gelten. Wenn das System im Gleichgewicht ist, so dreht es sich um keinen Punkt. Das heißt: Um jeden Punkt ist $\Sigma M = 0$.

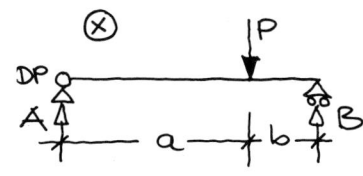

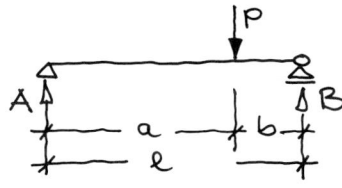

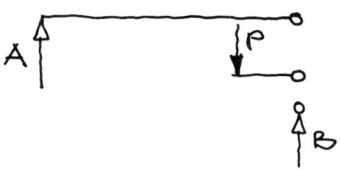

Vorzeichen

 Wir können also einen beliebigen Drehpunkt wählen z. B. den Punkt ⊗ in unserer Skizze. Mit Hilfe eines anderen Drehpunktes oder mit Hilfe der Bedingung $\Sigma F_V = 0$ können wir dann eine zweite Gleichung aufstellen, um so die zwei Unbekannten zu lösen. Doch dieses Verfahren wäre mühsam. Wir suchen nach einer einfacheren Methode. Wir nehmen den Drehpunkt in einem Auflager an – z. B. am Auflager B. Das hat zur Folge, daß die unbekannte Auflagerkraft B mit dem Hebelarm 0 (Null) wirkt und sich so leicht eliminieren läßt. Es wirken um den Drehpunkt B folgende Drehmomente:

A · l   rechtsdrehend ⌒
P · b   linksdrehend ⌒
B · 0   keine Drehung

Um eine Gleichung bilden zu können, müssen wir eine Vereinbarung über die Vorzeichen treffen.

Wahl der Vorzeichen für Drehmomente:
Wir nennen Drehmomente
rechtsdrehend positiv (+)
linksdrehend negativ (–)

(Selbstverständlich könnte die Wahl auch anders getroffen werden, sie würde dieselben Ergebnisse liefern. Eine einmal getroffene Wahl muß aber innerhalb einer Untersuchung beibehalten werden.)

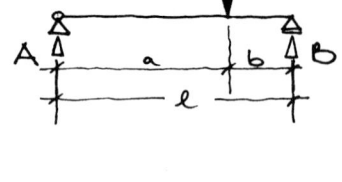

Damit lautet die Gleichung für Drehpunkt B:

$$+ A \cdot l - P \cdot b \pm B \cdot 0 = 0$$

$$\Rightarrow A = \frac{P \cdot b}{l}$$

Um B zu ermitteln, können wir jetzt zwischen zwei Methoden wählen:

1. Methode: Wir verfahren wie oben und wenden die Bedingung $\Sigma M = 0$ an mit dem Drehpunkt A.

Dann ist:

$B \cdot l$ linksdrehend und
$P \cdot a$ rechtsdrehend, also

$$- B \cdot l + P \cdot a \pm A \cdot 0 = 0$$

$$\Rightarrow B = \frac{P \cdot a}{l}$$

2. Methode: Nachdem A bekannt ist, können wir B auch bestimmen über $\Sigma F_V = 0$.

$$+ P - A - B = 0$$
$$B = P - A$$

Für A setzen wir den bereits bekannten Wert ein und erhalten damit:

$$B = P - \frac{P \cdot b}{l} = \frac{P \cdot l - P \cdot b}{l}$$

$$B = \frac{P(l - b)}{l} \qquad l - b = a$$

$$\Rightarrow B = \frac{P \cdot a}{l}$$

Dasselbe Ergebnis hat bereits $\Sigma M = 0$ geliefert.

$$P \cdot \frac{l}{l}$$

$$= \frac{P \cdot l}{l} - \frac{P \cdot b}{l}$$

$$= \frac{P \cdot l - P \cdot b}{l}$$

Hier stutzt der Leser. Wir hatten doch festgelegt, eine nach oben wirkende Kraft wird
negativ (−) angesetzt. Wieso erhalten wir
jetzt die doch offensichtlich nach oben wirkenden Auflagerkräfte A und B mit positiven
Vorzeichen?

Vorzeichen

Wir waren von vornherein davon ausgegangen, daß Auflagerreaktionen nach oben wirkende Kräfte seien und hatten sie deshalb
mit dieser Richtung in die Skizze eingetragen.

Mit dieser Richtung − nach oben wirkend −
mußten wir jetzt konsequent weiterarbeiten.
In den Rechengang wurden diese Auflagerreaktionen also mit (−) eingesetzt. Wenn als
Ergebnis die Auflagerkraft mit (+) erscheint,
so bedeutet das: Die Richtung der Kraft ist
so, wie wir sie in die Gleichung eingesetzt
haben, also nach oben wirkend. Ein noch-
maliges (−) im Ergebnis hingegen würde das
erste, in die Gleichung eingesetzte (−) um-
kehren, weil (−) · (−) = +. Es würde bedeuten:
Die Kraft wirkt nicht wie eingesetzt, sondern
sie wirkt entgegengesetzt, also nach unten.
Und das wäre falsch.

So bleibt das Ergebnis unabhängig von der
Vorzeichenwahl des Rechenganges: **(+) im
Ergebnis bedeutet immer: Die getroffene
Annahme über die Kraftrichtung war richtig.**

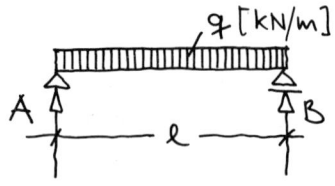

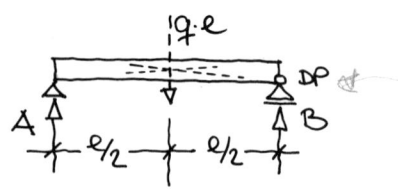

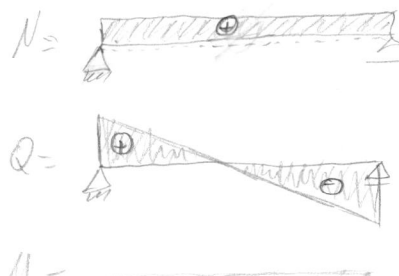

Beispiel 3.2.2: Streckenlast

Dieser Träger ist mit einer gleichmäßig verteilten Last q belastet. Zur Ermittlung der Auflagerreaktionen denken wir uns das ganze Lastpaket q · l in seinem Schwerpunkt – d. h. in der Mitte – zusammengefaßt. Jetzt können wir mit dieser zusammengefaßten Last umgehen, wie vorhin mit der Einzellast:

$\Sigma M = 0$

Drehpunkt sei B.

$$-q \cdot l \cdot \frac{l}{2} + A \cdot l \pm B \cdot 0 = 0 \quad \Rightarrow \quad \frac{-q \cdot l^2}{2} + A \cdot l = 0 \mid : l$$

$$\Rightarrow A = \frac{q \cdot l}{2}$$

Ebenso können wir auch B ermitteln: Drehpunkt sei A.

$$+q \cdot l \cdot \frac{l}{2} - B \cdot l \pm A \cdot 0 = 0$$

$$\Rightarrow B = \frac{q \cdot l}{2}$$

(Dieses Ergebnis – auf jedes Auflager entfällt die Hälfte des gesamten Lastpaketes – war vorauszusehen. Wir hätten es auch ohne Rechnung unmittelbar anschreiben können.)

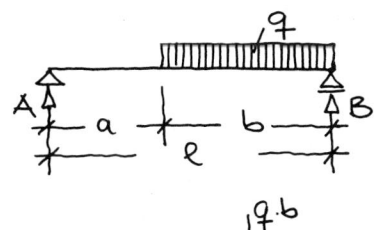

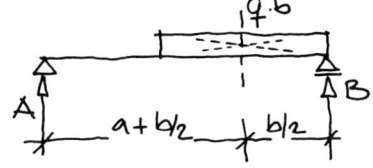

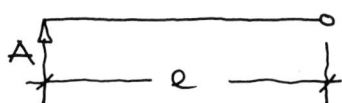

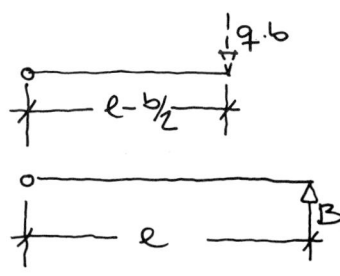

Beispiel 3.2.3: Streckenlast

Das Lastpaket $q \cdot b$ – diesmal nur über einen Teil der Spannweite l verteilt – wird wieder in Gedanken zusammengefaßt in seinem Schwerpunkt, d. h. in seiner Mitte.

Mit Drehpunkt B ermitteln wir die Auflagerreaktion A:

$$+ A \cdot l - q \cdot b \cdot \frac{b}{2} \pm B \cdot 0 = 0$$

$$\Rightarrow A = \frac{q \cdot b^2}{2\,l}$$

Entsprechend wird Auflagerreaktion B mit dem Drehpunkt im Auflager A ermittelt:

$$- B \cdot l + q \cdot b \left(l - \frac{b}{2} \right) \pm A \cdot 0 = 0$$

$$\Rightarrow B = q \cdot b \left(1 - \frac{b}{2\,l} \right)$$

Zur Probe können wir

$\Sigma F_V = 0$ ansetzen:

$$- \frac{q \cdot b^2}{2\,l} - q\,b \left(1 - \frac{b}{2\,l} \right) + q \cdot b = 0$$

Anmerkung:

Die Glieder $A \cdot 0$ und $B \cdot 0$ zu schreiben, ist überflüssig. Wir werden sie im folgenden weglassen.

$N =$

$Q =$

$M =$

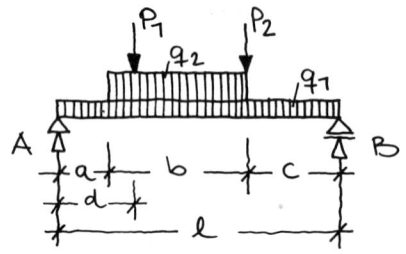

E **Beispiel 3.2.4: Kombinierte Lasten**

Die verschiedenen Belastungsarten lassen
sich auch kombinieren – wie in diesem
Beispiel.

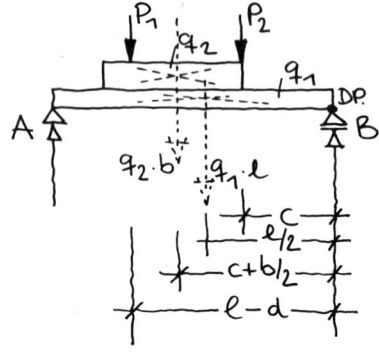

Drehpunkt B:

$$+ A \cdot l - P_2 \cdot c - P_1 (l - d) - q_1 \cdot l \cdot \frac{l}{2}$$

$$- q_2 \cdot b \left(c + \frac{b}{2} \right) = 0$$

$$\Rightarrow A$$

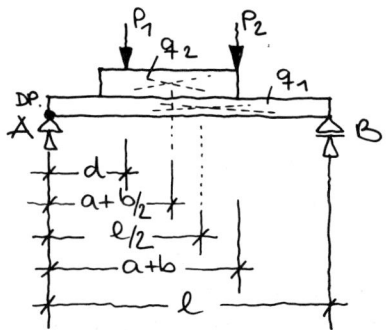

Drehpunkt A:

$$- B \cdot l + P_1 \cdot d + P_2 (a + b)$$

$$+ q_1 \cdot l \cdot \frac{l}{2} + q_2 \cdot b \left(a + \frac{b}{2} \right) = 0$$

$$\Rightarrow B$$

über $\Sigma F_V = 0$ kann die Probe erfolgen:

$$- A - B + P_1 + P_2 + q_1 \cdot l + q_2 \cdot b = 0$$

Beispiel 3.2.5: Träger mit Kragarm

Auch die Auflagerreaktionen des Trägers mit Kragarm werden mit Hilfe der Gleichgewichtsbedingungen ermittelt.

$\Sigma M = 0$, Drehpunkt B:

$$- P(l + a) - q_2 \cdot a \cdot \left(l + \frac{a}{2}\right) - q_1 \cdot l \cdot \frac{l}{2}$$

$$+ A \cdot l = 0 \qquad | : l \quad (\text{umstellen})$$

$$\Rightarrow A = \frac{P \cdot (l + a)}{l} + \frac{q_2 \cdot a \left(l + \frac{a}{2}\right)}{l} + \frac{q_1 \cdot l}{2}$$

Drehpunkt A:

$$- P \cdot a - q_2 \cdot a \cdot \frac{a}{2} + q_1 \cdot l \cdot \frac{l}{2}$$

$$- B \cdot l = 0$$

$$\Rightarrow B = - \frac{P \cdot a}{l} - \frac{q_2 \cdot a^2}{2\,l} + \frac{q_1 \cdot l}{2}$$

An diesem Beispiel wird deutlich, daß ein belasteter Kragarm das ihm nahe Auflager **be**lastet, das gegenüberliegende Auflager hingegen **ent**lastet.

Entsprechendes gilt für den Träger mit zwei Kragarmen – es erübrigt sich, das an einem weiteren Beispiel zu erläutern.

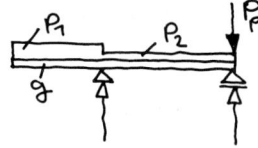

3.3 Lastfälle

Ein Träger mit einem stark belasteten Kragarm und einem kurzen, schwach belasteten Feld droht abzukippen.

Hier ist es wichtig, **ständige** und **nichtständige** Lasten getrennt zu betrachten. Denn nicht nur die *größt*mögliche kippende Last auf dem Kragarm muß erfaßt werden, sondern auch die *kleinst*mögliche stabilisierende Last im Feld und auf dem gegenüberliegenden Kragarm – es geht ja darum, den jeweils ungünstigsten Fall zu untersuchen.

Wir unterscheiden mehrere Lastfälle:

Lastfall 1 »Vollast«
Ein Balkon mit Menschen voll besetzt. Auch im anschließenden Raum ist die größtmögliche Last, also überall g + p. Wir nennen diesen Lastfall »Vollast«.

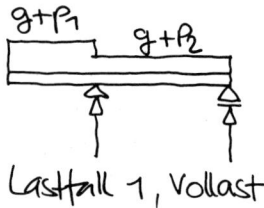

Lastfall 1, Vollast

Lastfall 2
Wenn jetzt die Bewohner den Raum verlassen, so wird das stabilisierende Gewicht kleiner, die Gefahr des Kippens größer.

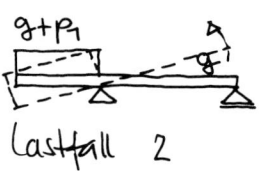

Lastfall 2

Auf dem Balkon lastet g + p, im Feld hingegen nur g. Aus Gründen der Sicherheit muß gewährleistet sein, daß nicht nur für jeden möglichen Lastfall das Gleichgewicht gewährleistet ist, sondern daß das stabilisierende *Standmoment* mindestens 1,5mal so groß ist wie das *Kippmoment* (Sicherheitsfaktor gegen Kippen: 1,5).

$$M_{stand} \geq 1,5\ M_{kipp}$$

Lastfall 3
führt zur größten Auflagerreaktion B und zur größten Beanspruchung im Feld.

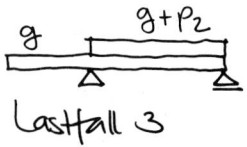

Lastfall 3

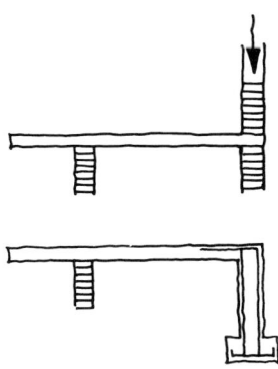

 Reichen die vorhandenen Eigengewichte der Decke nicht aus, um das für den Lastfall 2 erforderliche Standmoment zu bilden, so muß dafür gesorgt werden, daß im Auflager die entsprechenden abhebenden Kräfte aufgenommen werden können, sei es durch Wände oder andere Lasten, die über diesem Auflager wirken, sei es durch Verankerung an anderen Bauteilen, wie z. B. an Wänden *unter* der Decke oder an Fundamenten.

In jedem Fall muß die ungünstigste aller Möglichkeiten dem weiteren Vorgehen zugrunde gelegt werden. Keinesfalls darf – wie in Kreisen mancher Industrien oft zu hören – argumentiert werden: »Es ist ja nicht erwiesen, daß dieser Fall eintreten wird.« Für den Bauenden wäre solch eine Denkweise grob verantwortungslos. (Sie ist es auch in anderen Bereichen.) Hier genügt die bloße Möglichkeit einer ungünstigen Lastverteilung – und sei ihr Eintreten noch so unwahrscheinlich –, um nach ihr zu bemessen.

3.4 Lasten in Richtung der Stabachse

Eine *schräg* auf den Träger wirkende Last kann aufgeteilt werden in eine *vertikale* und eine *horizontale* Komponente. Die horizontale Kraft kann nur im *unverschieblichen Auflager* aufgenommen werden; das verschiebliche Auflager ist ja seinem Wesen nach nicht geeignet, horizontale Kräfte zu übernehmen. Die Auflagerreaktionen aus der Vertikalkomponente werden in der bekannten Weise ermittelt.

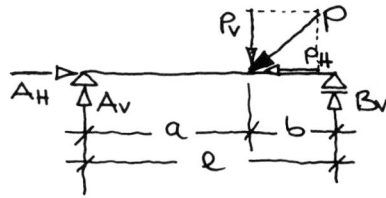

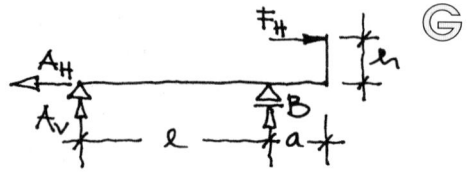

Beispiel 3.4.1

Am Geländerholm eines Balkons wirkt eine Horizontalkraft. Sie ist dort als nichtständige Last anzunehmen für den Fall, daß Menschen gegen dieses Geländer stoßen.

Aus $\Sigma F_H = 0$ ergibt sich

$A_H - F_H = 0$

$A_H = F_H$

im verschieblichen Auflager B kann keine Horizontalkraft aufgenommen werden.

$B_H = 0$

Die H-Kraft auf dem Holm erzeugt aber auch ein Moment $M = F_H \cdot h$ in Höhe der Trägerachse. Dieses Moment muß zu Vertikalkräften in den Auflagern führen. Wir finden diese über

$\Sigma M = 0$

Drehpunkt A:
Die Auflagerreaktionen werden auch hier nach oben wirkend angenommen. Auflager B dreht daher um A linksherum (−).

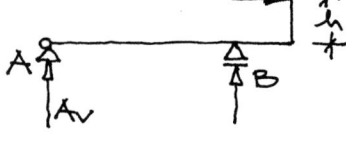

$- B_V \cdot 1 + F_H \cdot h = 0$

$$B_V = \frac{F_H \cdot h}{1}$$

Aus $\Sigma F_V = 0$ folgt

$- A_V - B = 0$

$A_V = - B$

$$A_V = - \frac{F_H \cdot h}{1}$$

Das (−) besagt, daß A_V entgegen der ursprünglich eingesetzten Richtung, also nach unten wirkt.

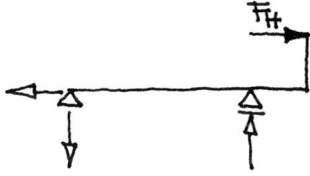

 Um Verwechslungen zu vermeiden, werden wir für die Berechnung immer vertikale Auflagerreaktionen zunächst als nach oben wirkend annehmen, auch dann, wenn ihre tatsächliche Richtung zunächst unklar ist, ja selbst dann, wenn wir wissen, daß sie nach unten wirken.

Negatives Vorzeichen (–) im Ergebnis bedeutet dann: Die Richtung ist entgegen dieser Annahme, d. h. die Auflagerreaktion wirkt nach unten.

In einer abschließenden Ergebnisskizze hingegen können die Kräfte in ihrer tatsächlichen Wirkungsrichtung eingetragen werden.

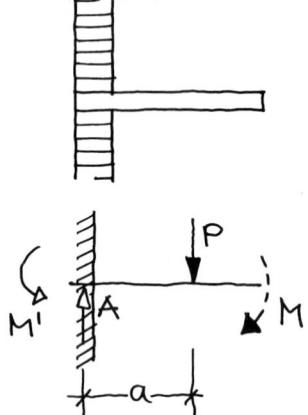

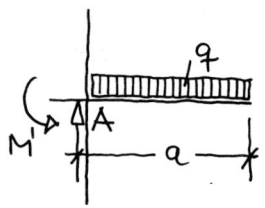

3.5 Einspannung

Beispiel 3.5.1

Eine Stufe ist in einer Mauer eingespannt.
Durch die Last P auf der Stufe entsteht ein
Moment M. Die Mauer muß also in der Lage
sein, dieses Einspannmoment aufzunehmen,
d. h. das **Reaktionsmoment M′** zu erzeugen.
Sie muß zudem die Vertikalkraft P aufnehmen. Der Drehpunkt sei A.

$$- M' + P \cdot a = 0$$
$$M' = P \cdot a$$

Beispiel 3.5.2

Auch in diesem Fall sei der Drehpunkt A.

$$- M' + q \cdot a \cdot \frac{a}{2} = 0$$

$$M' = \frac{q \cdot a^2}{2}$$

Für die Vertikalkraft gilt:

$$- A + q \cdot a = 0$$
$$A = q \cdot a$$

Die vertikale Auflagerkraft A ist also gleich
dem gesamten Lastpaket. Das ist unmittelbar einzusehen.

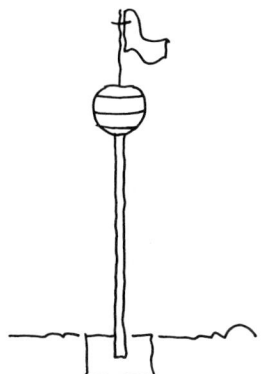

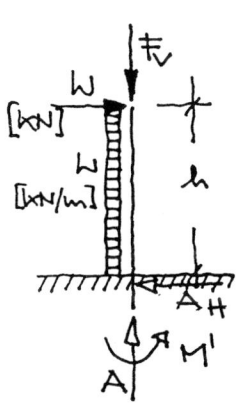

 Beispiel 3.5.3

Dieser Mast mit einem Beobachtungskorb ist in seinem Fundament fest eingespannt. Als Lasten treten auf:

- Der Wind, der auf den Korb mit der Gesamtkraft W und auf den Mast mit der Streckenlast w wirkt,
  sowie
- die Gesamtlast F_V von Korb und Mast.

Das Einspannmoment ergibt sich aus $\Sigma M = 0$:

$$W \cdot h + w \cdot h \cdot \frac{h}{2} - M_A \pm F_V \cdot 0 = 0$$

$$M_A = W \cdot h + \frac{w \cdot h^2}{2}$$

Die vertikale Auflagerreaktion A ist nach $\Sigma F_V = 0$:

$$- A + F_V = 0$$

$$A = F_V$$

Entsprechend ist die horizontale Auflagerreaktion nach $\Sigma F_H = 0$:

$$W + w \cdot h - A_H = 0$$
$$A_H = W + w \cdot h$$

4 Statische Bestimmtheit

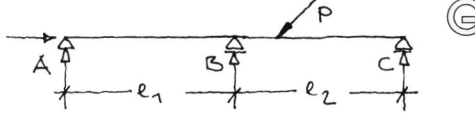

Dies ist ein **Durchlaufträger** über zwei Felder bzw. über drei Auflager – er läuft über zwei Felder bzw. drei Auflager in einem Stück durch. Bitte versuchen Sie, die Auflagerreaktionen A_H, A_V, B und C zu ermitteln!

Geht es nicht?
Nein, es geht nicht.
Warum nicht?

Mit den drei Gleichgewichtsbedingungen

$$\Sigma F_V = 0$$
$$\Sigma F_H = 0$$
$$\Sigma M = 0$$

können wir drei Gleichungen aufstellen. Mit diesen drei Gleichungen können wir drei Unbekannte lösen. Hier aber sind es vier Unbekannte, also eine zuviel. (Auch wenn in unserem Fall A_H leicht zu ermitteln ist, so ist es doch als eine der Unbekannten zu werten.)

Ein solches System heißt **statisch unbestimmt**.

Statisch unbestimmt ist nichts Böses, es heißt nur, daß wir mit Hilfe der drei Auflagerbedingungen allein nicht weiterkommen, sondern andere Methoden brauchen – Näheres folgt in Band 2. Für das Tragwerk bedeutet statische Unbestimmtheit sogar eine erhöhte Sicherheit: Wenn z. B. an unserem Durchlaufträger über drei Auflager eins dieser Auflager versagt, so hat er immer noch eine Chance: Vielleicht schafft er es kraft seiner Biegesteifigkeit, auch auf den verbleibenden zwei Auflagern zu halten.

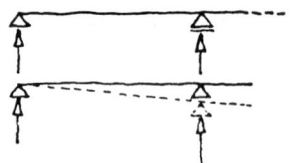

 Die Frage, ob ein Tragsystem statisch bestimmt oder statisch unbestimmt ist, läßt sich zunächst von der Anschauung beantworten:

Stellen Sie sich vor, ein Tragsystem dehne sich unter Temperatureinwirkung aus, oder eines seiner Auflager senke sich. Das statisch bestimmte System kann sowohl der Temperatur-Dehnung als auch der Stützen-Senkung ohne weiteres nachgeben, ohne innerlich verformt – z. B. gebogen – zu werden. Der Träger auf zwei Stützen – jeweils gelenkig und an einem Auflager verschieblich gelagert – kann sich, wenn er bei Erwärmung länger wird, ohne weiteres ausdehnen. Die Auflager setzen dem keinen Widerstand entgegen. Wenn sich eines der beiden Auflager senkt, so stellt er sich leicht schräg, ohne verbogen zu werden. Innere Zwängungen treten nicht auf; der Träger ist statisch bestimmt.

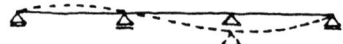

Dieser Durchlaufträger hingegen kann sich zwar ungehindert unter Temperatur dehnen, aber es fällt ihm schwer, sich der Absenkung eines Auflagers anzupassen. Er wird gezwängt; er ist statisch unbestimmt.

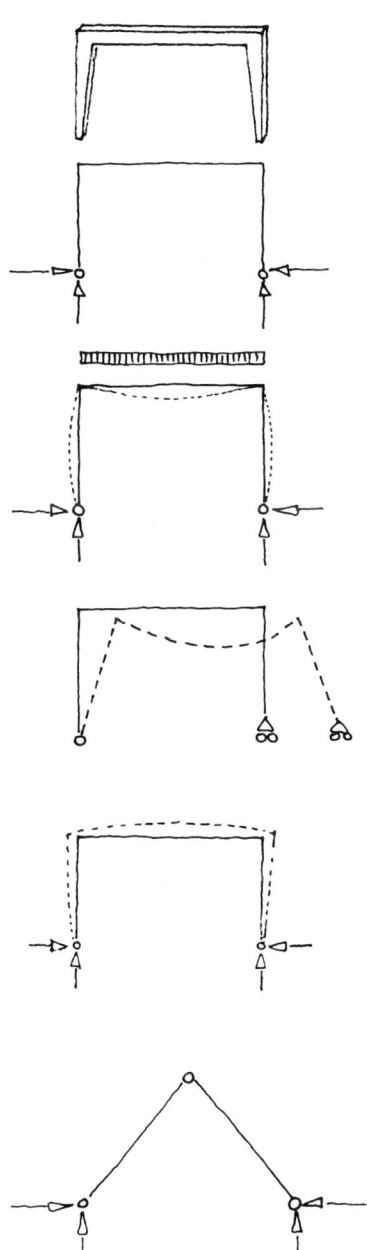

 Dieses Gebilde heißt »**Rahmen**«; wir werden es in Band 2 näher kennenlernen.

Ein Rahmen, der an den zwei Fußpunkten gelenkig gelagert ist, heißt **Zweigelenkrahmen**.

Die Auflager sind unverschieblich – das ist wesentlich für den Rahmen; durch diese Unverschieblichkeit der Auflager wird das Tragverhalten des Rahmens günstig beeinflußt. Ein Rahmen, dessen Fußpunkte verschieblich gelagert wären, würde erheblich an Tragfähigkeit verlieren.

Uns interessiert hier die statische Bestimmtheit. Die Vergrößerung infolge Wärme stößt auf den Widerstand der unverschieblichen Auflager. Dieser Rahmen muß sich verbiegen, um sich trotz der unverschieblichen Auflager dehnen zu können; es treten Zwängungen auf. Diese Zwängungen sind charakteristisch für statisch unbestimmte Systeme.

Die unterste Skizze zeigt einen **Dreigelenkrahmen**. Er ist nicht nur an seinen beiden Auflagern gelenkig gelagert, sondern hat in sich ein weiteres Gelenk.

Von der Anschauung wird klar, daß sich dieser Dreigelenkrahmen in der Wärme dehnen kann oder daß sich ein Auflager senken kann, ohne Zwängungen zu erleiden; er ist statisch bestimmt.

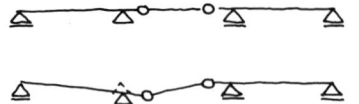

G Auch dieser Gelenkträger – **Gerberträger** genannt – ist statisch bestimmt. Wärmedehnungen oder Stützensenkungen führen nicht zu inneren Zwängungen.

In diesem Band werden wir uns fast nur mit statisch bestimmten, erst im nächsten Band auch mit statisch unbestimmten Systemen befassen.

E Wir unterscheiden nicht nur zwischen statisch bestimmten und statisch unbestimmten Systemen, sondern es gibt auch verschiedene Grade der statischen Unbestimmtheit. Sie lassen sich nicht mehr durch die Anschauung, sondern durch eine einfache Rechnung feststellen.

Der Durchlaufträger unserer Ausgangsbetrachtung hat eine Unbekannte zuviel, wir bezeichnen das System deshalb als *einfach* statisch unbestimmt.

4 unbekannte Auflagerreaktionen
– 3 Gleichgewichtsbedingungen
1 fach statisch unbestimmt.

Durchlaufträger über vier Felder bzw. über fünf Auflager. In diesem Fall haben wir:

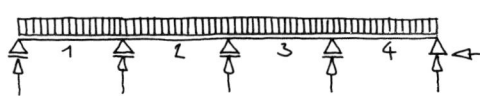

6 unbekannte Auflagerreaktionen
(1 horizontal, 5 vertikal)
– 3 Gleichgewichtsbedingungen
3 fach statisch unbestimmt.

Das gilt genauso bei Belastung von nur einem Feld. Die statische Bestimmtheit ist unabhängig von der Art der Belastung.

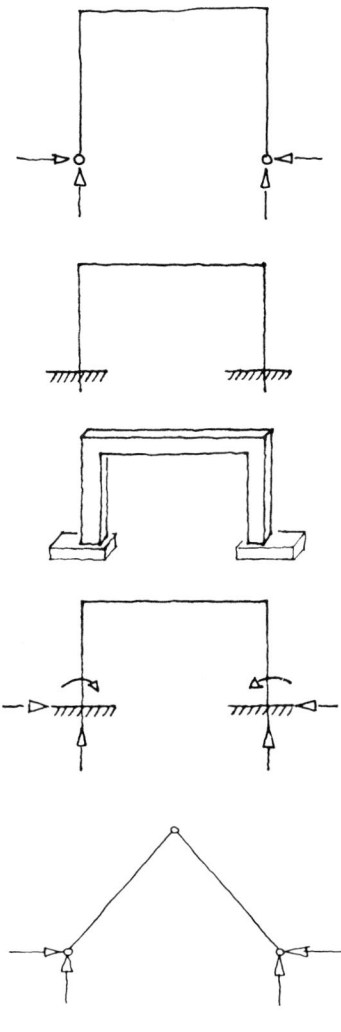

E Der Zweigelenkrahmen hat zwei vertikale und zwei horizontale, also

    4 unbekannte Auflagerreaktionen
 − 3 Gleichgewichtsbedingungen
    1 fach statisch unbestimmt.

Dieser Rahmen ist an seinen Auflagern eingespannt. Zu den zwei vertikalen und zwei horizontalen Auflagerreaktionen kommen noch zwei Einspannmomente an den Auflagern.

    6 unbekannte Auflagerreaktionen
 − 3 Gleichgewichtsbedingungen
    3 fach statisch unbestimmt

Der Dreigelenkrahmen hat neben den Gelenken an seinen beiden Auflagern noch ein weiteres, ein drittes Gelenk. Dieses dritte Gelenk bedeutet eine zusätzliche Angabe über die Kräfte, denn es besagt ja: »Hier können keine Momente übertragen werden, hier ist also das Moment M = 0.« Damit haben wir neben den drei Gleichgewichtsbedingungen eine weitere Angabe:

    4 unbekannte Auflagerreaktionen
 − 3 Gleichgewichtsbedingungen
 − 1 Gelenk
    0 fach statisch unbestimmt = statisch bestimmt, wie schon die Anschauung ergab.

5 Innere Kräfte und Momente

 Wir haben bisher die Kräfte und Momente untersucht, die lastend oder stützend von *außen* an einem Tragteil angreifen – die *äußeren* Kräfte und Momente. Nachdem wir diese äußeren Kräfte und Momente kennen, können wir untersuchen, welche Kräfte und Momente im *Inneren* des Tragteils wirken, wie sie das Tragteil zusammenhalten, verformen oder zerstören.

Auch für diese *inneren Kräfte und Momente* muß sein:

Aktion = Reaktion.

Dieser Satz gilt an jedem Punkt und für jedes kleinste Teilchen.

Die inneren Kräfte und Momente in einem Tragteil sind ein Ergebnis der äußeren Kräfte und Momente, die auf dieses Tragteil einwirken. Deshalb müssen wir zunächst die äußeren Kräfte und Momente kennen, bevor wir darangehen können, die inneren Kräfte zu ermitteln. Dort hatten wir unterschieden

- horizontale Kräfte F_H
- vertikale Kräfte F_V und
- Momente M.

Für die **inneren** Kräfte ist eine etwas andere Unterteilung zweckmäßiger. Hier ist es vor allem von Bedeutung, ob eine Kraft längs oder quer zur Stabachse gerichtet ist. Wir unterscheiden deshalb:

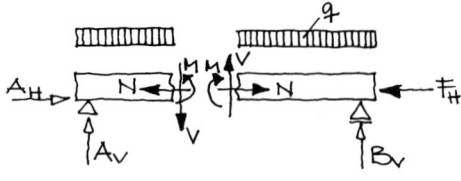

 – Längskräfte N. Sie wirken in Richtung der Stabachse (auch Normalkräfte genannt, weil sie normal, d. h. senkrecht auf den Querschnitt wirken).
– Querkräfte V (bisher nach DIN Q genannt). Sie wirken quer zur Stabachse.
– Momente M.

Die inneren Kräfte und Momente an einer zu untersuchenden Stelle eines Tragteils bestimmen wir mit folgendem Denkmodell: Wir denken uns dieses Tragteil an dieser Stelle quer **durchschnitten**. Damit werden die inneren Kräfte an der Schnittstelle unterbrochen. Aus dem Tragteil werden zwei Teilstücke, die herunterfallen würden, träfen wir keine weiteren Maßnahmen. Als solche Maßnahme, die ein abgeschnittenes Teilstück wieder ins Gleichgewicht bringt, führen wir in Gedanken am Schnitt Kräfte und ein Moment ein, die – gleichsam von außen – so angreifen, wie vor dem Schneiden die inneren Kräfte über die Schnittfläche von Teilstück zu Teilstück wirkten.

Wir fragen uns also: Welche Kräfte und welches Moment müssen wir an den gedachten Schnittflächen ansetzen, um die inneren Kräfte und Momente zu ersetzen, d. h. um am untersuchten Querschnitt wieder Gleichgewicht herzustellen?

Wegen dieses Denkmodelles sprechen wir auch von **Schnittkräften**. Dieser Begriff umfaßt auch das innere Moment.

5.1 Längskräfte

Vorzeichen

Längskräfte wirken in Richtung der Stabachse

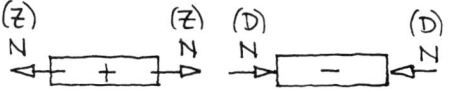

Als *Zugkräfte* längen sie das Bauteil, als *Druckkräfte* verkürzen sie es. Für Längskräfte gilt die Vorzeichenregel:

Zug +   (wird länger)
Druck –   (wird kürzer)

Längskräfte – auch **Normalkräfte** genannt – werden in der Regel mit N bezeichnet.

Will man hervorheben, daß es sich um eine Zugkraft handelt, so kann man auch die Bezeichnung Z bzw. für Druck D wählen.

Die **äußeren** Kräfte erzeugen im Inneren des Tragteiles entsprechende **innere** Kräfte. Die Vertikalkraft F_V (äußere Kraft), die auf diese Stütze wirkt, erzeugt im Schnitt $x - x$ eine gleich große Druckkraft D (innere Kraft).

In diesem Fall wirken die äußeren Kräfte vom Bauteil weg, deshalb wirkt in dem Bauteil eine Zugkraft Z.

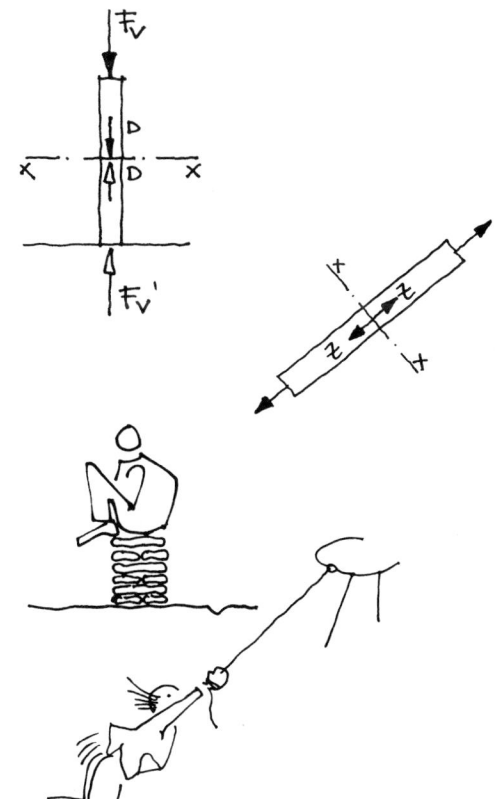

Wir kennen Tragteile, die nur Druck aufnehmen können, z. B. Mauerpfeiler, solche, die nur Zug aufnehmen können, z. B. Seile, und solche, die Druck und Zug aufnehmen können, z. B. Holz- oder Stahlstützen.

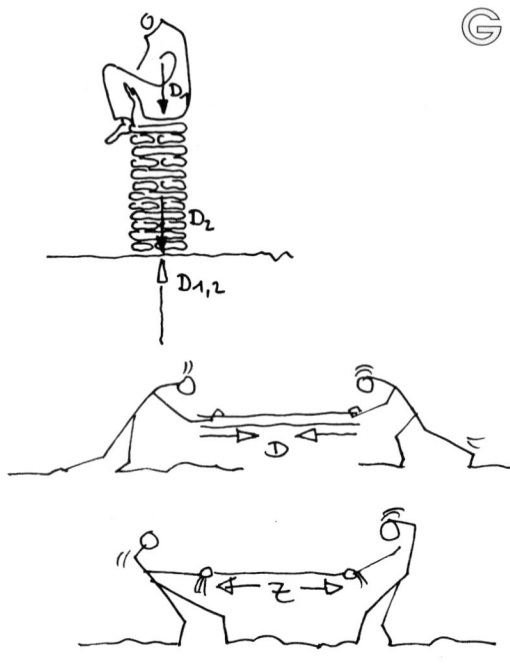

Die Längskraft – wie auch die anderen inneren Kräfte und Momente – kann über die ganze Länge eines Bauteiles gleichbleiben, sie kann sich aber auch von Querschnitt zu Querschnitt ändern.

So wird z. B. in einem Mauerpfeiler die Druckkraft nach unten immer größer – wegen des Eigengewichtes. In dem gezogenen bzw. gedrückten Baumstamm in den nebenstehenden Skizzen bleibt die Längskraft von einem Ende bis zum anderen gleich – es wirkt ja dazwischen keine äußere Kraft, die die innere Längskraft verändern könnte.

Da sich die inneren Kräfte von Querschnitt zu Querschnitt ändern können, hätte es wenig Sinn, sie nur an einer Stelle durch einen Pfeil anzugeben.

Wir brauchen eine Darstellung, die es erlaubt, die inneren Kräfte an *jedem* Querschnitt abzulesen. Wir zeichnen dazu ein Diagramm längs der Stabachse.

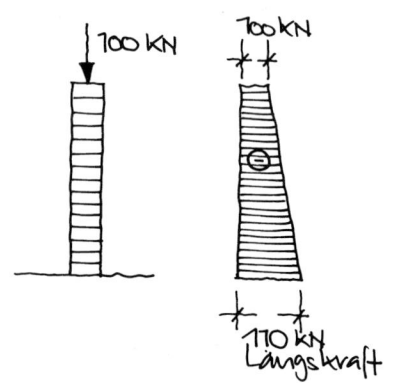

Auf diesen Mauerpfeiler wirkt an seiner Spitze eine Last von 100 kN. Sein Eigengewicht betrage 10 kN. Die innere Kraft beträgt also an seiner Spitze – wo noch kein Eigengewicht wirkt – 100 kN, sie nimmt bis zu seinem Fuß um das Eigengewicht von 10 kN auf 110 kN zu. Die Zunahme ist gleichmäßig, denn der Pfeiler ist überall gleich dick, er wiegt auf jedem Teilstück seiner Höhe das gleiche. Wir können also den Wert an der Spitze und den am Fußpunkt *linear* verbinden.

Aus diesem Diagramm läßt sich für jeden Querschnitt die innere Längskraft ablesen.

Das Zeichen (–) im Diagramm deutet auf eine Druckkraft hin. Schließlich zeigen wir noch durch das Wort »Längskraft« an, um welche Art innerer Kräfte es sich handelt.

5.2 Querkräfte

Querkräfte wirken – der Name sagt es – **_quer_ zur Stabachse**

Diese Hölzer – durch einen »Schwalbenschwanz« verbunden – werden durch die Querkraft gegeneinander verschoben.

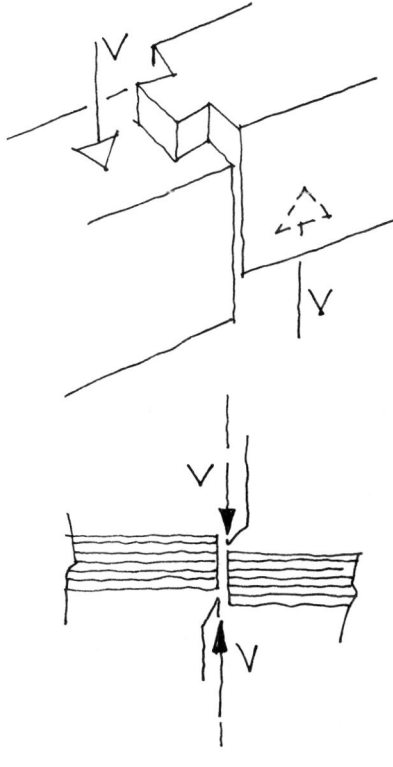

Hier erzeugt eine Schere eine Querkraft, die das Werkstück teilt.

Querkraft ist Scherkraft

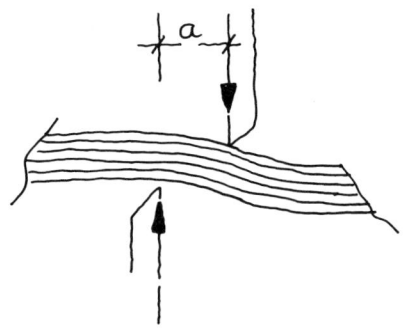

Diese Schere ist offensichtlich etwas locker geworden, das Werkstück wird durch den Abstand a der Schneiden gebogen. Die Querkraft ist hier zwar nicht mehr so deutlich zu erkennen, weil ihr das Papier durch Verbiegen ausweicht, aber sie ist genauso vorhanden, wie bei der festeren Schere oben.

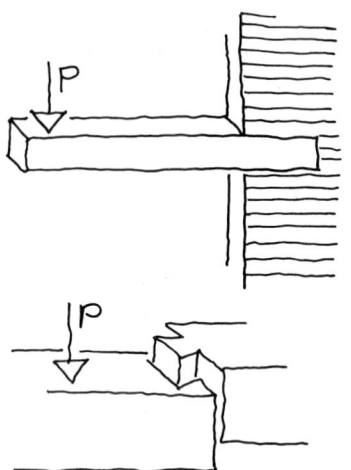

 Wäre dieser auskragende Balken durch einen Schwalbenschwanz unterbrochen, so würde er an diesem Schwalbenschwanz nach unten abrutschen, denn diese Verbindung könnte keine Querkräfte aufnehmen. Hier würde die Querkraft deutlich sichtbar. Aber sie wirkt selbstverständlich auch am festen Balken und auch an den anderen Querschnitten des Balkens.

Beispiel 5.2.1

In diesem Beispiel betrachten wir nur die Kraft P und vernachlässigen das Eigengewicht des Balkens.

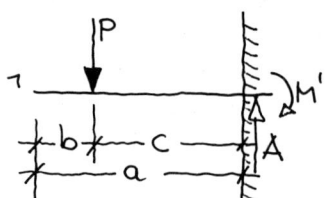

Zunächst müssen wir die Auflagerreaktionen kennen.

Aus $\sum F_V = 0$ folgt:
$$P - A = 0$$
$$A \quad = P$$

Aus $\sum M = 0$ um Drehpunkt A folgt:
$$- P \cdot c + M' = 0$$
$$M' = + P \cdot c$$

Jetzt sind alle äußeren Kräfte und Momente – Last und Auflagerreaktionen – bekannt, und wir können an die Ermittlung der inneren Kräfte gehen.

Wir werden bei der Ermittlung der Querkraft von links nach rechts vorgehen. (Genausogut könnten wir auch von rechts nach links gehen – es ist nur gebräuchlich, von links nach rechts zu gehen, wahrscheinlich deshalb, weil wir gewohnt sind, von links nach rechts zu schreiben.)

Wir beginnen also links am vorderen Ende des Balkens, am Punkt 1. Hier denken wir uns einen Schnitt quer durch den Balken gelegt und fragen uns: »Welche äußeren Kräfte quer zur Stabachse wirken *links* von diesem Schnitt?«

Antwort: Keine. Die Querkraft ist hier

$V_1 = 0$

Wir gehen dem Balken entlang nach rechts – zunächst tritt kein äußerer Einfluß auf, der die Querkraft verändern könnte. Den nächsten Schnitt legen wir unmittelbar links von Punkt 2, an dem die Kraft P wirkt. Dieser Schnitt heißt 2 l (2 links).

Wieder betrachten wir die äußeren Kräfte links von diesem Schnitt und stellen fest: noch kein Einfluß quer zur Stabachse.

Also:

$V_{2l} = 0$

Den nächsten Schnitt legen wir ein kleines Stück rechts von Punkt 2, es ist der Schnitt 2 r. Wieder schauen wir nach links und stellen fest: Jetzt hat sich etwas geändert. Die äußere Kraft P wirkt links von diesem Schnitt. Damit ist die Querkraft um diesen Wert P größer geworden.

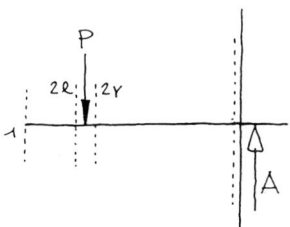

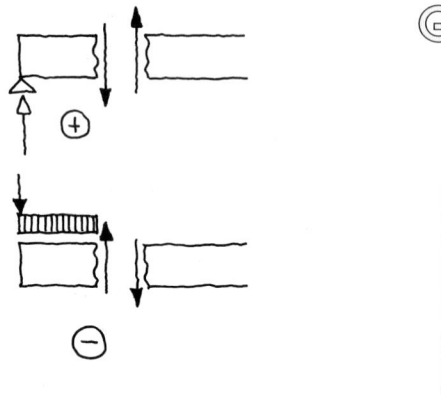

 Denn die Querkraft ist ja die Summe aller querwirkenden Kräfte links von dem betrachteten Schnitt.

Die Querkraft V_{2r} muß also gleich P sein.

Wir bezeichnen die Querkraft als positiv, wenn die Summe aller links vom Schnitt quer zur Achse wirkenden Kräfte nach oben wirkt (so daß die Querkraft ihr nach unten entgegenwirken muß), und zeichnen im Diagramm diese positiven Querkräfte nach oben. Wir bezeichnen die Querkraft als negativ, wenn die Summe aller links vom Schnitt quer zur Achse wirkenden Kräfte nach unten wirkt (so daß die Querkraft ihr nach oben entgegenwirken muß), und zeichnen sie im Diagramm nach unten).

Vorzeichen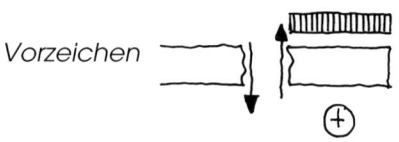

Der Kraft, die links vom Schnitt nach oben wirkt, muß rechts vom Schnitt eine gleich große nach unten wirkende entgegenstehen, damit an diesem Schnitt Gleichgewicht herrscht.

Deshalb gilt auch: Eine Querkraft ist positiv, wenn die Summe aller rechts vom Schnitt quer zur Achse wirkenden Kräfte nach unten wirkt etc.

In unserem Fall ist also:

$$V_{2r} = - P$$

Als nächstes betrachten wir den Schnitt A l, also unmittelbar links neben dem Auflager A. Hier hat sich die Querkraft nicht gegenüber V_{2r} geändert – es ist keine äußere Kraft hinzugekommen.

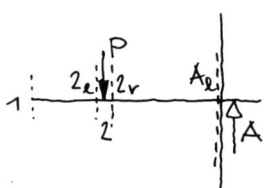

$$V_{Al} = V_{2r} = - P$$

Im Auflager A wirkt die Auflagerreaktion A, so daß im Querschnitt A_r, also unmittelbar rechts von A, gilt:

$$V_{Ar} = V_{Al} + A = -P + P = 0$$

Am rechten Ende des Trägers ist die Querkraft wieder 0, denn auch die Summe aller äußeren Kräfte, die über die ganze Trägerlänge quer zur Stabachse wirken (hier der F_V-Kräfte), muß ja gleich Null sein. (Was innerhalb der Einspannlänge geschieht, lassen wir hier noch außer acht, es wird uns später beschäftigen.)

Die so ermittelten Werte können in einem Querkraft-Diagramm aufgetragen werden. Es wird so unter die Systemskizze gezeichnet, daß der Zusammenhang von Last und Querkraft klar ersichtlich ist.

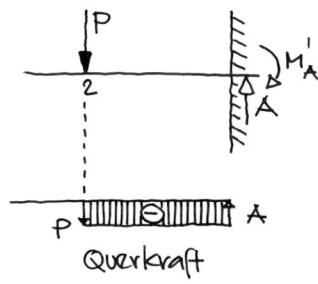

Querkraft

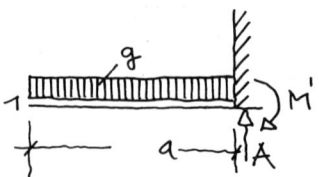

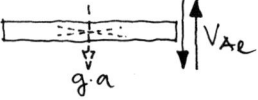

Beispiel 5.2.2

Das Eigengewicht des Kragträgers ist eine gleichmäßig verteilte Last.

Die Auflagerreaktion ergibt sich aus

$g \cdot a - A = 0$
$A = g \cdot a$

Für die Querkraft aus dieser gleichmäßig verteilten Last sind nur zwei Punkte markant: Der Punkt 1 und der Auflagerpunkt A.

Links von Punkt 1 wurde noch keine querwirkende Kraft eingetragen:

$V_1 = 0$

Es erübrigt sich, bei nur gleichmäßig verteilten Lasten zwischen Schnitt 1_l und 1_r zu unterscheiden, das tun wir nur dort, wo eine Einzellast wirkt, so daß links von dieser Einzellast eine andere Querkraft auftritt als rechts von ihr.

Im Querschnitt links vom Auflager A wirkt das ganze Lastpaket $g \cdot a$ nach unten:

$V_{Al} = - g \cdot a$

Zwischen den Querschnitten A_l und A_r verändert sich die Querkraft um die Auflagerkraft A:

$V_{Ar} = V_{Al} + A = - g \cdot a + A$
$V_{Ar} = 0$

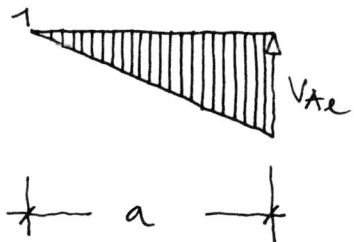

 Zwischen den beiden untersuchten Querschnitten wirkt die Last gleichmäßig verteilt, die Querkraft nimmt also gleichmäßig zu.

Wir können daher die Werte V_1 und V_{Al} durch eine gerade Linie verbinden. Aus diesem Diagramm läßt sich jetzt an jedem Punkt die Querkraft ablesen.

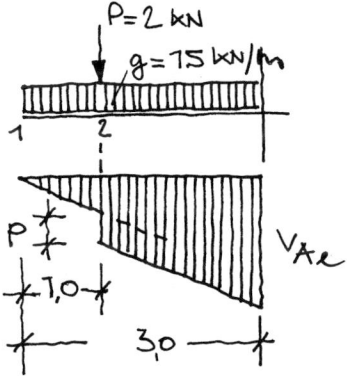

Beispiel 5.2.3

In diesem Beispiel wirken an einem Kragträger sowohl eine Einzellast als auch eine gleichmäßig verteilte Last. Um die Querkraft für diese beiden Lasten zu ermitteln und im Diagramm darzustellen, werden die Werte aus P und aus g an den verschiedenen Querschnitten addiert. Wir können die Einzelwerte aus den vorangegangenen Beispielen entnehmen.

$$1,5 \text{ kN/m} \cdot 3,0 \text{ m} + 2,0 \text{ kN} - A = 0$$
$$A \quad = 6,5 \text{ kN}$$
$$V_1 \quad = 0$$
$$V_{2l} = -1,5 \text{ kN/m} \cdot 1 \text{ m} \qquad\qquad = -1,5 \text{ kN}$$
$$V_{2r} = -1,5 \text{ kN} - 2 \text{ kN} \qquad\qquad = -3,5 \text{ kN}$$
$$V_{Al} = -3,5 \text{ kN} - 1,5 \text{ kN/m} \cdot 2 \text{ m} = -6,5 \text{ kN}$$
$$V_{Ar} = -6,5 \text{ kN} + 6,5 \text{ kN} \qquad\qquad = 0$$

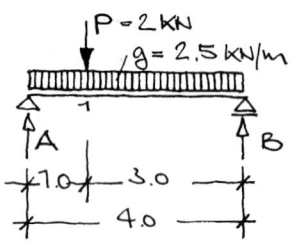

 Beispiel 5.2.4

Nachdem wir nun gesehen haben, wie man die Querkraft für zusammengesetzte Lasten durch Addition der Einzelquerkräfte ermitteln kann, werden wir für diesen Träger auf zwei Stützen die Querkraft gleich für P und q zusammen verfolgen.

Zunächst die Auflagerreaktionen:

$$A \cdot 4{,}0 \text{ m} - 2{,}0 \text{ kN} \cdot 3{,}0 \text{ m}$$

$$- 2{,}5 \text{ kN/m} \cdot 4{,}0 \text{ m} \cdot \frac{4{,}0 \text{ m}}{2} = 0$$

$$\underline{A = 6{,}5 \text{ kN}}$$

$$B + 6{,}5 \text{ kN} - 2{,}0 \text{ kN} - 2{,}5 \text{ kN/m} \cdot 4{,}0 \text{ m} = 0$$
$$\underline{B = 5{,}5 \text{ kN}}$$

Daraus ergeben sich für die markanten Punkte A, 1 und B die Querkräfte:

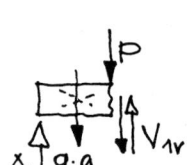

$$V_{Al} = 0$$
$$V_{Ar} = 6{,}5 \text{ kN}$$
$$V_{1l} = 6{,}5 \text{ kN} - 2{,}5 \text{ kN/m} \cdot 1{,}0 \text{ m} = 4{,}0 \text{ kN}$$
$$V_{1r} = 4{,}0 \text{ kN} - 2{,}0 \text{ kN} \qquad\quad = 2{,}0 \text{ kN}$$
$$V_{Bl} = 2{,}0 \text{ kN} - 2{,}5 \text{ kN/m} \cdot 3{,}0 \text{ m} = -5{,}5 \text{ kN}$$
$$V_{Br} = -5{,}5 \text{ kN} + 5{,}5 \text{ kN} = 0$$

V_{Br} muß gleich Null sein, da weiter rechts keine Kräfte mehr quer zur Trägerachse wirken. Dies wird klar, wenn man bedenkt, daß man die Untersuchung ja auch von rechts nach links hätte durchführen können (die Arbeitsweise von links nach rechts ist ja nur eine Vereinbarungsregel), dann hätte sich als erster Wert ergeben:

$$V_{Br} = 0$$

Nur dann, wenn ein Querkraftdiagramm gezeichnet werden soll, müssen wir die Querkraft Schritt für Schritt an jedem markanten Punkt bestimmen. Oft aber genügt es, die Querkraft nur für einzelne, maßgebende Querschnitte zu ermitteln. Welche dieses sind, werden wir noch sehen. Für diese Schnitte aber kann man die Querkraft auch unmittelbar bestimmen: Sie ist gleich der Summe aller links (bzw. rechts) von diesem Schnitt quer zur Stabachse wirkenden Kräfte. So kann in unserem Beispiel

$$V_{1r} = A - q \cdot a - P$$

auch unmittelbar angeschrieben werden, ohne vorheriges Ermitteln der Querkräfte an anderen Schnitten. Zur Probe, oder wenn es leichter geht, können wir dieselbe Querkraft auch von rechts ermitteln.

$$V_{1r} = - B + q \cdot b$$

(B wirkt rechts vom Schnitt nach oben, ist also negativ einzusetzen!)

Zu beachten ist, daß bei symmetrischen Systemen und Lasten die Querkraftlinie *nicht* symmetrisch verläuft.

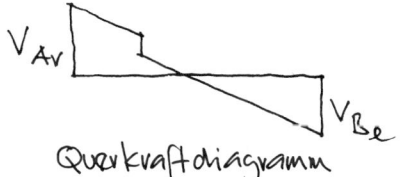

Querkraftdiagramm

Vorzeichen

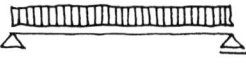

5.3 Momente

Moment ist Kraft mal Hebelarm

Bei der Ermittlung der *äußeren* Kräfte und Momente untersuchten wir, welche Kräfte um einen angenommenen Drehpunkt drehen, und ermittelten so die unbekannten Auflagerkräfte und Einspannmomente. Wir können deshalb die *äußeren Momente* auch als *Drehmomente* bezeichnen.

Bei der Ermittlung der *inneren Momente* sind die äußeren Kräfte und Momente bereits bekannt. Jetzt fragen wir uns, welche Momente das Tragteil biegen (bzw. brechen). Und wir werden dann in einem nächsten Arbeitsgang das Tragteil so ausbilden, so *bemessen*, daß die Biegung klein gehalten und daß der Bruch verhindert wird. Wir bezeichnen deshalb die *inneren Momente* als *Biegemomente*.

Beispiel 5.3.1

Dieser Träger sei ohne Eigengewicht und von der Einzellast P belastet.

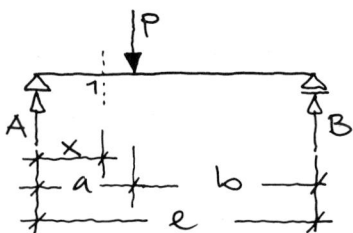

$$A = \frac{P \cdot b}{l}$$

$$B = \frac{P \cdot a}{l}$$

Wir können für jede beliebige Stelle dieses Trägers, also für jeden Schnitt, das dort wirkende Biegemoment ermitteln.

Beginnen wir mit dem willkürlich gewählten Schnitt 1.

Um das Biegemoment am Schnitt 1 zu ermitteln, fragen wir uns: Welche Kräfte biegen von einer Seite um diesen Schnitt. In unserem Fall biegt – wenn wir nach links schauen – die Kraft A mit dem Hebelarm x.

Das Biegemoment beträgt also:

$$M_1 = A \cdot x$$

$$M_1 = \frac{P \cdot b \cdot x}{l}$$

Ist das Moment positiv, weil es rechts herumdreht? Würden wir nach rechts schauen, so würde das Moment links herum drehen.

Welches Vorzeichen sollen wir also wählen?

Für die inneren Momente, die Biegemomente also, brauchen wir eine andere Vorzeichenregel als für die äußeren:

Es ist leicht vorstellbar, daß dieser Träger unter der Last P sich so durchbiegt, daß er an seiner Unterseite gezogen, an seiner Oberseite gedrückt wird.

Wir bezeichnen ein Biegemoment, das Zug an der Unterseite erzeugt, als positiv (+), ein Biegemoment, das Zug an der Oberseite erzeugt, als negativ (–).

Das Moment am Schnitt 1 unseres Trägers ist also positiv.

Vorzeichen

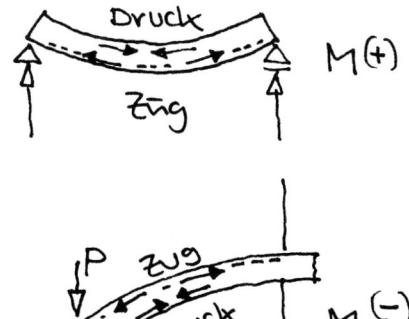

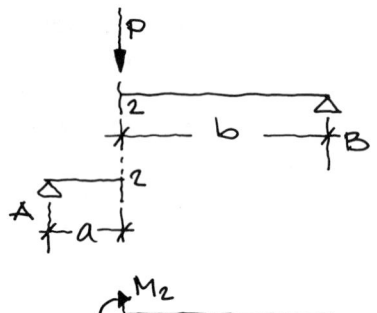

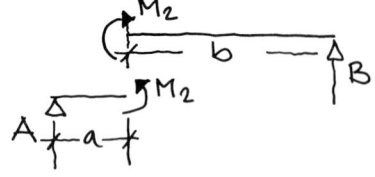

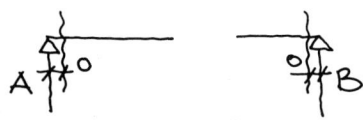

 Ein markanter Punkt ist der Angriffspunkt von P.

Dort ist

$$M_2 = + B \cdot b = + \frac{P \cdot a}{l} \cdot b$$

Das Ergebnis muß selbstverständlich das gleiche sein, ob wir die Kräfte rechts oder links vom Schnitt drehen lassen, also gilt auch:

$$M_2 = + A \cdot a = + \frac{P \cdot b}{l} \cdot a$$

Das Moment erzeugt unten Zug, ist also positiv (+).

Bei den Auflagern A und B ist das Moment:

$$M_A = A \cdot 0 = 0 \quad \text{bzw.} \quad M_B = B \cdot 0 = 0$$

Zur Probe sei der Schnitt von der anderen Seite betrachtet:

$$M_A = B \cdot l - P \cdot a$$

$$M_A = \frac{P \cdot a}{l} \cdot l - P \cdot a = 0$$

Das Moment wächst linear von A bis 2 bzw. von B bis 2. Das läßt sich leicht ablesen aus $M_1 = A \cdot x$. Da zwischen den Auflagern und dem Schnitt 2 – also dem Angriffspunkt von P – keine weitere Kraft wirkt, kann das Moment nur proportional mit der Zunahme des Hebelarmes wachsen.

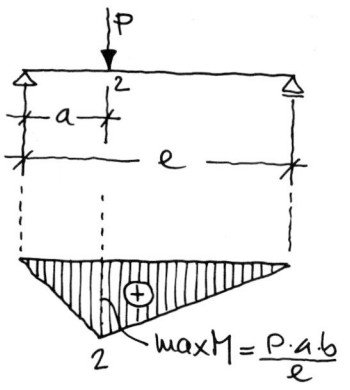

$$\text{max} M = \frac{P \cdot a \cdot b}{l}$$

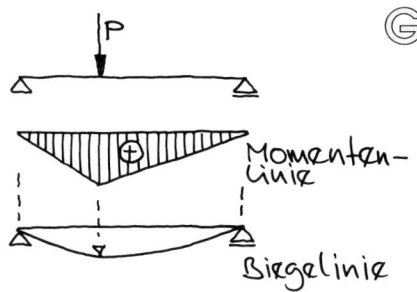

Momentenlinie

Biegelinie

Das Moment im Angriffspunkt von P ist das *maximale* Moment, abgekürzt: max M.

Etwas inkonsequenterweise werden positive Momente im Diagramm nach unten, negative Momente im Diagramm nach oben gezeichnet. Positive Momente werden also in Richtung der Durchbiegung gezeichnet, die sie bewirken.

Beispiel 5.3.2

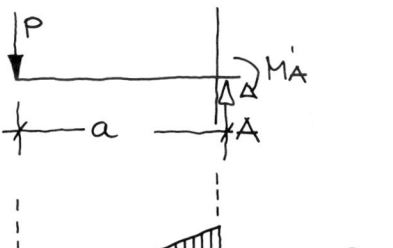

$M_{min} = -P \cdot a$

Die Einzellast auf einem gewichtslosen Kragarm erzeugt im Einspannpunkt das Moment $M'_A = - P \cdot a$

Es ist negativ (–), weil es oben Zug erzeugt. Konsequenterweise muß der Extrem-Wert des negativen Momentes als *minimales* Moment abgekürzt min M bezeichnet werden. (In der Praxis wird das unterschiedlich gehandhabt.)

Beispiel 5.3.3: Träger mit gleichmäßig verteilter Last

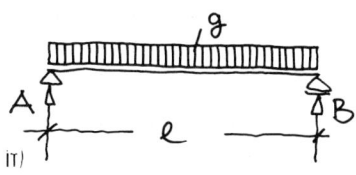

Wegen Symmetrie dieses Einfeldträgers ist unmittelbar zu erkennen, daß je die Hälfte des gesamten Lastpaketes $q \cdot l$ auf die beiden Auflager A und B entfällt.

$$A = \frac{q \cdot l}{2}$$

$$B = \frac{q \cdot l}{2}$$

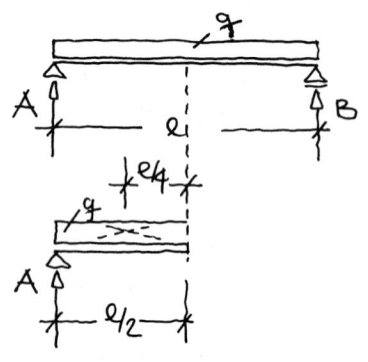

 Es ist weiterhin leicht zu erkennen, daß die größte Biegebeanspruchung – d. h. das größte Biegemoment – in der Mitte des Trägers liegt. Ein exakter Nachweis hierüber wird im Abschnitt 5.4 »Beziehung von Querkraft und Moment« geführt.

Wir betrachten also das Moment in Trägermitte:

$$\max M = + A \cdot \frac{l}{2} - q \cdot \frac{l}{2} \cdot \frac{l}{4} \quad \Bigg| \quad A = \frac{q \cdot l}{2}$$

$$= \frac{q \cdot l}{2} \cdot \frac{l}{2} - \frac{q \cdot l^2}{8} = \frac{q \cdot l^2}{8}$$

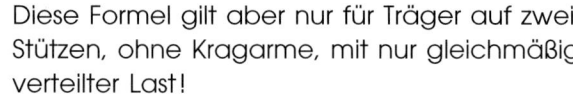

$$\boxed{\max M = \frac{q \cdot l^2}{8}}$$

Trotz aller Abneigung der Verfasser gegen Auswendiglernen – diese Formel sei der geneigten Leserin, dem geneigten Leser zum sorgsamen Merken empfohlen – es ist die meistgebrauchte Formel der Baustatik!!!

Diese Formel gilt aber nur für Träger auf zwei Stützen, ohne Kragarme, mit nur gleichmäßig verteilter Last!

An jedem beliebigen Schnitt 1 ist das Moment:

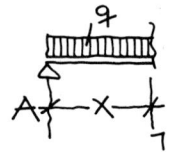

$$M_1 = A \cdot x - q \cdot x \cdot \frac{x}{2} \quad \Bigg| \quad A = \frac{q \cdot l}{2}$$

$$M_1 = \frac{q \cdot l}{2} \cdot x - \frac{q \cdot x^2}{2}$$

Hieraus läßt sich eine quadratische Funktion erkennen. Das Momenten-Diagramm muß eine quadratische Parabel sein.

Da die Momente in den Auflagerpunkten

$M_A = 0$ und

$M_B = 0$ und das Maximalmoment

$\max M = \dfrac{q \cdot l^2}{8}$ in Trägermitte

bekannt sind, läßt sich diese Parabel konstruieren.

1. Trage die Strecke max M in Trägermitte an; der so gefundene Punkt S ist der Scheitelpunkt der Parabel.
2. Verdopple die Strecke max M bis zum Punkt C.
3. Verbinde C mit A und mit B; die Verbindungsgeraden sind Tangenten an die Parabel in A und B.
4. Ziehe durch S eine Parallele zur Grundlinie. Diese Parallele ist die Tangente bei max M.
5. Halbiere die Strecke $\overline{AE}$ zwischen Auflagerpunkt A und Tangentenschnittpunkt E, ebenso die Strecke $\overline{SE}$. Verbinde die Halbierungspunkte. Diese Verbindungsstrecke ist eine weitere Tangente. In ihrer Mitte ist der neue Tangentialpunkt. Wiederhole das gleiche $\overline{BE'}$ und $\overline{SE'}$.

Die so gefundenen Tangenten und Tangentialpunkte ermöglichen ein hinreichend genaues Zeichnen der Parabel. Diese Konstruktion ist auch zum freihändigen Skizzieren von Parabeln geeignet.

Die Genauigkeit dieser Konstruktion läßt sich durch immer weitere Tangenten beliebig steigern. Dabei ist zu beachten: Stets die Strecke zwischen Tangentialpunkt und Schnittpunkt der schon vorhandenen Tangenten halbieren und zwei solche Halbierungspunkte verbinden. Dies ergibt eine weitere Tangente mit Tangentialpunkt in der Mitte. **Nie (!)** einen Halbierungspunkt mit einem Tangentialpunkt verbinden!

Parabelkonstruktion

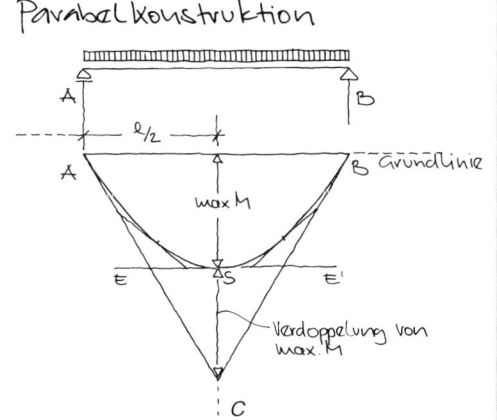

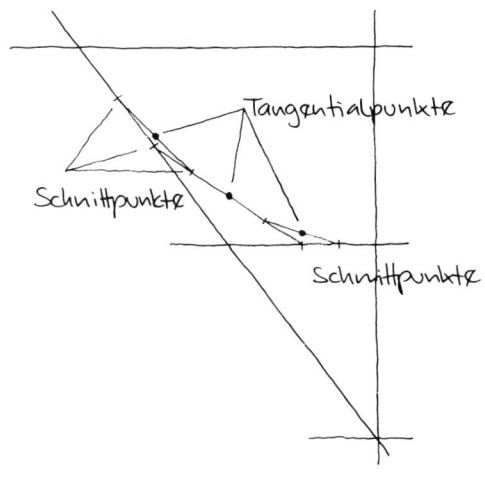

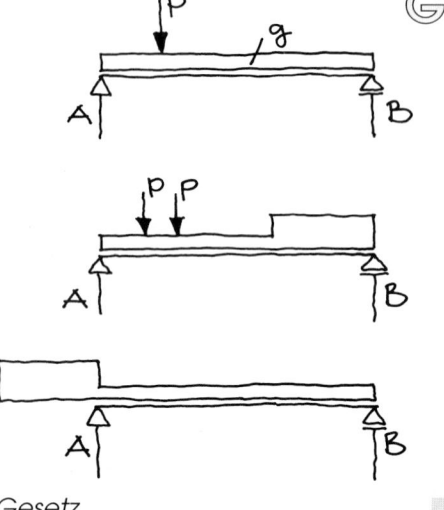

Gesetz

5.4 Beziehung von Querkraft und Moment

Wo liegt in diesem Fall das maximale Biege-moment?

Wo liegt das maximale Moment bei solchen Belastungen, mit mehreren Einzellasten und verschiedenen gleichmäßig verteilten Bela-stungen?

Oder wo liegt es bei diesem Träger mit Krag-arm?

Die Lage der Maximal- bzw. Minimal-momente wird mit Hilfe des folgenden Gesetzes bestimmt:

Die Momentenlinie hat ein Maximum oder ein Minimum, wo die Querkraft $V = 0$ ist.

Herleitung dieses Gesetzes

Vorbemerkung:
Die im folgenden verwandte einfache mathematische Schreibweise ist im Ingenieurwesen allgemein gebräuchlich, unterscheidet sich jedoch von der der heute üblichen Schulmathematik. Dies bedarf einer Erläuterung:

Wahrscheinlich hat der Leser im Mathe-matikunterricht die folgende Definition der Ableitung kennengelernt: Es sei f eine Funk-tion, die reellen Zahlen wieder reelle Zahlen zuordnet. Wenn es eine Zahl c gibt, so daß

$$\lim_{h \to 0} \frac{f(x + h) - f(x)}{h} = c \quad \text{ist},$$

so heißt f differenzierbar an der Stelle x mit Ableitung (oder Differentialquotient) c.

$\boxminus$ Man schreibt $c = f'(x) = \dfrac{df}{dx}$.

Setzt man $\Delta f = f(x + \Delta x) - f(x)$, $\Delta x = h$, so erhält man die Gleichung:

$$\lim_{\Delta x \to 0} \frac{\Delta f}{\Delta x} = \frac{df}{dx} ,$$

$\dfrac{\Delta f}{\Delta x}$ heißt Differenzenquotient.

Vielleicht wurde auch noch folgende Warnung hinzugefügt: Während der Differenzenquotient ein »richtiger Quotient« zweier reeller Zahlen ist, hat die Schreibweise $\dfrac{df}{dx}$ für den Differentialquotienten nur symbolischen Charakter. Es handelt sich dabei nicht etwa um den Quotienten zweier »unendlich kleiner Größen«.

Die Symbole df und dx haben für sich allein keine Bedeutung.

Um so erstaunter wird der Leser sein, wenn er hier das dereinst für unsinnig erklärte Rechnen mit unendlich kleinen Größen wiederfindet: Der Differentialquotient wird hier tatsächlich als Quotient zweier reeller Zahlen betrachtet. Wie dies zu verstehen ist, mag ein Abschnitt erläutern aus Richard Courant, Vorlesungen über Differential- und Integralrechnung, Band I, Seite 98 bis 99: »Ebenso wie die Frage nach Rationalität oder Irrationalität in der strengen Bedeutung der ›Präzisionsmathematik‹ keinen physikalischen Sinn hat, wird auch sonst in den Anwendungen die wirkliche Durchführung von Grenzübergängen gewöhnlich nur eine Idealisierung darstellen . . . Der Physiker oder . . .

H Techniker ... wird dann vernünftigerweise
innerhalb seiner Genauigkeitsgrenzen den
Differenzenquotienten mit dem Differentialquotienten identifizieren ... Diese physika-
lisch unendlich kleinen Größen haben einen
präzisen Sinn.

Es sind durchaus endliche, von Null verschiedene Größen, nur für die betreffende
Betrachtung klein genug gewählt.«

Im folgenden wird auch die Differenzierbar-
keit nicht mathematisch bewiesen, sondern
als gegeben vorausgesetzt. Analoges gilt für
den Integralbegriff. (Soweit die Vorbemerkung.)

An dem hier skizzierten kleinen Ausschnitt aus
einem Träger greifen links das Moment M um
die Querkraft V, rechts M + dM und V + dV
an. Die Belastung ist p.

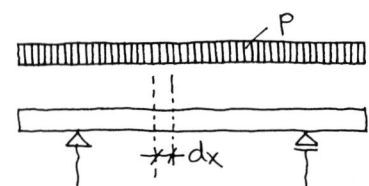

Nach $\Sigma\, F_V = 0$ ist

$$V - (V + dV) - p \cdot dx = 0$$
$$- dV = p \cdot dx$$
$$\frac{dV}{dx} = - p$$

Das heißt: Die Last ist der Differentialquotient
aus der Querkraft, differenziert nach der
Strecke. Sie zeigt die Steigung der Querkraftlinie an. Die Steigung der V-Linie ist also proportional der Last.

Nach $\Sigma\, M = 0$ ist

$$M - (M + dM) + V \cdot dx - p \cdot dx\, \frac{dx}{2} = 0$$
$$- dM + V \cdot dx - p \cdot \frac{(dx)^2}{2} = 0$$

Das Glied $(dx)^2$ kann entfallen – es ist von
höherer Ordnung klein.

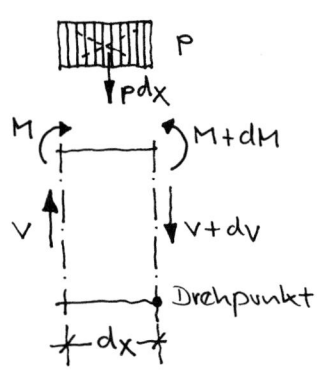

$$- dM + V \cdot dx = 0$$
$$\frac{dM}{dx} = V$$

Das heißt: Die Querkraft ist der Differentialquotient des Momentes. Sie zeigt die Steigung der Momentenlinie an. Wo die Querkraft V = 0 ist, verläuft die Momentenlinie
horizontal – sie hat dort ein Maximum oder
ein Minimum. Weitere Zusammenhänge zeigt
die folgende Tabelle:

Last	keine Last	↓P	↗g	g₁ g₂	g ↓P
V	horizontal	Sprung	geneigte Gerade	Knick	Sprung
	0		0		
M (Max. oder Min.)	gerade	Knick	Parabel max.	Parabel 1 Parabel 2 Übergang mit gemeinsamer Tangente	Knick

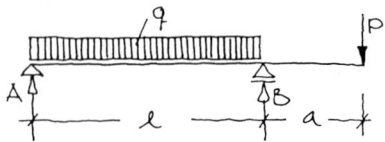

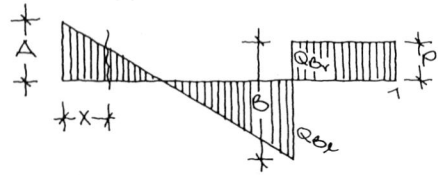

 Beispiel 5.4.1: Einfeldträger mit Kragarm

Auflagerreaktionen:

$$A \cdot l + P \cdot a - q \cdot l \cdot \frac{l}{2} = 0$$

$$\Rightarrow A$$

$$- B \cdot l + q \cdot l \cdot \frac{l}{2} + P \cdot (a + l) = 0$$

$$\Rightarrow B$$

Querkräfte:

$$V_{Al} = 0$$

$$V_{Ar} = 0 + A = A$$

$$V_{Bl} = V_{Ar} - q \cdot l$$

$$V_{Br} = V_{Bl} + B$$

$$V_{1l} = V_{Br}$$

$$V_{1r} = V_{1l} - P = 0$$

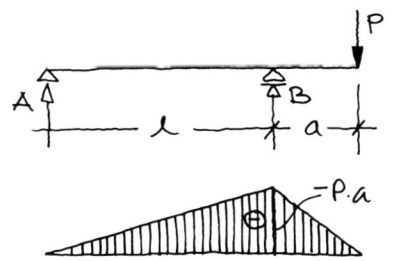

Momente:

Für die Konstruktion der Momentenlinie untersuchen wir zunächst getrennt den Einfluß der Einzellast P und den der gleichmäßig verteilten Last q.

Aus P allein:

$$M_{BP} = -P \cdot a \qquad \text{(d. h. Moment in B aus P)}$$
$$M_A = \pm 0$$

Die Verbindung zwischen M_B und den Punkten A und 1 verläuft linear, denn es wirkt keine weitere Kraft zwischen diesen Punkten.

Aus q allein:

Wenn der Kragarm ohne Last ist, so ergibt sich unter q im Feld dasselbe Moment wie an einem Träger ohne Kragarm. Der unbelastete Kragarm übt keinen Einfluß aus. Wir nennen den so gefundenen Wert in Feldmitte M_0.

$$M_0 = \frac{q \cdot l^2}{8}$$

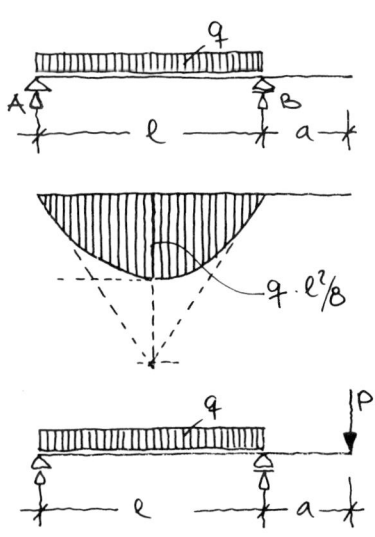

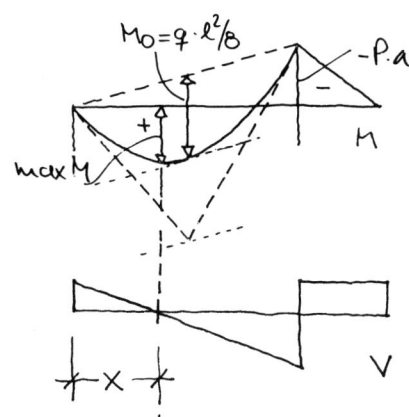

Die Momentenlinie für die *gesamte Belastung* erhalten wir, wenn wir die Momentenlinien aus den Teillasten *überlagern*. Wir tun dies, indem wir an die gerade Verbindungslinie zwischen M_A und

M_B in der Mitte den Wert $M_0 = \dfrac{q \cdot l^2}{8}$

antragen und jetzt zwischen diesen drei Punkten die Parabel konstruieren. Die Tangente bei M_0 verläuft parallel zur Verbindungslinie.

Das Maximalmoment max M ist kleiner

als $\dfrac{q \cdot l^2}{8}$. Der Kragarm mit der Last P hat

zu einer Verminderung des Feldmomentes geführt. Wie aus der Momentenlinie zu erkennen ist, liegt der Wert max M nicht mehr in Mitte des Feldes – er ist nach links, vom Kragarm weg, gewandert. Wo liegt max M und wie groß ist es?

max M liegt da, wo die Querkraft V = 0 ist. Diese Stelle finden wir mit:

$V_{Ar} - q \cdot x = 0$ | $q \cdot x$ ist das Lastpaket

$$x = \frac{V_{Ar}}{q}$$

von A bis zur gesuchten Stelle

An dieser Stelle ist das Moment:

$$\text{max } M = A \cdot x - q \cdot x \cdot \frac{x}{2}$$

$$\boxed{\text{max } M = A \cdot x - \frac{q \cdot x^2}{2}}$$

**Beispiel 5.4.2: Kragarm mit gleichmäßig
verteilter Last**

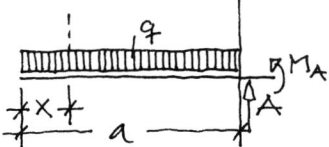

Auflagerreaktionen:

aus $\Sigma F_V = 0$ folgt

$q \cdot a - A = 0$

$\qquad A = q \cdot a$

aus $\Sigma M = 0$ folgt

$- q \cdot a \cdot \dfrac{a}{2} - M_A = 0$

$\qquad M_A = - \dfrac{q \cdot a^2}{2}$

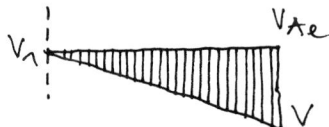

Querkräfte:

$V_1 = 0$
$V_{Al} = -q \cdot a$
$V_{Ar} = V_{Al} + A = 0$

Biegemomente:

$M_1 = 0$

$M_A = \min M = - \dfrac{q \cdot a^2}{2}$

Wie verläuft die Momentenlinie?

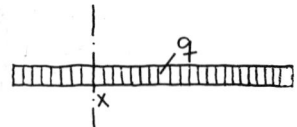

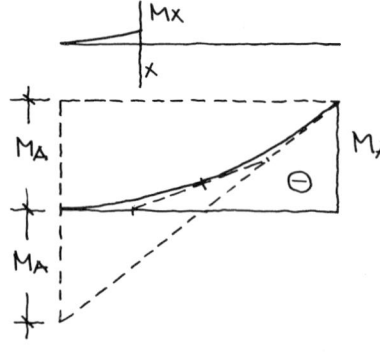

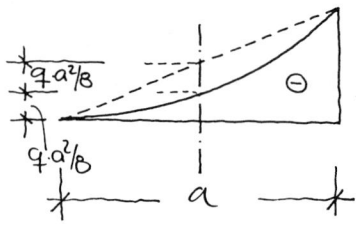

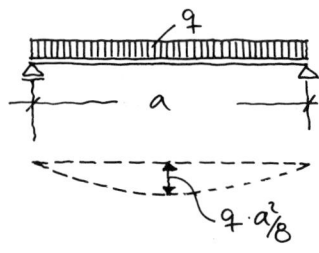

 In jedem beliebigen Schnitt x ist

$$M_x = - \frac{q \cdot x^2}{2}$$

Die Strecke x wirkt sich also im Quadrat aus. Dies führt zu einer quadratischen Parabel. Die Steigung dieser Parabel am vorderen Ende des Kragträgers (Schnitt 1) ist 0, weil dort

$$V_1 = 0$$

Dort liegt also der Scheitel der Parabel. Mit diesen Werten läßt sich die Kurve zeichnen.

Eine andere, noch einfachere Art, die Parabel zu zeichnen, ist die folgende:

Verbinde die Werte der markanten Punkte

$$M_1 = 0 \quad \text{und}$$

$$M_A = - \frac{q \cdot a^2}{2}$$

durch eine Gerade – die »Schlußlinie«. Ermittle den Wert

$$M_0 = \frac{q \cdot a^2}{8} \, ,$$

den Wert also, der in einem gedachten gleich langen Einfeldträger mit der Gleichlast q als max M auftreten würde, und trage diesen Wert mittig an. An dem so gefundenen Punkt liegt die Tangente parallel zur Schlußlinie. Damit läßt sich die Parabel in der bekannten Weise konstruieren.

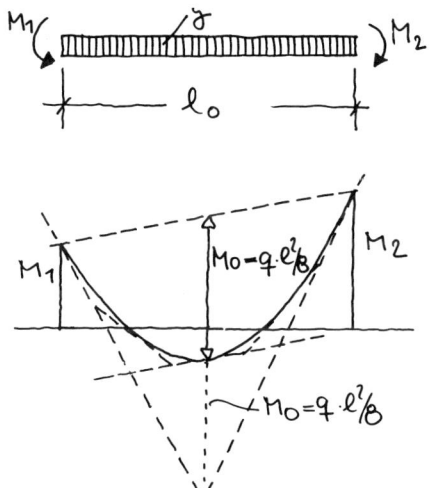

 Dasselbe Verfahren haben wir schon im Beispiel 5.4.1 angewandt, als wir die Gerade aus Last P mit der Parabel aus Last q überlagerten.

Dieses Verfahren ist immer anwendbar, wenn zwischen markanten Punkten 1 und 2 mit dem Abstand l_0 nur eine gleichmäßig verteilte Last q wirkt.

Verfahrensweise:
1. Trage die Momente M_1 und M_2 an.
2. Verbinde diese Werte durch die gerade Schlußlinie.
3. Ermittle $M_0 = \dfrac{q \cdot l_0^2}{8}$
4. Trage M_0 mittig an die Schlußlinie an.
5. Ziehe durch den so gefundenen Punkt S die Tangente parallel zur Schlußlinie.
6. Zeichne die Parabel wie auf Seite 85 beschrieben, jedoch mit der Tangente bei M_0 parallel zur Schlußlinie.

Beispiel 5.4.3: Einfeldträger mit verschiedenen Belastungen

Auflagerreaktionen:

Die Ermittlung der Auflagerkräfte ist bereits bekannt und wird deshalb hier nicht nochmals angeschrieben (vgl. Kapitel 3, Seite 46 ff.).

A = . . .
B = . . .

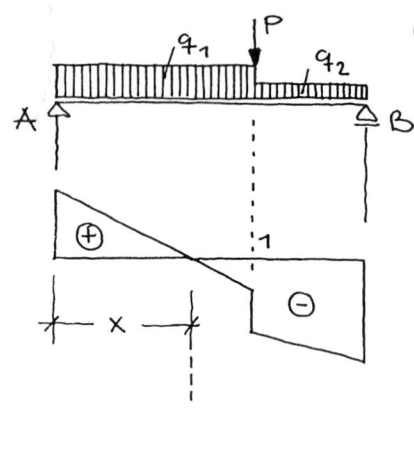

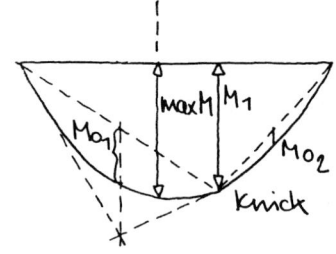

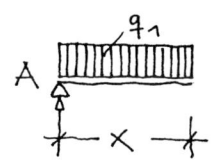

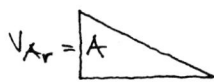

Querkräfte:

Ermittlung ebenfalls bekannt.

Momente:

1. M_1　(bei Einzellast P)

$$M_1 = A \cdot a - \frac{q_1 \cdot a^2}{2}$$

2. M_0-Werte

$$M_{01} = \frac{q_1 \cdot a^2}{8}$$

$$M_{02} = \frac{q_2 \cdot b^2}{8}$$

Mit diesen Werten läßt sich die Momentenlinie zeichnen.

3. max M:
   Wo liegt max M, d. h. wo ist V = 0?

$$V_{Ar} - q_1 \cdot x = 0$$

$$\Rightarrow x = \frac{V_{Ar}}{q_1} = \frac{A}{q_1} \quad \Big| \quad V_{Ar} = A$$

$$max\,M = A \cdot x - \frac{q_1 \cdot x^2}{2}$$

Wir können also den Wert für max M entweder aus der Kurve messen oder ihn rechnerisch ermitteln. Der Vergleich des zeichnerischen und des rechnerischen Wertes kann als Probe dienen.

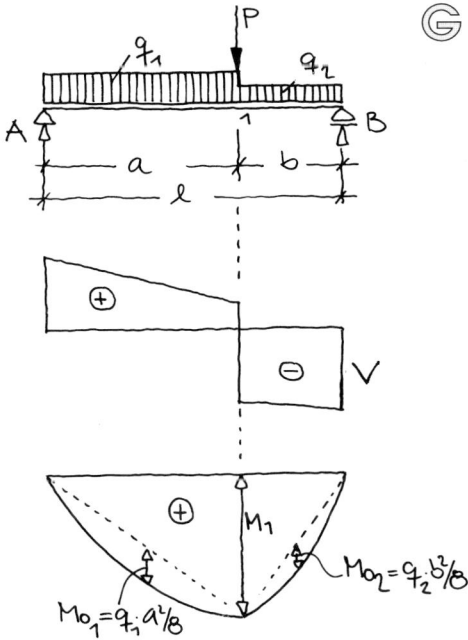

$M_{0_1} = q_1 \cdot a^2/8$

$M_{0_2} = q_2 \cdot b^2/8$

Beispiel 5.4.4

Das ist fast dieselbe Aufgabe wie in 5.4.3, jedoch sind die Lasten etwas anders verteilt, so daß max M unter der Einzellast P liegt. Das ist daran zu erkennen, daß die Querkraft im Schnitt 1 durch 0 geht, daß also

$V_{1l} > 0$

$V_{1r} < 0$ ist.

In diesem Fall ist

$$M_1 = \max M = A \cdot a - \frac{q_1 \cdot a^2}{2}$$

oder

$$M_1 = \max M = B \cdot b - \frac{q_2 \cdot b^2}{2}$$

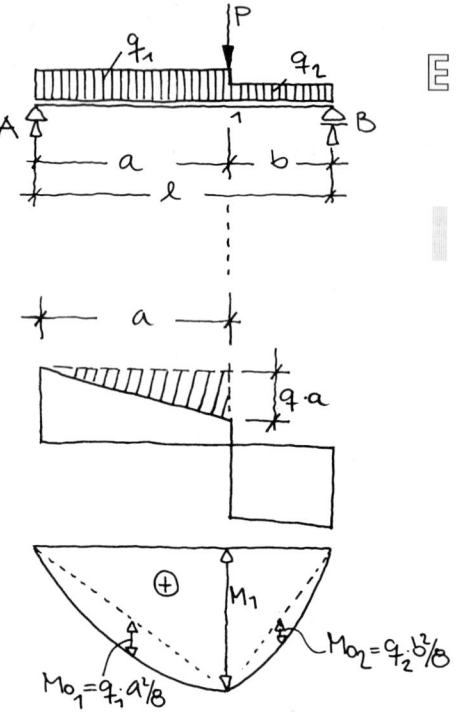

5.5 Ermittlung der Momente über die Querkraft

E Wenn die Querkraft der Differentialquotient des Momentes ist, so muß das Moment das Integral über der Querkraft sein. Daraus folgt:

Das Moment ist gleich der Querkraftfläche bis zu dem untersuchten Querschnitt.

Beispiel 5.5.1 (wie Beispiel 5.4.4)

Das Moment am Schnitt 1 ist gleich der Querkraftfläche links von diesem Punkt. (Hier ist es der Angriffspunkt von F.)

$$M_1 = V_{Ar} \cdot a - q_1 \cdot a \cdot \frac{a}{2}$$

oder

von der Querkraftfläche rechts von Schnitt 1 ermittelt:

$$M_1 = V_{Bl} \cdot b - q_2 \cdot b \cdot \frac{b}{2}$$

Wir erkennen, daß die Ermittlung der Momente über die Querkraftfläche zu den gleichen Ausdrücken führt wie die Ermittlung in Beispiel 5.4.4.

Die Vorzeichenregel für Momente ist unabhängig von der für Querkräfte; wir können also nicht von der negativen Querkraft auf ein negatives Moment schließen.

Für das Moment muß sich selbstverständlich der gleiche Wert (absolut genommen) ergeben, ob wir es nach der Querkraftfläche links oder rechts vom Schnitt 1 ermitteln. Daraus folgt:

Die Querkraftflächen links und rechts von einem Schnitt sind gleich groß, haben jedoch entgegengesetzte Vorzeichen.

6 Lastfälle, Hüllkurven und eine schnellere Methode zur Ermittlung der Auflagerkräfte

Ⓖ **Träger mit Kragarmen**

Eine Last auf einem Kragarm entlastet das Feld. Noch stärker ist die Feld-Entlastung durch Lasten auf zwei Kragarmen.

Die hier skizzierten Durchbiegungsversuche lassen sich leicht mit Reißschiene o. ä. durchführen. Man kann spüren oder sich vorstellen, wie durch die Belastung der Kragarme das Feld angehoben wird.

Zwar sind die Durchbiegungen keineswegs identisch mit den Momenten, aber sie lassen doch Rückschlüsse auf die Momente zu: Wo die Durchbiegung nach oben konkav ist – also oben Druck wirkt – zeigt sie ein positives Biegemoment an, wo sie nach oben konvex ist – also oben Zug wirkt – zeigt sie ein negatives Moment an. Der Übergang von konkav zu konvex – also der Wendepunkt der elastischen Linie – zeigt demnach den Momenten-Nullpunkt an.

Die Kragmomente verschieben die Momenten-Nullpunkte von den Auflagern nach innen. Das Feldmoment ist jetzt nur noch so groß, wie bei einem kragarmlosen Träger von der Spannweite l_i – dabei ist l_i die Entfernung der Nullpunkte.

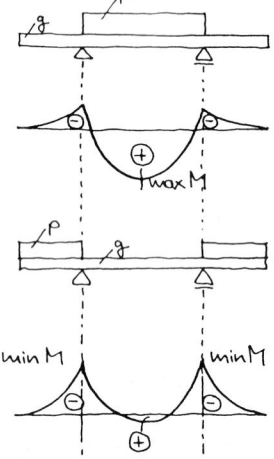

 Die Kragarm-Belastung verringert also das Feldmoment. Damit kommt der Verteilung von g und p – also von ständiger und nicht-ständiger Last – eine wichtige Bedeutung zu:

Das maximale Feldmoment entsteht dann, wenn das Feld voll belastet ist, d. h. mit g + p = q, die Kragarme hingegen nur mit der kleinstmöglichen Last, d. h. nur mit der ständigen Last g. Für eventuell vorhandene Einzellasten gilt Entsprechendes:

Sie sind zu unterteilen in
- ständige Anteile G
  und
- nichtständige Anteile P.

Die größten Kragmomente min M entstehen unter größter Belastung der Kragarme; sie sind unabhängig von der Feldlast.

Es müssen hier also verschiedene *Lastfälle* betrachtet werden. Für die Bemessung des Trägers – sie wird in den Kapiteln 8 und 14 behandelt – ist nicht nur **ein** Lastfall maß-gebend, sondern wir müssen für jede zu bemessende Stelle des Trägers das größte Moment kennen, das im jeweils maßgeben-den Lastfall dort auftritt.

Lastfall 1

größte Last im Feld,
kleinste Last auf dem Kragarm
⇒ maximales Feldmoment max M

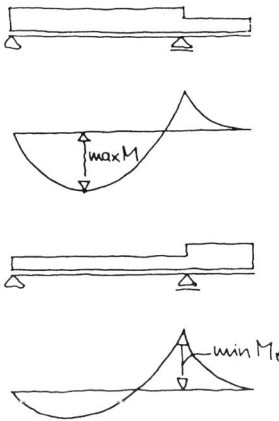

Lastfall 2

kleinste Last im Feld,
größte Last auf dem Kragarm
⇒ maximale Stützenmomente min M_B und
   kleinstes Feldmoment

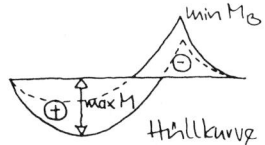

Die verschiedenen Lastfälle ergeben ver-
schiedene Momentenkurven. Die maß-
gebenden Momentenkurven werden in einer
Figur zusammengezeichnet. Diese Figur heißt
Hüllkurve, weil sie alle in Frage kommenden
Momente umhüllt.

Lastfall 3

Vollast
ergibt keine neuen Maximalmomente. Sie ist
aber von Bedeutung für die Schub-Bemes-
sung, die in Abschnitt 8 beschrieben wird.
Deshalb wird die Querkraft für diesen Lastfall
ermittelt.

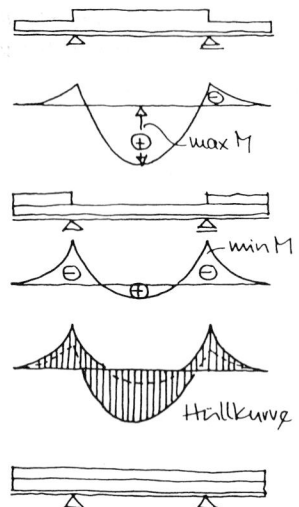

 Entsprechendes gilt für den Träger mit zwei Kragarmen.

An der Hüllkurve kann für jede Stelle – d. h. für jeden Schnitt – des Trägers abgelesen werden, welche Momente dort auftreten können. Die jeweils größten Momente – als absolute Werte – sind für die Bemessung des Trägers maßgebend.

Vollast ist maßgebend nur für Querkraft und Schubbemessung (siehe dazu auch Bemerkung auf Seite 101).

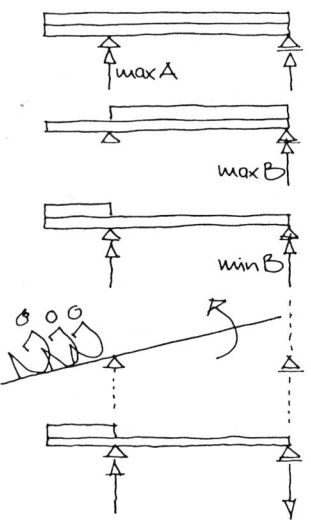

Für den Träger mit nur *einem* Kragarm ergeben sich aus diesen Lastfällen auch die maximalen und die minimalen Auflagerreaktionen und eventuell die Kippsicherheit, die bei großem, schwer belastetem Kragarm eine Verankerung des dem Kragarm gegenüberliegenden Auflagers erfordern könnte.

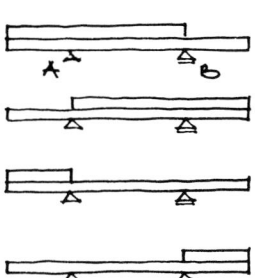

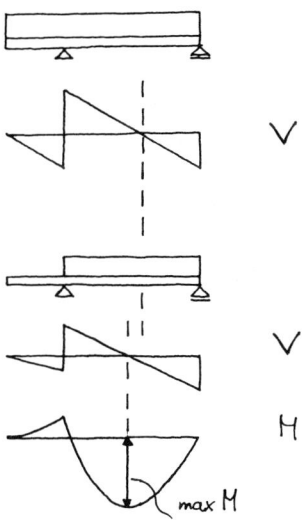

Am Träger mit zwei Kragarmen ergeben sich die maximalen bzw. die minimalen Auflagerreaktionen aus weiteren Lastfällen:

$\Rightarrow$ max A

$\Rightarrow$ max B

$\Rightarrow$ min B

$\Rightarrow$ min A

Die beiden letzten Lastfälle sind nur im Hinblick auf eine eventuelle Kippgefahr zu untersuchen.

Mit etwas Erfahrung läßt sich meist auf den ersten Blick erkennen, ob eine Kippgefahr im Bereich des Möglichen liegt, d. h. ob eine Untersuchung dieser beiden Lastfälle überhaupt erforderlich ist.

Die Querkraft wird in der Regel nur für den Lastfall Vollast untersucht – das ist eine Vereinfachung, die uns die Vorschriften (z. B. DIN 1045) gestatten. Auch nach Eurocode kann dies – jetzt als Näherungsverfahren – so gehandhabt werden.

Eine Ausnahme bildet die Querkraft, die wir für die Ermittlung des maximalen Feldmomentes kennen müssen. Sie ist selbstverständlich für den Lastfall zu ermitteln, der dieses maximale Feldmoment ergibt. Bei *diesem* Lastfall ist dann V = 0 dort, wo das maximale Feldmoment liegt. Die Lage des Querkraft-Nullpunktes ist für die verschiedenen Lastfälle verschieden.

Zur Ermittlung der Auflagerreaktionen

Bevor wir Hüllkurven anhand einiger Beispiele untersuchen, werden wir uns mit einer Art der Ermittlung von Auflagerreaktionen beschäftigen, die schneller zum Ziel führt als die in Kapitel 5 besprochene.

Ein belasteter Kragarm am Auflager A entlastet das Auflager B. Um diese Entlastung von B muß A zusätzlich belastet werden – die bei B weggenommene Auflagerkraft muß ja an einer anderen Stelle dazugegeben werden, damit $\Sigma\ F_V = 0$ bleibt.

Damit wirken im hier skizzierten Beispiel folgende Auflagerreaktionen:

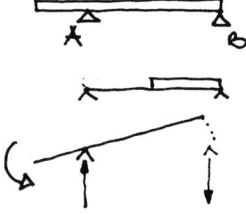

Auf **Auflager B** wirkt die Feldlast wie bei einem Träger ohne Kragarm (also halbe Feldlast), davon abgezogen wird die Entlastung aus dem Kragmoment.

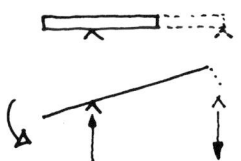

Auf **Auflager A** wirkt ebenfalls die Feldlast wie bei einem Träger ohne Kragarm, dazu kommt die Kragarmlast, dazu kommt die Belastung aus dem Kragmoment, also der Betrag von der Entlastung bei Auflager B.

E   Die Entlastung von B bzw. Belastung von A ist

$$\frac{|M_A|}{l}$$

Wie Moment = Kraft · Hebelarm,

so ist Kraft = $\dfrac{\text{Moment}}{\text{Hebelarm}}$.

Um Konflikte mit Vorzeichenregeln zu vermeiden, setzen wir M_A bzw. M_B in Betragstriche:

$|M_A|$ und $|M_B|$

und gehen nach der Anschauung vor:
Ein Kragmoment *entlastet* das gegenüberliegende Auflager und *belastet* das eigene Auflager.

Beispiel 6.1: Träger mit Kragarm

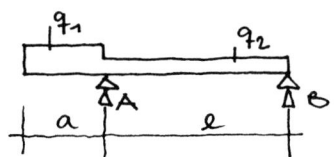

$$M_A = -\frac{q_1 \cdot a^2}{2}$$

Daraus ergibt sich die Entlastung von B und die gleich große Mehrbelastung von A:

$$B = \frac{q_2 \cdot l}{2} - \frac{|M_A|}{l}$$

(aus Feldlast)   (Entlastung aus Kragmoment)

$$A = \frac{q_2 \cdot l}{2} + q_1 \cdot a + \frac{|M_A|}{l}$$

(aus Feldlast)   (Belastung aus
                     (Kragarmlast)   Kragmoment)

Bitte vergleichen Sie, ob nach der Drehmethode ($\Sigma M = 0$ um die Drehpunkte A bzw. B) das gleiche herauskommt!

Ε Die Auflagerreaktion B ist gleich dem Betrag der Querkraft V_{Bl}

$$\left|V_{Bl}\right| = B = \frac{q_2 \cdot l}{2} - \frac{\left|M_A\right|}{l}$$

Die Auflagerreaktion A ist gleich der Summe der beiden Querkräfte V_{Al} und V_{Ar}, jeweils als Betrag.

$$A = \left|V_{Al}\right| + \left|V_{Ar}\right|$$

Daher ist:

$$\left|V_{Ar}\right| = A - \left|V_{Al}\right|$$

$\left|V_{Al}\right|$ ist gleich der Last auf Kragarm $q_1 \cdot a$

$$\left|V_{Ar}\right| = \frac{q \cdot l}{2} + \frac{\left|M_A\right|}{l}$$

oder:

$$\left|V_{Ar}\right| = \quad \text{halbe Feldlast, vermehrt um Einfluß des Momentes.}$$

Beispiel 6.2: Träger mit zwei Kragarmen

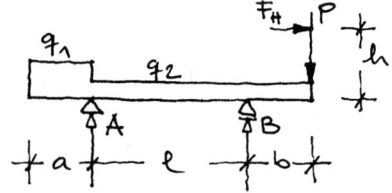

$$M_A = - \frac{q_1 \cdot a^2}{2}$$

$$M_B = - \frac{q_2 \cdot b^2}{2} - P \cdot b - F_H \cdot h$$

$$A = \frac{q_2 \cdot l}{2} + q_1 \cdot a + \frac{\left|M_A\right|}{l} - \frac{\left|M_B\right|}{l}$$

$$B = \frac{q_2 \cdot l}{2} + q_2 \cdot b + P + \frac{\left|M_B\right|}{l} - \frac{\left|M_A\right|}{l}$$

Beispiele zur Hüllkurve

Beispiel 6.3: Einfeldträger mit Kragarm

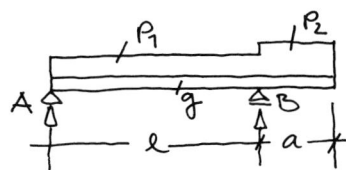

Lastfall 1 $\longrightarrow$ max M

$\longrightarrow$ max A

Auflager A:

$$A \cdot l - q_1 \cdot \frac{l^2}{2} + g \cdot \frac{a^2}{2} = 0$$

$\Rightarrow$ max A

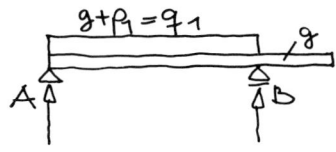

Maximalmoment:

$$x = \frac{A}{q} \text{ (vgl. Beispiel 5.4.1, letzter Absatz)}$$

$$\max M = A \cdot x - \frac{q \cdot x^2}{2}$$

Lastfall 2 $\longrightarrow$ min M_B

$\longrightarrow$ min A

$$\min M_B = - \frac{q_2 \cdot a^2}{2}$$

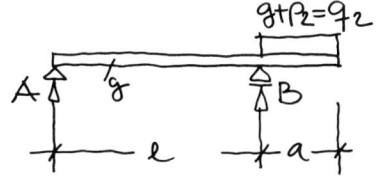

$$A \cdot l - g \cdot \frac{l^2}{2} + q_2 \cdot \frac{a^2}{2} = 0$$

$\Rightarrow$ min A

Lastfall 3   Vollast

$\longrightarrow$ max B

Dieser Lastfall ergibt keine weiteren Maximal- bzw. Minimal-Momente. Jedoch die Querkraftkurve wird für diesen Lastfall gezeichnet.

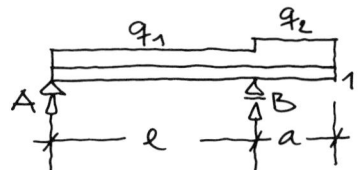

Für die Ermittlung der Querkräfte sind zunächst die Auflagerreaktionen zu ermitteln:

Auflager:

$$A \cdot l - q_1 \cdot \frac{l^2}{2} + q_2 \cdot \frac{a^2}{2} = 0$$

$\Rightarrow$ A

$$- B \cdot l + q_1 \cdot \frac{l^2}{2} + q_2 \cdot a \left(l + \frac{a}{2} \right) = 0$$

$\Rightarrow$ max B

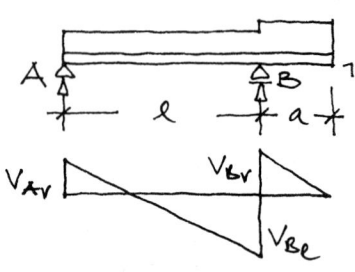

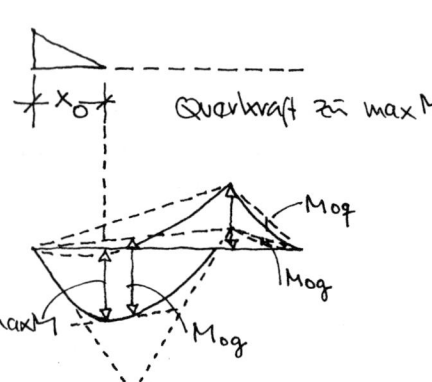

Querkraft zu max M

Querkraft: (nach Lastfall 3)

$V_{Al} = 0$

$V_{Ar} = A$

$V_{Bl} = A - q_1 \cdot l$

$V_{Br} = V_{Bl} + B$

$V_1 = V_{Br} - q_2 \cdot a = 0$

Hüllkurve:

Zum Zeichnen der Hüllkurve benötigen wir noch die M_0-Werte:

Feld: $M_{0q} = \dfrac{q_1 \cdot l^2}{8}$

$M_{0g} = \dfrac{q \cdot l^2}{8}$

Diese Werte werden in Feldmitte an die zugehörigen Schlußlinien angetragen.

Kragarm: $M_{0q} = \dfrac{q_2 \cdot a^2}{8}$

$M_{0g} = \dfrac{g \cdot a^2}{8}$

Diese Werte werden in Kragarm-mitte an die zugehörigen Schluß-linien angetragen.

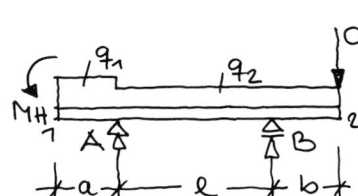

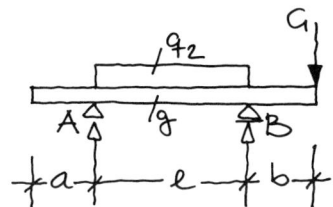

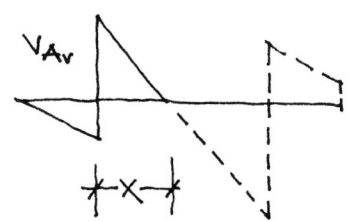

Das folgende Beispiel wird nach der auf den Seiten 104 bis 106 unter E behandelten Methode besprochen:

Beispiel 6.4: Einfeldträger mit zwei Kragarmen

Das Moment M_H an der Spitze des linken Kragarmes kommt von dem möglichen Horizontaldruck auf einen Geländerholm. Er ist nichtständig. Die Einzellast auf den rechten Kragarm komme von einer Mauer. Sie ist ständig, daher G. (Wenn sie aber eine Decke mit ständigen und nichtständigen Lasten, also mit g und p, trüge, würde sich dies in einem ständigen und in einem nichtständigen Anteil niederschlagen.)

Lastfall 1 $\longrightarrow$ max M

Auflager: Für die Ermittlung von max M wird nur *eine* Auflagerreaktion, z. B. A, gebraucht. Für deren Ermittlung allerdings ist die Kenntnis der Kragmomente M_A und M_B für diesen Lastfall nützlich:

$$M_A = - \frac{g \cdot a^2}{2}$$

$$M_B = - \frac{g \cdot b^2}{2} - G \cdot b$$

$$A = g \cdot a + \frac{q_2 \cdot l}{2} + \frac{|M_A|}{l} - \frac{|M_B|}{l}$$

Querkraft (nur zur Bestimmung der Stelle von max M):

$$V_{Ar} = - g \cdot a + A$$

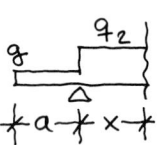

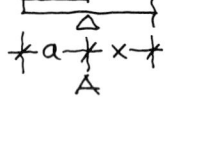

E Für x ergibt sich aus V_{Ar}:

$$V_{Ar} - q_2 \cdot x = 0$$

$$x = \frac{V_{Ar}}{q_2}$$

Moment:

$$\max M = A \cdot x - q_2 \cdot x \cdot \frac{x}{2}$$

$$- g \cdot a \cdot \left(\frac{a}{2} + x \right)$$

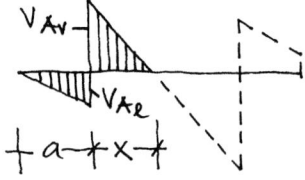

Wir können das Moment auch über die Erkenntnis ermitteln, daß das Moment gleich der Querkraftfläche bis zum betrachteten Schnitt sein muß (vgl. Abschnitt 5.5):

$$\max M = \left| \frac{V_{Al} \cdot a}{2} - \frac{V_{Ar} \cdot x}{2} \right|$$

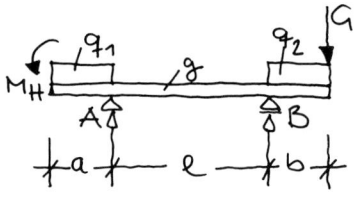

Lastfall 2 $\longrightarrow$ min M_A

   $\longrightarrow$ min M_B

Momente:

$$M_A = - M_H - \frac{q_1 \cdot a^2}{2}$$

$$M_B = - \frac{q_2 \cdot b^2}{2} - G \cdot b$$

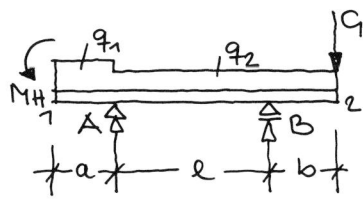

Lastfall 3 (Vollast, nur für Querkraft)

Auflagerreaktionen:

Die Kragmomente sind in diesem Lastfall die gleichen wie in Lastfall 2, wir können sie also von dort übernehmen.

$$A = q_1 \cdot a + \frac{q_2 \cdot l}{2} + \frac{|M_A|}{l} - \frac{|M_B|}{l}$$

$$B = \frac{q_2 \cdot l}{2} + q_2 \cdot b + G - \frac{|M_A|}{l} + \frac{|M_B|}{l}$$

Aus diesem Lastfall werden die Querkräfte ermittelt (wird hier nicht durchgeführt, weil schon hinreichend bekannt).

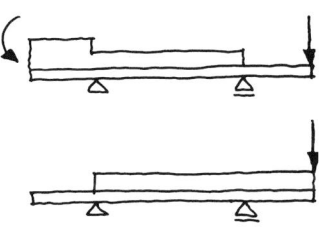

Lastfall 4 $\longrightarrow$ max A

Lastfall 5 $\longrightarrow$ max B

Nur, falls Kippgefahr zu befürchten:

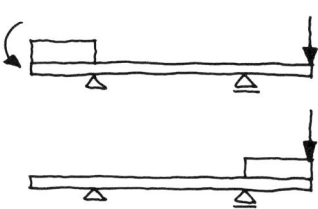

Lastfall 6 $\longrightarrow$ min B

Lastfall 7 $\longrightarrow$ min A

E   Hüllkurve:

Zum Zeichnen der Hüllkurve sind noch folgende Werte erforderlich:

Linker Kragarm:

$$M_{0g} = \frac{g \cdot a^2}{8}$$

$$M_{0q} = \frac{q_1 \cdot a^2}{8}$$

Feld:

$$M_{0g} = \frac{g \cdot l^2}{8}$$

$$M_{0q} = \frac{q_2 \cdot l^2}{8}$$

Rechter Kragarm:

$$M_{0g} = \frac{g \cdot b^2}{8}$$

$$M_{0q} = \frac{q_2 \cdot b^2}{8}$$

Wie die Hüllkurve erkennen läßt, sind im Lastfall 2 über die ganze Länge des Feldes nur negative Momente vorhanden.

Dies würde beim Stahlbeton bedeuten, daß Bewehrungsstähle oben über die ganze Länge des Feldes geführt werden müssen, denn diese Stähle haben die Zugkräfte aufzunehmen.

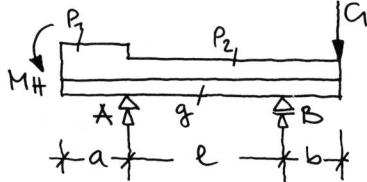

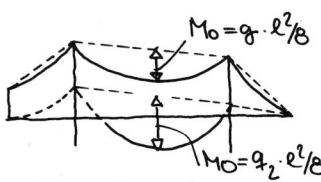

7 Festigkeit von Bau-Materialien

7.1 Kräfte und Spannungen

Materialien können *zugfest* und/oder *druckfest* und/oder *scherfest* sein.
Wie steht es mit der Biegefestigkeit?
Biegung erzeugt Zug-, Druck- und Querkräfte. Ein biegefestes Material muß daher zug-, druck- und scherfest sein.

Ein Seil ist zugfest, nicht jedoch druckfest und folglich auch nicht biegefest. (Seine Druck- und Biegefestigkeit sind so gering, daß sie bei der statischen Untersuchung als nicht vorhanden betrachtet werden.)

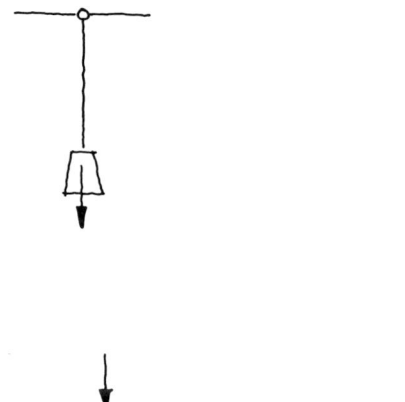

Würde dieser Pfeiler nur aus aufgeschichteten Ziegeln ohne Mörtel oder Kleber bestehen, so wäre überhaupt keine Zugfestigkeit vorhanden und auch keine Scherfestigkeit (wenn man von der Reibung absieht). Ein an diesem Pfeiler angebundener Hund könnte sich befreien durch eine horizontale Querkraft und damit Abscheren des Pfeilers. Dieser Pfeiler ist nur druckfest.

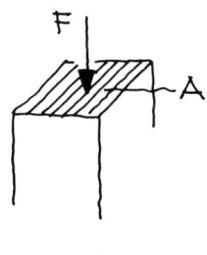

Jede Kraft, die auf einen Körper wirkt, erzeugt dort eine *Spannung*. Im einfachsten Fall, in dem sich eine Druck- oder Zugkraft F gleichmäßig über den Querschnitt A verteilt*), entsteht in diesem Querschnitt die Spannung

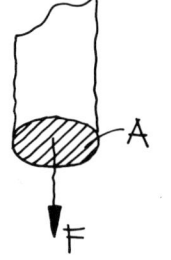

$$\sigma = \frac{F}{A} \left[\frac{kN}{cm^2} \right]$$

---

*) F ist das allgemeine Zeichen für Kraft (Force), A für Fläche (Area). Dieses A hat nichts mit der Auflager-Bezeichnung A zu tun. In älterer Literatur wird mit F meist die Fläche bezeichnet.

Zug-Kräfte erzeugen Zugspannungen (+),
Druck-Kräfte erzeugen Druckspannungen (–).

Beide werden mit σ bezeichnet. Zur genaueren Kennzeichnung kann man die Bezeichnungen σ_Z für Zugspannungen und σ_D für Druckspannungen verwenden. Biegung erzeugt in Teilen eines Querschnittes Zug, in anderen Teilen Druck, zur eindeutigeren Beschreibung auch als »Biegezug« und »Biegedruck« bezeichnet. Die entsprechenden Biegezug- und Biegedruck-Spannungen werden ebenfalls mit σ bezeichnet.

Querkräfte erzeugen Scher- und Schubspannungen. Zur Unterscheidung von den Zug- und Druckkräften bezeichnet man sie mit τ.

Hier gilt:

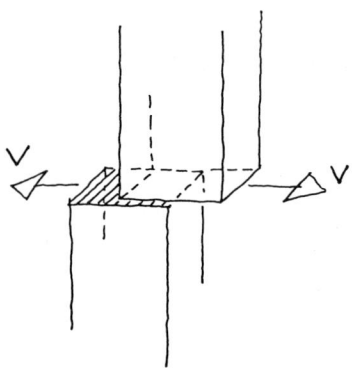

$$\tau \approx \frac{V}{A} \left[\frac{kN}{cm^2} \right]$$

Warum τ nur proportional $\frac{V}{A}$ ist und

nicht gleich $\frac{V}{A}$ wird im nächsten

Kapitel, Abschnitt »Schub«, erläutert.

Wird eine Spannung σ bis zur *Bruchspannung* β_{Bruch} erhöht, so führt dies zur Zerstörung des Materials – zum Bruch. Die *Grenzspannungen* σ_{Rd}, bis zu denen Baustoffe ausgenützt werden dürfen, liegen niedriger. Näheres dazu in Abschnitt 7.7.

7.2 Elastische und plastische Verformungen

Jede Spannung bewirkt eine Verformung. Erst durch die Verformung erwirbt ein Material die erforderliche *innere Widerstandsfähigkeit*, um die Spannung aufnehmen zu können. Deshalb biegt sich jeder Balken und jede Decke unter einer Belastung, deshalb verkürzt sich jede Druckstütze und längt sich jedes Seil unter einer Last. Die Konstruktion, die sich unter Last nicht verformt, existiert nur in der Phantasie des Bauherren.

Ein Material verhält sich *elastisch*, wenn eine Verformung nur so lange andauert, wie die Spannung besteht, wenn es also nach der Entlastung wieder in seine alte Form zurückkehrt.

Die Kraft F biegt den eingespannten Stab nach unten. Wenn die Kraft F wegfällt, kehrt der Stab in seine alte Form zurück – er hat sich *elastisch* durchgebogen.

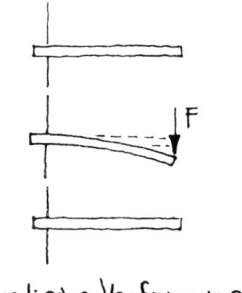

elastische Verformung

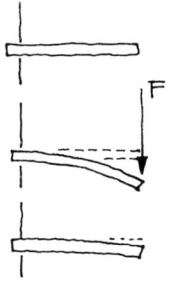

elastische und plastische Verformung

Wird der Stab von einer noch größeren Kraft so weit gebogen, daß er nach Wegfall dieser Kraft nicht mehr ganz in seine alte Form zurückkehrt, so ist er nicht nur *elastisch*, sondern auch *plastisch* verformt. Die *Elastizitätsgrenze* wurde überschritten.

Wir kennen solches Verhalten von einem Eisenstab: Nach geringer Biegung nimmt er bei Entlastung seine alte Form wieder an – die Spannungen blieben im elastischen Bereich. Verbiegt man ihn stärker, so bleibt ein Teil der Biegung. Nur um den elastischen Teil geht er zurück, der plastische Teil der Verformung bleibt (Näheres dazu unter »Fließen des Stahles« 7.5).

Baustoffe dürfen nur im elastischen Bereich beansprucht werden. Würde eine Durchbiegung bis in den plastischen Bereich führen – d. h. das Bauteil nach Entlastung nicht mehr seine alte Form annehmen –, so hätte ja eine erneute Belastung eine noch weitergehende Durchbiegung zur Folge, die auch wieder zum Teil bleiben würde etc. Die bleibenden Verformungen würden sich aufaddieren, das Bauteil bald unbrauchbar werden.

Allerdings müssen wir hinnehmen, daß manche Baustoffe im Laufe der *Zeit* ihre Form *bleibend verändern.* So wird ein Holzbalken sich im Laufe einer vieljährigen Belastung bleibend – also plastisch – biegen, durch Trocknen wird er sein Volumen verringern.

Wir sprechen von *Schwinden,* wenn ein Material unabhängig von der Belastung sein Volumen verringert, von *Kriechen,* wenn die Verformung das Ergebnis langzeitiger Belastung ist.

Holz schwindet durch Trocknen, insbesondere in Querrichtung läßt sich dieses Schwinden
deutlich beobachten.

Die erwähnte bleibende Durchbiegung des
Holzbalkens unter langjähriger Last hingegen
ist ein Ergebnis des Kriechens. Auch Beton
schwindet beim Abbinden – der Vorgang
dauert ca. drei bis fünf Jahre, er ist im
Anfang am stärksten und klingt allmählich
aus.

Beton kriecht unter Belastung.

Schwinden und Kriechen der Baustoffe
müssen bei der Planung bedacht werden –
ebenso wie die Verformungen infolge Temperatur. Näheres darüber im nächsten Band.

7.3 Elastizitätsmodul, Hookesches Gesetz

Die Verformungen infolge der Zug- und Druckspannungen heißen *Dehnungen*. Anders als im allgemeinen Sprachgebrauch wird nicht nur die Längung infolge Zugspannung, sondern auch die Verkürzung infolge Druckspannung als Dehnung bezeichnet.

Bei vielen Baustoffen – so bei Holz und Stahl – sind im elastischen Bereich die Dehnungen proportional den Spannungen.

Das heißt: Wenn eine bestimmte Last die Dehnung von 1 cm bewirkt, dann bewirkt die doppelte Last die Dehnung von 2 cm, die dreifache Last die Dehnung von 3 cm etc.

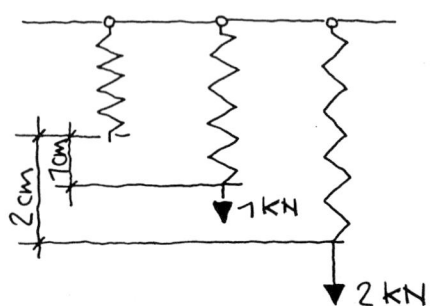

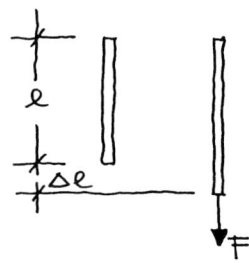

Ein Stab von der ursprünglichen Länge l dehnt sich unter einer Kraft F um den Betrag Δl. Das Verhältnis $\dfrac{\Delta l}{l}$ ist der *Dehnungskoeffizient* ε.

$$\varepsilon = \frac{\Delta l}{l} \left[\frac{cm}{cm} = 1 \right]$$

Sind Spannungen und Dehnungen zueinander proportional, so ist das Verhältnis $\dfrac{\sigma}{\varepsilon}$ konstant. Es heißt *Elastizitätsmodul* E.

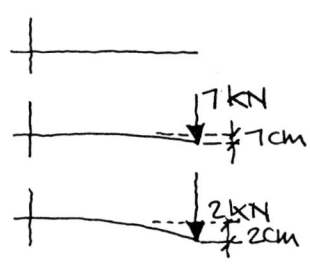

$$E = \frac{\sigma}{\varepsilon} \left[\frac{kN}{cm^2} \right]$$

G   Diese Gesetzmäßigkeit wurde von dem eng-
lischen Naturforscher *Robert Hooke* (1635 bis
1703) gefunden.

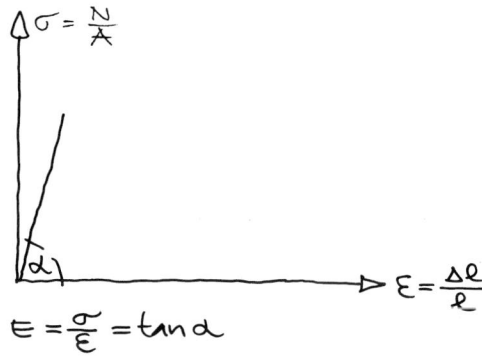

$$E = \frac{\sigma}{\varepsilon} = \tan \alpha$$

Gesetz

Hookesches Gesetz:
Im elastischen Bereich sind die Dehnungen
den Spannungen proportional.

7.4 Holz

»Holz ist ein Röhrenbündel.« Mit diesem Satz erklärte Otto Graf[*]), Nestor der Baumaterial-Forschung, in seinen Vorlesungen wichtige Eigenschaften des Holzes.

Der Aufbau als Röhrenbündel bewirkt, daß Holz in Faserrichtung hohe Druck- und Zugfestigkeiten aufweist, quer zur Faser hingegen nur einen Bruchteil der Druck- und fast keine Zugfestigkeit. Er bewirkt auch die geringe Schubfestigkeit, d. h., die Fasern (»Röhren«) scheren leicht gegeneinander ab. Er bewirkt schließlich, daß die Röhren, die ja zunächst die Säfte des Baumes geführt haben, vor der Verwendung als Bauholz austrocknen müssen und dabei schwinden – vorwiegend quer zur Faserrichtung – später aber durch ihre Kapilarwirkung auch wieder Feuchtigkeit aufnehmen und dabei quellen können, wenn auch bei trockener Lagerung in weit geringerem Maße als vor der Trocknung. Holz arbeitet, deutlich stärker in Quer- als in Längsrichtung. Dies muß beim Konstruieren mit Holz immer bedacht werden.

---

[*]) Graf, Otto, 1881–1956

Ⓖ 7.5 Fließen des Stahles

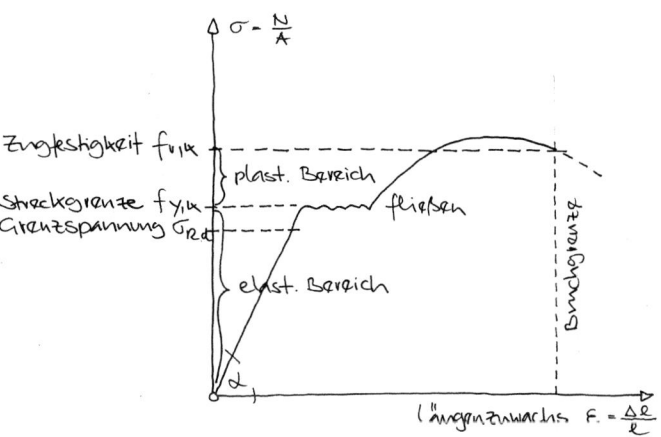

Typisch für das Spannungs-Dehnungs-Verhalten von Stahl ist das *Fließen*. Hierunter versteht man nicht den Übergang in den flüssigen Aggregatzustand, sondern eine für den Stahl typische Art des plastischen Verhaltens.

Folgenden Versuch kann man selbst leicht durchführen:

Ein Stahlstab biegt sich zunächst um so stärker, je mehr Kraft man aufwendet. Das bedeutet: Seine Dehnungen nehmen mit den Spannungen zu. Läßt man ihn los, so geht er in seine alte Form zurück. Das bedeutet: Der Stahl verhält sich elastisch.

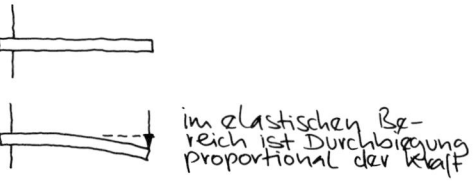

im elastischen Bereich ist Durchbiegung proportional der Kraft

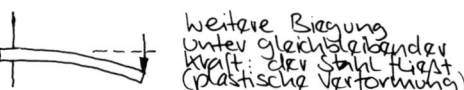

weitere Biegung unter gleichbleibender Kraft: der Stahl fließt (plastische Verformung)

Biegt man ihn jedoch weiter, so erreicht man eine Verformung, ab der sich das Verhalten des Stahles ändert: Er läßt sich jetzt weiter biegen, ohne daß die Kraft noch weiter erhöht wird. Er scheint unter der gleichbleibenden Kraft gleichsam widerstandslos die weitere Verbiegung über sich ergehen zu lassen. Hier ist die *Fließgrenze* des Stahles überschritten worden. Im *Fließbereich* nehmen die Dehnungen bei gleichbleibenden Spannungen zu.

Nach Entlastung geht der Stab nur um die elastischen Anteile seiner Verformung zurück

noch weitere Durchbiegung erfordert wieder Steigerung der Kraft (wieder elastisch)

Läßt man den Stab jetzt los, so geht er nur zum Teil zurück in seine alte Lage, ein Teil der Verbiegung bleibt; er wurde also plastisch verformt. Die Fließgrenze liegt nahe der Grenze zwischen elastischem und plastischem Verhalten. Vereinfacht können Fließgrenze und Elastizitätsgrenze gleichgesetzt werden.

Biegt man den Stab noch weiter, so gewinnt er mit einem Mal erneut an Widerstandskraft. Jetzt muß die Kraft wieder gesteigert werden, um die Durchbiegung noch weiter zu vergrößern. Spannung und Dehnung sind wieder etwa proportional. Erst kurz vor dem Bruch nehmen erneut die Dehnungen stärker zu als die Spannungen.

Das so ertastete Verhalten des Stahls läßt sich in einem Spannungs-Dehnungs-Diagramm auftragen:

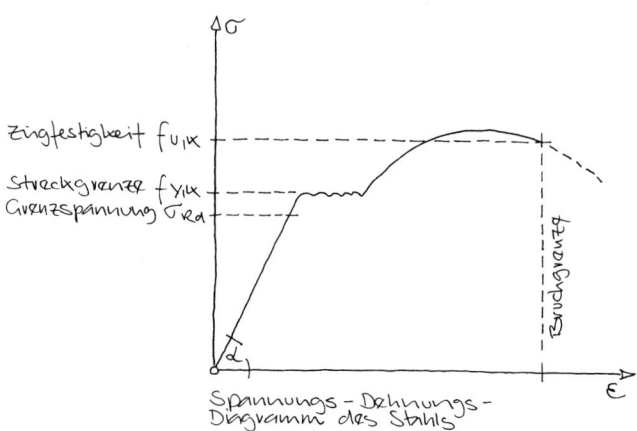

Spannungs-Dehnungs-Diagramm des Stahls

Deutlich ist hier zu erkennen, daß bis zur Elastizitätsgrenze die Kurve gerade verläuft – d. h. die Spannungen verhalten sich wie die Dehnungen – nach dem Hookeschen Gesetz. Im Fließbereich wird der Stahl für tragende Konstruktionen unbrauchbar, die zulässigen Spannungen müssen deshalb um den Sicherheitsfaktor γ unter der *Fließgrenze* liegen.

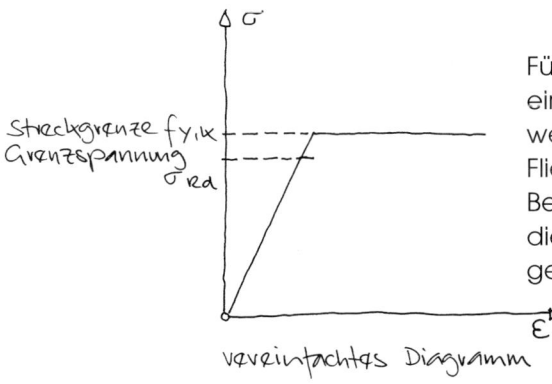

vereinfachtes Diagramm

Für den praktischen Gebrauch kann nach einem vereinfachten Diagramm gearbeitet werden. Da die Spannungen oberhalb der Fließgrenze für das Bauen nicht mehr in Betracht gezogen werden dürfen, sind sie in diesem vereinfachten Diagramm nicht dargestellt.

7.6   Stahlbeton

Im Stahlbeton wirken zwei Materialien zusammen: Beton und Stahl. Beton kann Druckspannungen aufnehmen, jedoch nur geringe Zugspannungen. Deshalb werden in den gezogenen Bereichen (Zugzonen) Stähle eingelegt. Näheres in Kapitel 14.

7.7 Sicherheitskonzept nach Eurocode

Eurocode unterscheidet zwischen den Unsicherheiten der Lastannahmen und denen des Materials. Sowohl die anzunehmenden Lasten als auch die zugrundegelegten Materialfestigkeiten sind *wahrscheinliche* Werte, die in Ausnahmefällen über- oder unterschritten werden. Deshalb sind *Sicherheitsfaktoren* einzuführen, die bewirken, daß schwere Schäden äußerst unwahrscheinlich werden.

Entsprechend den Unsicherheiten von Lastannahme und Material werden eingeführt:

- Teil-Sicherheitsfaktoren γ_F für Lasten (Einwirkungen) und
- Teil-Sicherheitsfaktoren γ_M für Material

(Anders ging die DIN vor: Sie ordnete die gesamten Sicherheitsfaktoren nur dem Material zu.)

Last (Einwirkungen)

Den Last-Sicherheitsfaktor γ_F setzen wir an mit

$\gamma_F = 1,4$

Das ist eine Vereinfachung gegenüber EC, darüber Näheres später.

Folgende Vorgehensweise sei empfohlen: Die Lastaufstellung wird im Beispiel auf Seite 25 bis 36 mit den einfachen Lasten durchgeführt. Sie heißen *Gebrauchslasten* oder *charakteristische Lasten* und können den Tabellen in Abschnitt L (Lasten) des Tabellenbuches entnommen werden. Sie sind noch *nicht* mit γ_F multipliziert.

Die Schnittgrößen (Auflagerkräfte, Längs- und Querkräfte, Momente) werden zunächst mit diesen Lasten (Einwirkungen) ermittelt. Diese Größen ohne γ_F heißen *Basis-Schnittgrößen*.

Um darzutun, daß es sich noch um die einfachen Lasten und Schnittgrößen handelt – also noch ohne den Teil-Sicherheitsbeiwert γ_F – kann nach Eurocode der Index k eingeführt werden. Mit k werden allerdings auch verschiedene Abminderungsfaktoren bezeichnet, die wir später kennenlernen werden. Also Vorsicht vor Verwechslungen! Wir werden im folgenden auf den Index k für *charakteristisch* meist verzichten.

Erst im nächsten Arbeitsschritt werden die für die Bemessung maßgebenden Kräfte und Momente mit dem Faktor $\gamma_F = 1,4$ multipliziert. Die so ermittelten Werte sind die *Bemessungswerte*. Sie werden mit dem Index d bezeichnet.

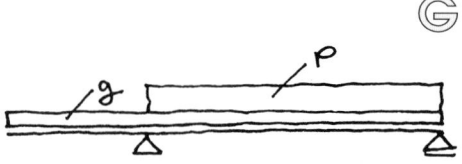

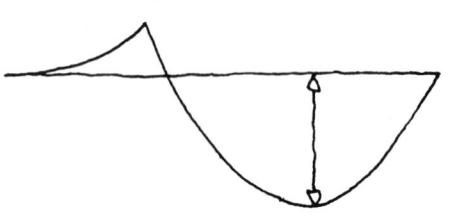

Bei längeren Kragarmen (etwa ab $^1/_3$ der anschließenden Feldlänge) sollte in Lastfällen, die zum maximalen Feldmoment führen, die Last g auf dem Kragarm nicht mit $\gamma_F = 1{,}4$ multipliziert werden, weil sonst das entlastende Kragmoment zu hoch angesetzt wird. Hier muß der ungünstigste Fall – kleinste Last auf dem Kragarm – angenommen werden. (Vgl. dazu Beispiel auf den Seiten 200 und 201 sowie Zahlenbeispiele ab Seite 352.)

Nur der Vollständigkeit halber sei erwähnt, daß EC 1 nach Art der Belastung unterscheidet. Dort gilt:

$\gamma_F = 1{,}50$ für nichtständige Lasten
$\gamma_F = 1{,}35$ für ständige Lasten
$\gamma_F = 0{,}90$ für entlastende Kragarmlasten.

Bei Untersuchung der verschiedenen Lastfälle wird hierdurch die Berechnung wesentlich aufwendiger. Deshalb unser Vorschlag: $\gamma_F = 1{,}4$ einheitlich. Er vereinfacht die Untersuchung und liefert brauchbare Näherungsergebnisse.

Material

Die Material-Sicherheitsfaktoren γ_M sind bereits in den Material-Festigkeitswerten der Tabellen enthalten. Wir müssen sie also nicht mehr bedenken.

Nur zum besseren Verständnis: Die Material-Sicherheitsfaktoren γ_M sind unterschiedlich für die verschiedenen Materialien.

Die Herstellung von Stahl wird heute sehr gut beherrscht. Materialfehler sind unwahrscheinlich. Deshalb kann der Sicherheitsfaktor niedrig sein.

Holz hingegen – ein gewachsenes Material – ist mit hohen Unwägbarkeiten behaftet. Es wird in Festigkeitsgruppen sortiert. Es bedarf höherer Sicherheitsbeiwerte.

Auch die Festigkeit von Beton ist nicht so sicher wie die von Stahl. Deshalb sind auch hier höhere Sicherheitsfaktoren erforderlich.

Die Grenz-Materialwerte, mit denen wir bei der Bemessung arbeiten werden, heißen

σ_{Rd} für Zug- und Druckspannungen sowie

τ_{Rd} für Schubspannungen.

Hierbei steht der Index R für Widerstandsfähigkeit (Resistance). Der Index d zeigt an, daß der Teilsicherheitsfaktor bereits eingeführt ist.

Bei der Bemessung sind die Querschnitte so zu wählen, daß die Grenzwerte σ_{Rd} und τ_{Rd} nicht überschritten werden.

8 Bemessung von Biegeträgern in Holz und Stahl

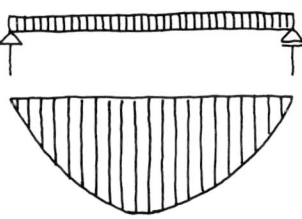

Ein Gebäude oder ein Bauteil ist **Einwirkungen** ausgesetzt. Sie führen zu **Beanspruchungen**. Diese Beanspruchungen dürfen nicht größer sein als die **Beanspruchbarkeit**.

Die für das Tragwerk wichtigsten Einwirkungen sind die Lasten. Eine Last biegt einen Balken. Die Biegung verursacht Spannungen. Abmessungen und Material müssen so gewählt werden, daß die Spannungen aus der Beanspruchung S an keiner Stelle größer sind als die Grenzspannungen der Beanspruchbarkeit R, d.h. der **Widerstands-Fähigkeit.**

$$\sigma_{Sd} \leqq \sigma_{Rd}$$
$$\tau_{Sd} \leqq \tau_{Rd}$$

Die Indices d besagen, daß Teil-Sicherheitsbeiwerte eingeführt worden sind – in diesen Gleichungen auf beiden Seiten.

Auch die Durchbiegung – sie ist das Maß der Verformung, die aus der Biegung herrührt – muß begrenzt werden.

$$\delta_S \leqq \delta_R$$

Warum fehlt hier der Index d? Für die Durchbiegung genügt die Untersuchung ohne die Sicherheitsbeiwerte. (vgl. Abschnitt 8.3).

Wie groß sind die Spannungen und Durchbiegungen? Das ist Thema der nächsten Abschnitte.

8.1 Widerstandsmoment und Trägheitsmoment

Ein positives Moment erzeugt im Träger unten Zug und oben Druck, ein negatives Moment umgekehrt.
Wie verteilen sich die Spannungen über die Höhe des Querschnitts? Hierüber geben uns drei Gesetze bzw. Hypothesen Auskunft:*)

1. Das Hookesche Gesetz – (wir kennen es bereits)
Im elastischen Bereich verhalten sich die Spannungen wie die Dehnungen.

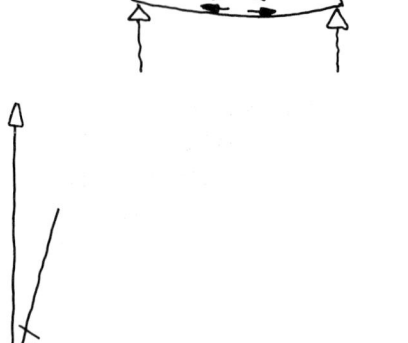

$$E = \frac{\sigma}{\varepsilon} = \tan \alpha \qquad \varepsilon = \frac{\Delta \ell}{\ell}$$

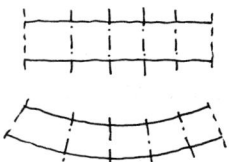

2. Geradlinigkeitshypothese von Bernoulli
(Jakob Bernoulli, 1654 bis 1704)
– Querschnitte, die am unverbogenen Balken eben sind, bleiben auch nach der Biegung eben. –

Von der Richtigkeit dieses Satzes kann man sich leicht überzeugen, indem man auf einen »Balken« aus stark verformbarem Material – z. B. Schaumgummi – gerade Querlinien zeichnet und dann den »Balken« biegt:
Die Linien bleiben gerade, die Querschnitte eben.

---

*) Außer den hier genannten: Hooke, Bernoulli und Navier waren noch zahlreiche andere Mathematiker und Ingenieure an der Entwicklung beteiligt. Näheres in: Straub: Geschichte der Bauingenieurkunst.

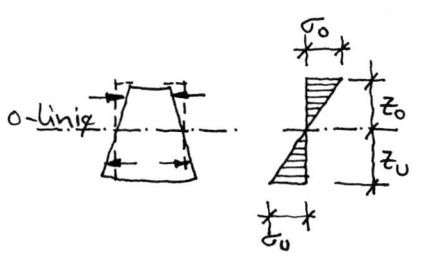

3. Spannungshypothese von Navier

(Louis Marie Henri Navier, 1785 bis 1836)
Das Spannungsdiagramm verläuft geradlinig.

Dies ist eine konsequente Weiterführung der Sätze von *Bernoulli* und *Hooke*:

Denken wir uns aus dem Träger durch zwei parallele Schnitte ein in der Ansicht rechteckiges Stück herausgeschnitten. Wenn ebene Schnitte auch nach der Biegung eben bleiben, so wird dieses Rechteck näherungsweise zum Trapez. (Die Krümmung des oberen und unteren Randes sei hier vernachlässigt.)

Die Dehnung nimmt also geradlinig über die Höhe des Trägers zu. Dieser geradlinigen Zunahme der Dehnungen entspricht nach *Hooke* die geradlinige Zunahme der Spannungen.

Zug- und Druckspannungen sind also jeweils dreieckförmig über die Höhe verteilt. Zwischen den Zug- und den Druckspannungen ist an einem Punkt die Spannung $\sigma = 0$. Über die Länge oder über die Breite des Trägers bilden diese Nullpunkte eine Null-Linie, über Länge und Breite zusammen eine Nullfläche (spannungsfreie Linie bzw. Fläche). Die Strecke von einer Null-Linie bis zur Oberkante des Trägers bezeichnen wir mit z_o, bis zur Unterkante mit z_u:

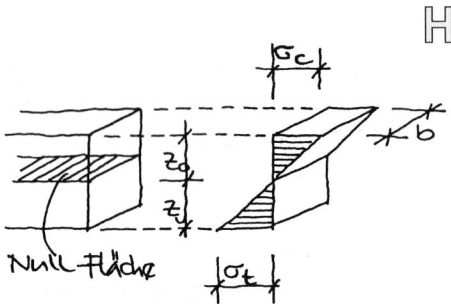

8.1.1 Widerstandsmoment des Rechteckquerschnittes

Dem äußeren Moment, hervorgerufen durch von außen wirkende Kräfte, muß ein gleich großes inneres Moment, hervorgerufen durch innere Spannungen, entgegenwirken.

Aus $\sigma = \dfrac{F}{A}$ folgt $F = \sigma \cdot A$

Das Dreieck der Zugspannungen ergibt im Zugspannungsbereich eine mittlere Spannung von $\dfrac{\sigma_t}{2}$ und ebenso das Dreieck der Druckspannungen eine mittlere Druckspannung von $\dfrac{\sigma_c}{2}$. Der Anteil der Querschnittsfläche, auf den der Zug wirkt, ist $b \cdot z_u$, der Anteil, auf den der Druck wirkt ist $b \cdot z_o$. Also ist die gesamte Zugkraft aus Biegung:

$$Z_B = \frac{\sigma_t}{2} \cdot z_u \cdot b$$

Entsprechend ist die Druckkraft:

$$D_B = \frac{\sigma_c}{2} \cdot z_o \cdot b$$

Wegen $\Sigma\, F_H = 0$ muß sein $Z = D$

$$\frac{\sigma_t}{2} \cdot z_u \cdot b = \frac{\sigma_c}{2} \cdot z_o \cdot b$$

Diese Forderung ist am Rechteckquerschnitt dann erfüllt, wenn

$$\sigma_t = \sigma_c \quad \text{und} \quad z_u = z_o = \frac{h}{2}$$

Anmerkung zu den Indices:
t = Zug (tension)
c = Druck (compression)

H   Das bedeutet:

Die Null-Linie des Rechteckquerschnittes liegt in der Mitte seiner Höhe – eine Erkenntnis, die wegen der Symmetrie des Rechteckes von vornherein nahelag.

(Dies gilt unter der Voraussetzung, daß das Material für Zug und für Druck den gleichen E-Modul hat, sich also antimetrisch verhält.) Die Druckkraft ist im Schwerpunkt des Druckdreieckes konzentriert. Er liegt in der Höhe

$\frac{2}{3} z_o = \frac{1}{3} h$ über der Null-Linie.

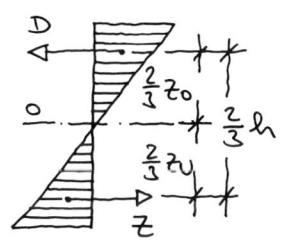

Ebenso ist die Zugkraft im Schwerpunkt des Zug-Dreieckes in Höhe $\frac{2}{3} z_u = \frac{1}{3} h$ unter der Null-Linie konzentriert.

Damit ergibt sich das innere Moment mit

$$M_i = D \cdot \frac{2}{3} z_o + Z \cdot \frac{2}{3} z_u$$

$$= \frac{\sigma_c}{2} \cdot z_o \cdot b \cdot \frac{2}{3} z_o + \frac{\sigma_t}{2} \cdot z_u \cdot b \cdot \frac{2}{3} z_u$$

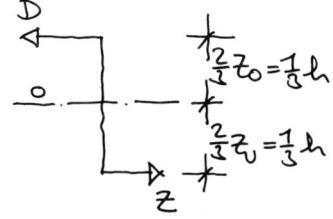

Wie oben erläutert, ist

$$z_o = z_u = \frac{h}{2} \quad \text{und} \quad \sigma_D = \sigma_Z$$

Damit wird

$$M_i = \frac{\sigma}{2} \cdot \frac{h}{2} \cdot b \cdot \frac{h}{3} + \frac{\sigma}{2} \cdot \frac{h}{2} \cdot b \cdot \frac{h}{3}$$

$$M_i = \sigma \cdot \frac{b \cdot h^2}{6}$$

Da $M_i = M_a$ (inneres Moment = äußeres Moment) gilt allgemein

$$\boxed{M = \sigma \cdot \frac{b \cdot h^2}{6}}$$

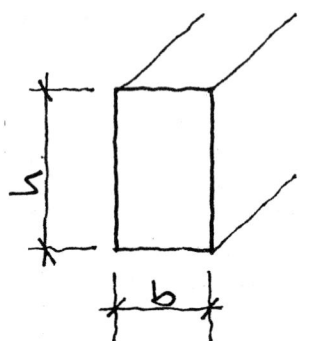

 Den Ausdruck

$$\frac{b \cdot h^2}{6} \quad \left[cm^3 \right] \text{ bezeichnen wir als}$$

Widerstandsmoment W
des Rechteckquerschnittes.

»Wieso Moment?« werden Sie fragen, »Moment ist doch Kraft mal Hebelarm.« Richtig! Aber es gibt auch sogenannte *Flächenmomente*. Sie beschreiben Eigenschaften einer Querschnittsfläche. Das Widerstandsmoment gehört zu ihnen. Weitere Flächenmomente werden wir noch in diesem Kapitel kennenlernen. Wenn, wie oben hergeleitet

$$M = \sigma \cdot \frac{b \cdot h^2}{6} \quad \text{und} \quad \frac{b \cdot h^2}{6} = W, \quad \text{also}$$

$M = \sigma \cdot W$, so folgt daraus

$$\sigma = \frac{M}{W} \quad \left[\frac{kN \cdot cm}{cm^3} = \frac{kN}{cm^2} \right]$$

$$\text{Randspannung} = \frac{\text{Biegemoment}}{\text{Widerstandsmoment}}$$

Die Randspannung darf nur kleiner oder gleich der zulässigen Grenzspannung σ_{Rd} sein (Werte siehe Tabellen).

Jeder weiß, daß ein Balken mehr trägt, wenn die hohe Seite seines Querschnittes senkrecht steht, als wenn sie waagerecht liegt. Die Formel $W = \frac{b \cdot h^2}{6}$ liefert uns die Erklärung: Die Höhe h wirkt sich im Quadrat aus, die Breite b aber nur in der ersten Potenz.

Wenn das Biegemoment M bekannt ist und wir wissen, welches Material wir wählen wollen, so können wir bei der Bemessung auf zwei verschiedene Weisen vorgehen:

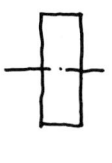

8.1.2 Bemessung eines Balkens oder Trägers in Holz auf Biegung (Tragfähigkeitsnachweis)

1. Wir schätzen den Balkenquerschnitt, oder aber wir streben einen bestimmten Querschnitt an – etwa aus Gründen der Detailgestaltung. Dann wird dessen Abmessung in folgenden Schritten überprüft:

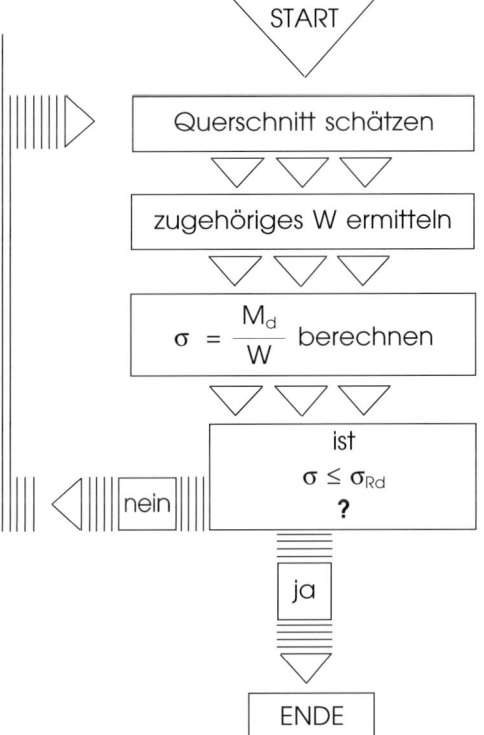

Tabelle oder Taschenrechner

Wenn σ sehr viel kleiner ist als σ_{Rd}, so trägt der Balken zwar, ist aber stark überbemessen, d. h. unwirtschaftlich. Auch in diesem Fall ist eine neue Querschnittsschätzung zu empfehlen.

2. Wir können aber auch die Formel:

$$\sigma = \frac{M}{W}$$

umformen zu:

$$W = \frac{M}{\sigma}$$

Zur Erläuterung kann man auch schreiben:

$$\text{erf } W = \frac{M_d}{\sigma_{Rd}} \qquad \text{erf = erforderlich}$$

Wir können jetzt sehr einfach vorgehen:

Tabelle oder Taschenrechner

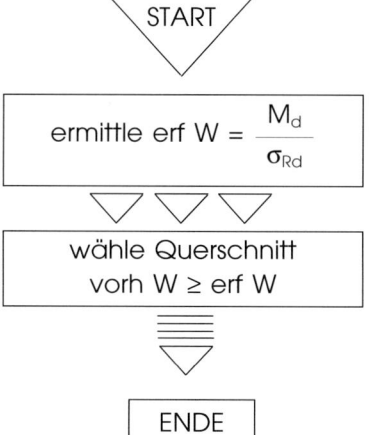

Für den Anfänger hat die erste Methode den Vorteil, daß er das Schätzen von Querschnitten übt.

Rechteckquerschnitte – nur für sie ist

$$W = \frac{b \cdot h^2}{6}$$ – kommen vorwiegend im

Holzbau vor.

Tabellen H 1

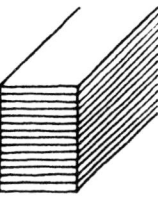

Für das im Holzbau weitaus meist gebrauchte Holz – Nadelholz der Sortierklasse 10 – ist die Grenzspannung $\sigma_{Rd} = 1{,}5$ kN/cm². Für verleimte Träger (Brettschichtholz) sind etwas höhere Spannungen zugelassen, weil hier angenommen werden kann, daß ein Fehler in einem Brett durch das nächste Brett ausgeglichen wird. Deshalb ist hier in der Festigkeitsklasse BS 14 die Grenzspannung $\sigma_{Rd} = 1{,}7$ kN/cm².

8.1.3 Zur Bemessung in Stahlbeton und Stahl

Im Stahlbetonbau werden zwar auch häufig rechteckige Querschnitte verwendet, aber dort wirken zwei Materialien mit unterschiedlichen Eigenschaften zusammen: Stahl und Beton, so daß ein anderes Bemessungsverfahren angewendet werden muß (siehe Kapitel 14).

Im Stahlbau kommen Rechteckquerschnitte so gut wie nicht zur Anwendung. Hier wird das Material an den wirkungsvollsten Stellen konzentriert, dies führt zu Querschnitten wie dem hier skizzierten »Doppel-T-Profil«.

Die Formel $\sigma = \dfrac{M}{W}$ gilt für jeden Querschnitt, doch läßt sich das Widerstandsmoment W für die meisten Querschnittsformen nicht so einfach ermitteln wie für den Rechteckquerschnitt.

Tabellen

Die Widerstandsmomente der gebräuchlichen Stahlquerschnitte lassen sich jedoch den Tabellen in zahlreichen Tabellen-Sammlungen und Bau-Taschenbüchern entnehmen.

8.1.4 Allgemeine Ermittlung von Trägheitsmoment und Widerstandsmoment

Das Ergebnis sei vorweggenommen, die Herleitung folgt unten.

Flächenmoment zweiten Grades oder *Flächen-Trägheitsmoment:*

$$I = \int_{z_u}^{z_o} z^2 \, dA \qquad [\text{cm}^4]$$

Widerstandsmoment:

$$W_o = \frac{I}{z_o} \qquad [\text{cm}^3]$$

$$W_u = \frac{I}{z_u} \qquad [\text{cm}^3]$$

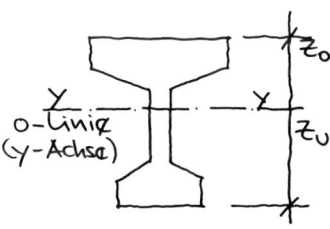

Zum Begriff »Trägheitsmoment«: »Trägheitsmoment« wird in der Dynamik als Massen-Trägheitsmoment verstanden (daher der Ausdruck »Trägheit«). In der Statik genügt uns das Flächen-Trägheitsmoment.

Nach DIN 1080 soll hierfür in Zukunft die Bezeichnung »Flächenmoment zweiten Grades« eingeführt werden. Die Verfasser bezweifeln allerdings, daß sich dieses Wortungetüm durchsetzen wird, und verwenden deshalb weiterhin den im Bauwesen üblichen Begriff »Trägheitsmoment« im Sinne des hier interessierenden Flächenmomentes.

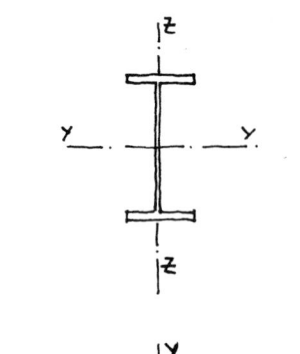

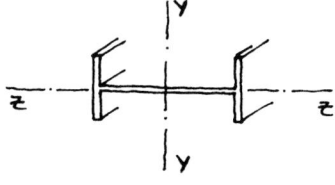

 Dieses Trägheitsmoment wird gebildet durch die Summe aller Flächenteilchen eines Querschnittes mal dem Quadrat ihres Abstandes von der Null-Linie. Es ist leicht zu erkennen, daß an dem hier gezeigten Querschnitt das Trägheitsmoment I_y um die y-Achse als Null-Linie weit größer ist als das Trägheitsmoment I_z um die z-Achse als Null-Linie, denn die meisten Flächenteilchen sind von der z-Achse weniger weit entfernt als von der y-Achse, und diese Entfernung wirkt sich im Quadrat aus. Das kleinere Trägheitsmoment I_z kommt zur Wirkung, wenn man einen so geformten Träger unter senkrechter Last flach legt oder wenn auf den Trägern mit aufrechtstehendem Querschnitt eine Last horizontal einwirkt – die z-Achse wird dann zur Null-Linie.

Wie im Zuge der Herleitung erläutert werden wird, sind die Null-Linien (= Achsen) identisch mit den Schwerlinien des Querschnittes.

Das Trägheitsmoment ist maßgebend für die Steifigkeit eines Querschnittes. Es wirkt der Durchbiegung und dem Knicken entgegen.

Ein Querschnitt hat um jede Achse ein Trägheitsmoment und zwei Widerstandsmomente W_{yo} und W_{yu}. Diese beiden Widerstandsmomente können allerdings gleich groß sein, wie z. B. am Rechteckquerschnitt oder an anderen symmetrischen Querschnitten.

Dies wird anhand eines Spannungs-Diagrammes klar:

Hier ist $z_o = z_u$ und

$\sigma_D = \sigma_z$

Da $W_{yo} = \dfrac{M}{\sigma_o}$ und $W_{yu} = \dfrac{M}{\sigma_u}$

muß sein:

$W_{yo} = W_{yu}$

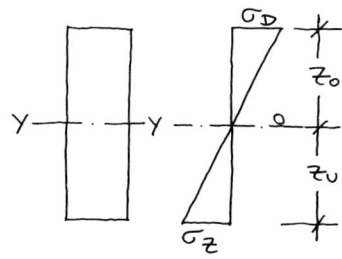

Bei diesem um die Null-Linie unsymmetrischen Querschnitt hingegen ist:

$z_o \neq z_u$ und folglich

$\sigma_o \neq \sigma_u$

also muß sein:

$W_{yo} = \dfrac{M}{\sigma_o} \neq W_{yu} = \dfrac{M}{\sigma_u}$

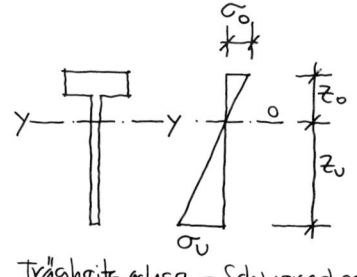

Trägheitsachse = Schweraxse = o-Linie

$$\boxed{W_{yo} = \frac{I}{z_o}} \quad \boxed{W_{yo} = \frac{I}{z_u}}$$

Tabellen H 2 und St 2

Für die üblichen Querschnitte, wie Balken im Holzbau oder Stahlprofile im Stahlbau, können die Trägheits- und die Widerstandsmomente den Tabellen der einschlägigen Formelsammlungen entnommen werden.

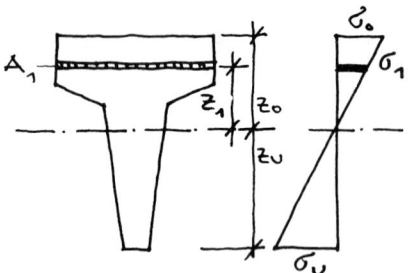

Herleitung der Formeln vom Trägheitsmoment und Widerstandsmoment

Frage 1: Wo liegt die Null-Linie?

$$\Sigma \, F_H = 0 \Rightarrow D - Z = 0$$

Wir nehmen an, auf den Querschnitt wirke ein positives Moment ein. Dann herrschen im oberen Teil Druck-, im unteren Teil Zugspannungen. In jedem Flächenteilchen A_1 wirkt die Kraft

$$N_1 = \sigma_1 \cdot A_1$$

Danach folgt aus $D - Z = 0$

$$\sum_{0}^{z_o} N - \sum_{z_u}^{0} N = 0$$

$$\Rightarrow \sum_{z_u}^{z_o} N = 0$$

$$\Rightarrow \sum_{z_u}^{z_o} \sigma \cdot A = 0$$

Wählen wir die Flächenteilchen A_1 unendlich klein, so folgt

$$\int_{z_u}^{z_o} \sigma \, dA = 0 \qquad\qquad (1)$$

Aus dem geradlinigen Verlauf des Spannungs-Diagrammes ergibt sich

$$\frac{\sigma_1}{z_1} = \frac{\sigma_o}{z_o}$$

$$\Rightarrow \sigma_1 = \frac{\sigma_o}{z_o} \cdot z_1$$

Dieser Wert für σ in Gleichung (1) eingesetzt ergibt:

$$\int_{z_u}^{z_o} \frac{\sigma_o}{z_o} \cdot z \cdot dA = 0 \qquad \left| \quad \frac{\sigma_o}{z_o} \right. \qquad$$ konstanter Wert, kann also vor das Integral

$$\frac{\sigma_o}{z_o} \cdot \int_{z_u}^{z_o} z \cdot dA = 0$$

Ein Produkt wird zu 0, wenn einer der Faktoren = 0 ist. Der konstante Faktor $\frac{\sigma_o}{z_o}$ kann nicht zu 0 werden, es muß also sein:

$$\int_{z_u}^{z_o} z \cdot dA = 0$$

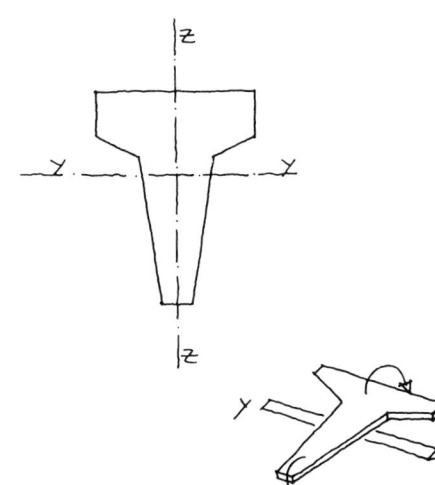

Das aber bedeutet: Die Null-Linie ist die Schwerlinie. (In unserem Fall wurde die y-Achse als Null-Linie gewählt.) Stellen wir uns die Fläche ausgeschnitten aus einer ebenen Platte vor, dann entspricht jedem Flächen-teilchen dA ein Massenteilchen dm.

$$\int z \cdot dm = 0$$ aber heißt, daß die Summe

aller Massenteilchen mal ihrem Abstand von der y-Achse 0 ergibt. Würde diese ausge-schnittene Fläche um die y-Achse balan-ciert, so würden die Teilchen oberhalb der y-Achse mit denen unterhalb der y-Achse im Gleichgewicht sein; sie würden gleich stark um die y-Achse drehen.

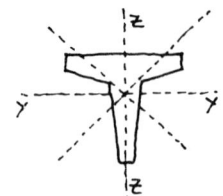

 Jeder Querschnitt hat ∞ viele Schwerlinien bzw. Nullinien. Sie alle verlaufen durch den Schwerpunkt. Für die Betrachtung tragender Bauteile ist meist nur die y-Achse und bei Querbiegung die z-Achse von Bedeutung – um sie wirken die Trägheitsmomente I_y und I_z.

Frage 2: Wie groß ist das aufnehmbare Biegemoment?

$$N_1 = \sigma_1 \cdot A_1$$

Um die y-Achse (= Null-Linie) erzeugt diese Kraft das Moment:

$$M_1 = N_1 \cdot z_1$$
$$M_1 = \sigma_1 \cdot A_1 \cdot z_1$$

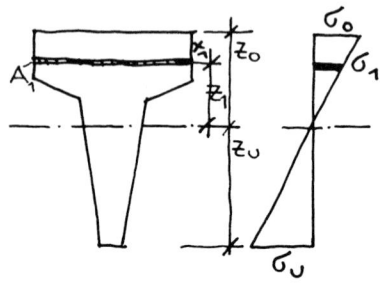

Die Summe dieser Einzelmomente M_1 über den ganzen Querschnitt ergibt das innere Moment:

$$M = \sum_{z_u}^{z_o} N_1 \cdot z_1$$

$$M = \sum_{z_u}^{z_o} \sigma \cdot A \cdot z$$

Wählt man die Flächenteilchen A unendlich klein, so wird daraus:

$$M = \int_{z_u}^{z_o} \sigma \cdot z \, dA \tag{2}$$

Wie oben erläutert, ist $\sigma_1 = \dfrac{\sigma_o}{z_o} \cdot z_1$

Dieser Wert für σ in Gleichung (2) eingesetzt, ergibt:

$$M = \int_{z_u}^{z_o} \frac{\sigma_o}{z_o} \cdot z \cdot z \cdot dA$$

$$M = \frac{\sigma_o}{z_o} \int_{z_u}^{z_o} z^2 \cdot dA \qquad \begin{array}{l} \text{Der konstante} \\ \text{Wert } \dfrac{\sigma_o}{z_o} \text{ kann vor} \\[2mm] \text{das Integral} \\ \text{gestellt werden.} \end{array}$$

Der Wert $\boxed{\displaystyle\int_{z_u}^{z_o} z^2 \, dA}$ wird als

Trägheitsmoment I_y

oder – nach DIN 1080 – als
Flächenmoment zweiten Grades
bezeichnet.

$$I_y = \int_{z_u}^{z_o} z^2 \, dA$$

Damit ist $M = \dfrac{\sigma_o}{z_u} \cdot I_y$

Die Ausdrücke

$$\boxed{W_o = \frac{I_y}{z_o}}$$

$$\boxed{W_u = \frac{I_y}{z_u}}$$

heißen **Widerstandsmomente**.

Damit ist:

$$M = \sigma_o \cdot W_o$$

$$\Rightarrow \sigma_o = \frac{M}{W_o}$$

$$M = \sigma_u \cdot W_u$$

$$\Rightarrow \sigma_u = \frac{M}{W_u}$$

Ganz exakt lautet die Bezeichnung für die Widerstandsmomente:

$$\boxed{W_{yo} \quad \text{und} \quad W_{yu}}$$

Damit wird dargetan, daß es sich um die Widerstandsmomente um die y-Achse handelt. Entsprechend heißen die Widerstandsmomente um die z-Achse:

$$W_{zo} \quad \text{und} \quad W_{zu}$$

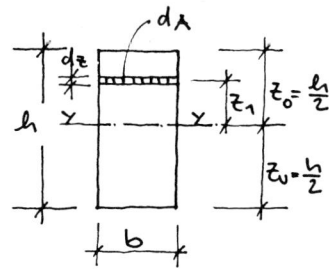

 Beispiel 8.1.4.1: Rechteckquerschnitt

Das Widerstandsmoment des Rechteckquerschnittes wurde schon oben auf elementare Weise ermittelt, es sollen jetzt Trägheitsmoment und Widerstandsmoment über die allgemeinen Formeln gefunden werden.

Aus der Symmetrie des Querschnittes folgt, daß die Null-Linie in der Mitte liegt.

$$z_o = z_u = \frac{h}{2}$$

$$I_y = \int\limits_{-\frac{h}{2}}^{+\frac{h}{2}} z^2 \cdot dA \qquad\qquad dA = dz \cdot b$$

$$= \int\limits_{-\frac{h}{2}}^{+\frac{h}{2}} z^2 \cdot dz \cdot b \qquad\qquad b \text{ ist konstant}$$

$$= b \int\limits_{-\frac{h}{2}}^{+\frac{h}{2}} z^2 \cdot dz$$

$$= b \left[\frac{z^3}{3} \right]_{-\frac{h}{2}}^{+\frac{h}{2}} = b \left(\frac{\left(\frac{h}{2}\right)^3}{3} - \frac{\left(-\frac{h}{2}\right)^3}{3} \right)$$

$$I_y = b \left(\frac{h^3}{8 \cdot 3} + \frac{h^3}{8 \cdot 3} \right)$$

$$I_y = \frac{b \cdot h^3}{12}$$

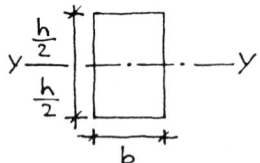

$$I_y = \frac{b \cdot h^3}{12}$$

Trägheitsmoment für
Rechteckquerschnitt

$$W_y = \frac{I_y}{z}$$

$$W_o = \frac{I}{z_o}$$

$$W_u = \frac{I}{z_u}$$

$$W_y = \frac{b \cdot h^3 \cdot 2}{12 \cdot h}$$

$$z_o = z_u = \frac{h}{2}$$

$$W_y = \frac{b \cdot h^2}{6}$$

Widerstandsmoment für
Rechteckquerschnitt

Dieser Wert ist aus der elementaren, nur für
den Rechteckquerschnitt gültigen Herleitung
schon bekannt.

Aus diesen Formeln ist zu erkennen, daß das
Trägheitsmoment mit der dritten Potenz, das
Widerstandsmoment mit der zweiten Potenz
der Höhe wächst. Wenn also bei gleichbleibender Breite die Höhe eines Balkens ver-
doppelt wird, so beträgt die Durchbiegung δ
des höheren Balkens – sie hängt, wie noch
näher besprochen werden wird, vom Trägheitsmoment ab – nur noch $1/8$, die größte
Spannung hingegen $1/4$ der des niedrigen
Balkens (gleiches System und gleiche Last
vorausgesetzt, die Zunahme des Eigengewichtes ist hier außer acht gelassen).

Für die Durchbiegung ist die Höhe also noch
wichtiger als für die Spannung. Die schlanke
Querschnittsform – große Höhe, geringe
Breite – ist bei vertikalen Kräften immer
statisch günstig.

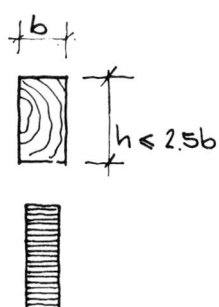

 Im Holzbau sind der Schlankheit der Querschnitte allerdings Grenzen gesetzt: Ein zu schlanker Querschnitt aus Vollholz (d. h. aus *einem* Stamm gesägt) könnte sich zu stark verdrehen oder in Querrichtung biegen. Deshalb soll nach DIN 1052 das Seitenverhältnis auf b:h = 1:2,5 beschränkt werden. Verleimte Träger können auch in schlankeren Querschnitten verwendet werden (bis 1:12).

8.1.4.2 Symmetrisch zusammengesetzte Querschnitte

Trägheitsmomente um dieselbe Achse lassen sich addieren bzw. subtrahieren. (Aus $I = \int z^2 \, dA$ läßt sich das leicht ablesen, das Integral bedeutet ja Summe.)

Wir können daher die Trägheitsmomente des hier skizzierten Querschnittes über solche Addition bzw. Subtraktion ermitteln.

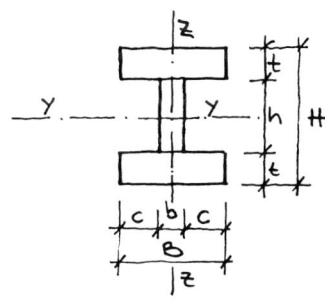

$$I_y = I_{y1} - 2 \cdot I_{y2}$$

$$I_y = \frac{B \cdot H^3}{12} - 2 \, \frac{c \cdot h^3}{12}$$

Hieraus ergibt sich das Widerstandsmoment mit:

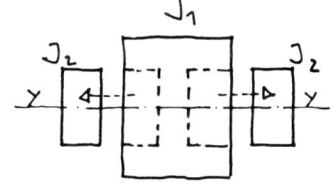

$$W_y = \frac{I_y}{\dfrac{H}{2}} = \frac{2I_y}{H}$$

Das Widerstandsmoment zusammengesetzter Querschnitte ist immer über das Trägheitsmoment zu ermitteln. Niemals Widerstandsmomente addieren!!!

(Da $W = \dfrac{I}{z}$, würden wir bei der Addition von

Widerstandsmomenten mit ungleichem z Brüche mit ungleichem Nenner addieren.)

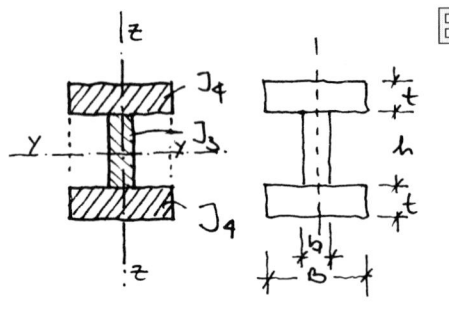

E I_z läßt sich zusammensetzen aus

$I_{z3} + 2 \cdot I_{z4}$

Immer nur solche Werte addieren bzw. subtrahieren, die um die gleiche Achse wirken!

$$I_z = \frac{h \cdot b^3}{12} + 2 \cdot \frac{t \cdot B^3}{12}$$

$$W_z = \frac{I_z}{\dfrac{B}{2}} = \frac{2\,I_z}{B}$$

Wegen Symmetrie des Querschnittes ist $W_{zo} = W_{zu}$

8.1.4.3 Unsymmetrisch zusammengesetzte Querschnitte

Hier ist zunächst erforderlich, die Schwerachse(n) zu ermitteln. Um die y-Achse zu finden, wählen wir eine beliebige Bezugsachse – z. B. am unteren Rand.

Es muß gelten:

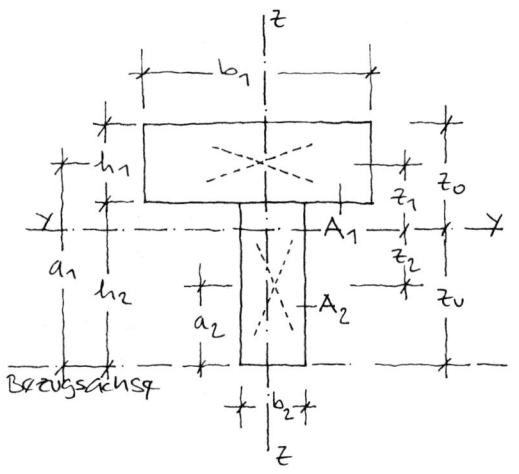

$A_1 \cdot a_1 + A_2 \cdot a_2 = \text{tot } A \cdot z_u$

$$z_u = \frac{A_1 \cdot a_1 + A_2 \cdot a_2}{\text{tot } A}$$

tot = total (= gesamt)

Die Summe der Flächenteile mal ihrem jeweiligen Schwerpunktsabstand zur Bezugsachse ist gleich Gesamtfläche mal Abstand des Gesamtschwerpunktes von der Bezugsachse.

Damit kennen wir die Lage der y-Achse.

Um diese y-Achse erzeugt jedes Flächenteil A_1 ein Trägheitsmoment $A_1 \cdot z_1^2$. Hinzu kommt noch das eigene Trägheitsmoment des Flächenteiles um seine eigene Achse.

Steinerscher Satz

E   Damit ist:

$$I_y = A_1 \cdot z_1^2 + A_2 \cdot z_2^2 + I_{y1} + I_{y2}$$

$$I_y = b_1 \cdot h_1 \cdot z_1^2 + b_2 \cdot h_2 \cdot z_2^2$$
$$+ \frac{b_1 \cdot h_1^3}{12} + \frac{b_2 \cdot h_2^3}{12}$$

$$W_{yo} = \frac{I_y}{z_o}$$

$$W_{yu} = \frac{I_y}{z_u}$$

I_z und W_z können in der gleichen Weise ermittelt werden.

Entsprechend können auch die Flächenmomente zusammengesetzter Profile beliebiger Art ermittelt werden, wenn die Werte der Einzelprofile bekannt sind.

Wie bereits erwähnt, hat ein Querschnitt nicht nur die y-Achse und die z-Achse, sondern in jedem beliebigen Winkel eine Schwerachse, die durch den Schwerpunkt verläuft. Bei einem doppelt unsymmetrischen Querschnitt liegen die maßgebenden Achsen für das größte und das kleinste Trägheitsmoment schräg.

Diese schrägen Achsen und Trägheitsmomente zu ermitteln, würde aber über den Rahmen und Sinn dieses Buches hinausgehen.

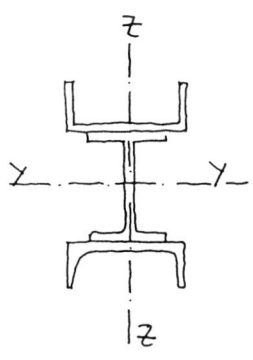

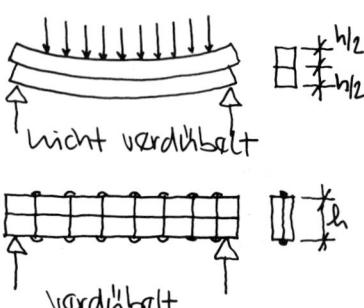

nicht verdübelt

verdübelt

nicht verleimt

verleimt

8.2 Schub

Anstelle eines Balkens legen wir zwei Balken von halber Höhe lose übereinander. Unter Belastung biegen sie sich stark durch und verschieben sich gegeneinander.

Wenn wir diese beiden Balken durch mehrere Dübel, die über die ganze Balkenlänge verteilt sind, fest miteinander verbinden, so wird die Durchbiegung wesentlich kleiner. Die Balken können sich jetzt nicht mehr gegeneinander verschieben.

Im geleimten Träger muß der Leim dieses Verschieben verhindern. Würden die Bretter lose aufeinanderliegen, so wäre die Tragfähigkeit dieses Bretterstapels äußerst gering.

Die Kraft, die dieses Verschieben bewirkt – bzw. bewirken möchte – heißt **Schubkraft** oder **Schub**.

Woher kommt der Schub? Woher kommen diese offensichtlich horizontal wirkenden Kräfte, obwohl am Träger doch nur vertikale Lasten angreifen?

An diesem Träger nimmt das Biegemoment gegen die Auflager hin ab. An den Auflagern selbst wird es zu 0. Dieses Biegemoment erzeugt im Träger Druck- und Zugkräfte. Sie wirken mit dem Hebelarm z der inneren Kräfte gegeneinander.

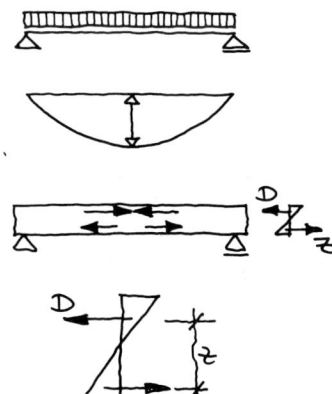

$$D = \frac{M}{z} \qquad Z = \frac{M}{z}$$

Im Träger von gleichbleibender Höhe bleibt auch der innere Hebelarm gleich groß, z ist konstant. Also nehmen die inneren Kräfte D und Z mit dem Moment gegen die Auflager zu ab. Wo aber bleibt die Differenz, um die diese inneren Kräfte abnehmen? Sie schiebt! Diese Differenz, diese Abnahme der inneren Kräfte D und Z ist es, die die Schichten des Trägers gegeneinander verschieben möchte. Sie ist die *Schubkraft*.

Der Leim des verleimten Trägers hat also die Aufgabe, das Verschieben der Lamellen zu verhindern, d. h. die Schubkraft aufzunehmen. Der Steg des *Stahlwalzprofiles* hat die Aufgabe, die Flansche schubfest miteinander zu verbinden. Und die Schweißnähte des *geschweißten Trägers* sind so zu bemessen, daß sie die Schubkraft zwischen Steg und Flansch aufnehmen können.

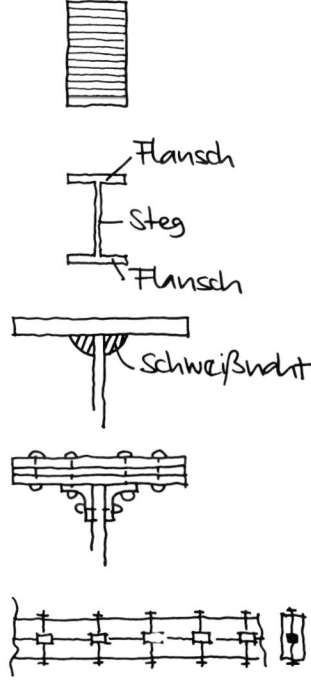

Bei älteren Stahlkonstruktionen wurde meist nicht geschweißt, sondern genietet. Die *Niete* hatten Schubkräfte aufzunehmen.

Und die Dübel des Zimmermannes – früher waren sie aus Holz, heute sind sie meist aus Stahl – nehmen die Schubkräfte zwischen den zwei oder drei Teilen eines *verdübelten* Balkens auf.

Wir haben gesehen, daß die Schubkraft von der Abnahme der inneren Kräfte D und Z herrührt. Diese Abnahme bzw. Zunahme aber ist der Differentialquotient des Momentes und dieser ist gleich der Querkraft V.

Die längswirkende Schubkraft als Folge der querwirkenden Querkraft läßt sich auch an diesem inneren Teilchen des Trägers vorstellen: Es würde sich verdrehen, wenn nur das senkrechte Kräftepaar aus V angreifen würde. Erst das horizontale Kräftepaar aus Schub hält es im Gleichgewicht.

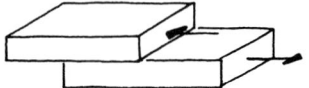

 Die **Schubspannungen** werden – im Gegensatz zu Druck- oder Zugspannungen σ – mit τ bezeichnet.

Diese Schubspannung muß z. B. der Leim aufnehmen, um zu verhindern, daß sich die Bretter gegeneinander verschieben.
Die Größe der Schubspannung ist:

$$\tau = \frac{V}{z \cdot b}$$

Am Rechteckquerschnitt ist:

$$z = \frac{2}{3}\,h$$

H   **Herleitung der Schubspannung**

(Diese etwas umfangreiche Herleitung sei nur besonders interessierten Lesern angeraten.)

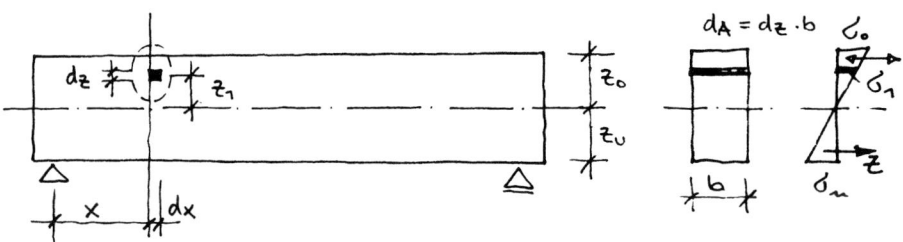

Im Querschnitt x eines Trägers wirkt das Moment M. Es erzeugt in der oberen Randfaser die Spannung:

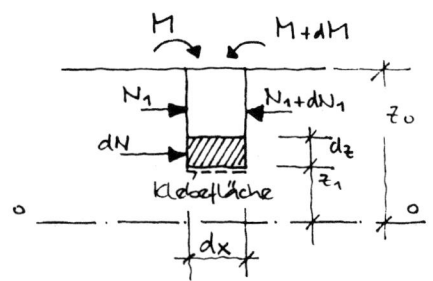

$$\sigma_o = \frac{M \cdot z_o}{I_y}$$

$$\sigma_o = \frac{M}{W_o}$$

$$W_o = \frac{I_y}{z_o}$$

und im Abstand z_1 von der Null-Linie die Spannung:

$$\sigma_1 = \sigma_0 \cdot \frac{z_1}{z_0}$$

$$= \frac{M \cdot z_0}{I_y} \cdot \frac{z_1}{z_0}$$

$$\sigma_1 = \frac{M \cdot z_1}{I_y}$$

Auf die Fläche dA in Höhe z_1 wirkt die Längskraft

$$dN = \sigma_1 \cdot dA$$

$$= \frac{M \cdot z_1}{I_y} \cdot dA$$

Die gesamte Längskraft von Höhe z_1 bis zum oberen Rand des Trägers ist:

$$N_1 = \int_{z_1}^{z_0} dN = \int_{z_1}^{z_0} \frac{M \cdot z}{I_y} \cdot dA$$

$\dfrac{M}{I_y}$ ist über die ganze Höhe des Querschnittes konstant, kann also vor das Integral gesetzt werden.

$$N_1 = \frac{M}{I_y} \int_{z_1}^{z_0} z \, dA \qquad (1)$$

Der Wert $\displaystyle\int_{z_1}^{z_0} z \, dA = S \; [cm^3]$ heißt *statisches Moment* oder *Flächenmoment ersten Grades*. Das statische Moment ist:
Fläche (hier: des Querschnittes oberhalb z_1) mal dem Abstand seines Schwerpunktes zur Null-Linie des ganzen Querschnittes (S bedeutet hier nicht Beanspruchung, sondern statisches Moment).

Aus Gleichung (1) kann man also S anstelle des Integrals setzen:

$$N_1 = \frac{M}{I_y} \cdot S$$

Im Nachbarquerschnitt x + dx wirkt das Moment M + dM, es ist also um die Differenz dM größer als das Moment im Querschnitt x.

Die Längskraft beträgt im Nachbarquerschnitt $N_1 + dN_1$, sie hat sich also verändert um

$$dN_1 = \frac{dM}{I_y} \cdot S$$

Diese Veränderung der Längskraft beansprucht die Fuge in Höhe z_1 auf Schub. Stellt man sich vor, daß der Träger in dieser Höhe aus Schichten geklebt ist, so wird die »Klebefuge« auf Schub beansprucht. Die beanspruchte Fläche hat die Größe:

$$dx \cdot b$$

Damit ergibt sich je Flächeneinheit die Schubspannung:

$$\tau = \frac{dN_1}{dx \cdot b}$$

$$\tau = \frac{dM \cdot S}{I_y \cdot dx \cdot b}$$

$$\tau = \frac{V \cdot S}{I \cdot b}$$

Wir erinnern uns:

$$\frac{dM}{dx} = V$$

$$\left[\frac{kN \cdot cm^3}{cm^4 \cdot cm} = \frac{kN}{cm^2} \right]$$

Die Schubspannung $\tau = \dfrac{V \cdot S}{I \cdot b}$ ist also

nicht proportional dem Moment, sondern proportional der *Querkraft* V. Das leuchtet ein, denn der Schub kommt ja von der Zu- bzw. Abnahme des Momentes, also von seinem Differentialquotienten – und das ist die Querkraft.

Schubkraft und Schubspannung sind am größten im Bereich der Auflager, sie werden zu Null im Bereich der Maximalmomente.

Die Schubspannung ist auch proportional dem *Statischen Moment* S. (laut DIN 1080 heißt es »Flächenmoment ersten Grades«, doch auch hier bezweifeln die Verfasser, daß sich diese etwas umständliche Bezeichnung durchsetzen wird, und sie verwenden deshalb die allgemein gebräuchliche Bezeichnung »Statisches Moment«.)

Dieses Statische Moment gibt an, was da über die Schubfläche (z. B. über die Leimfuge oder Schweißnaht) angeschlossen wird. Es ist die Fläche des angeschlossenen Querschnitt-Teiles mal dem Abstand seines Schwerpunktes zur Null-Linie des Gesamtquerschnittes.

Die Schubspannung ist umgekehrt proportional dem Trägheitsmoment I. Also je steifer der Gesamtquerschnitt, um so kleiner ist die Schubspannung.

Und sie ist schließlich umgekehrt proportional der Breite b des Querschnittes an der untersuchten Fuge. Selbstverständlich, denn je größer die Breite, um so größer ist die Fläche, auf die sich die Schubkraft verteilt, und um so kleiner also die Schubspannung, denn sie ist ja Kraft durch Fläche.

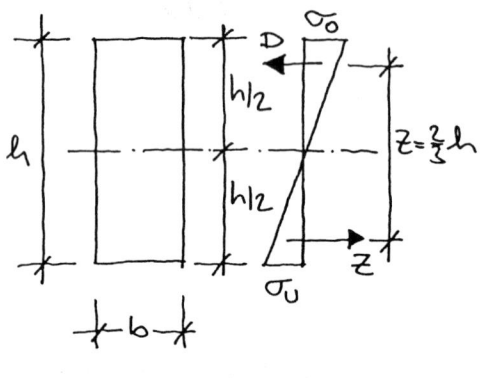

H   Schubspannung am Rechteckquerschnitt

Die Schubspannung am Rechteckquerschnitt ist in der Null-Linie

$$\tau_0 = \frac{V}{z \cdot b} \qquad z = \frac{2}{3}\,h$$

Herleitung:

Die Schubspannung in der Null-Linie ist

$$\tau_0 = \frac{V \cdot S_0}{I \cdot b}$$

Das statische Moment des Flächenteiles, das in der Null-Linie angeschlossen (»angeleimt«) wird, nennen wir S_0. Angeschlossen wird hier das halbe Rechteck, also $b \cdot \dfrac{h}{2}$, dessen Schwerpunktabstand zur Null-Linie ist $\dfrac{h}{4}$.

$$S_0 = b \cdot \frac{h}{2} \cdot \frac{h}{4}$$

$$S_0 = \frac{b \cdot h^2}{8}$$

Das Trägheitsmoment des Rechteckquerschnittes kennen wir mit:

$$I_y = \frac{b \cdot h^3}{12}$$

H   Damit ist:

$$\tau_0 = \frac{V \cdot \dfrac{b \cdot h^2}{8}}{\dfrac{b \cdot h^3}{12} \cdot b}$$

$\dfrac{2}{3} h = z$ ist:
der Hebelarm
der inneren
Kräfte

$$\tau_0 = \frac{V}{\dfrac{2}{3} h \cdot b}$$

$$\tau_0 = \frac{V}{z \cdot b} \left[\frac{kN}{cm^2} \right]$$

G

$$\boxed{\tau_0 = \frac{V}{z \cdot b}} \qquad \boxed{z = \frac{2}{3} h}$$

Die Höhe und die Breite haben also den
gleichen Einfluß auf die Schubspannung.
Während sich für die Zug- und Druckspannungen die Höhe im Quadrat, für die Durchbiegung (abhängig von I) gar in der dritten
Potenz auswirkt, kommt hier die Höhe ebenso wie die Breite nur in der ersten Potenz
zum Ansatz.

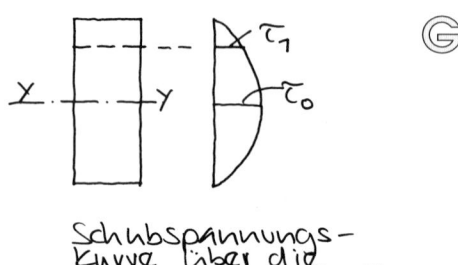

Schubspannungs-
kurve über die
Höhe des Querschnitts

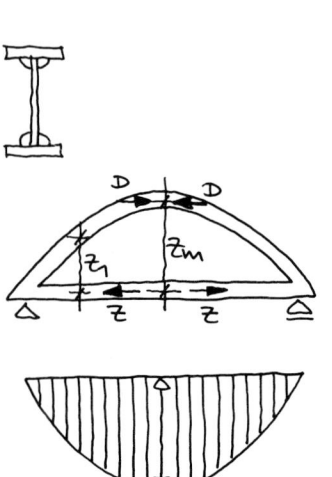

Innerhalb eines bestimmten Querschnittes ist die Schubspannung an der Null-Linie am größten. So hat z. B. bei einem Brettschichtträger – einem aus Brettern verleimten Träger – die Leimfuge an der Null-Linie die größte Schubspannung aufzunehmen. Ober- und unterhalb der Null-Linie wird die Schubspannung kleiner, denn die angeschlossene Querschnittsfläche ist um so kleiner, je weiter die untersuchte Fuge von der Null-Linie entfernt ist.

Bei gleicher Breite führt das zu parabolischer Abnahme von τ. Am Rechteckquerschnitt ist daher die Schubspannung in der Null-Linie am größten, und es genügt, die Schubspannungen in dieser Null-Linie, also τ_0 zu untersuchen. Am geschweißten Träger hingegen bilden die Schweißnähte gefährdete Schwachstellen. Sie sind nach den Schubspannungen zu bemessen.

Im Steg dieses Trägers treten keine Schubkräfte auf, denn der innere Hebelarm z ist nicht konstant, sondern proportional dem Moment M. Daher ist bei gleichbleibenden D und Z an jeder Stelle $D \cdot z = M$ bzw. $Z \cdot z = M$. Am Trägerende allerdings müssen Druckgurt und Zuggurt schubfest miteinander verbunden sein, um so ihre Kräfte aneinander abgeben zu können.

Auch die Bemessung auf Schub ist ein Teil des Tragfähigkeitsnachweises.

8.3 Durchbiegung

(Gebrauchsfähigkeitsnachweis)

Diese dünne Latte läßt sich weit durchbiegen, bevor sie bricht. Der dicke Balken kann selbstverständlich viel größere Lasten tragen. Aber er biegt sich nur wenig durch. Würde man versuchen, ihn ebensoweit durchzubiegen wie die dünne Latte oben, so würde er vorher brechen.

Wir erkennen daraus, daß Durchbiegung und Brechen nicht gleichgesetzt werden können; sie werden durch unterschiedliche Einflüsse bestimmt.

Für die Bruchfestigkeit sind maßgebend
- die Grenzspannung σ_{Rd} (Material)
- das Widerstandsmoment W (Querschnitt).

W des Rechteckquerschnittes ist:

$$W_y = \frac{b \cdot h^2}{6}$$

Für die Durchbiegung sind maßgebend
- der Elastizitätsmodul E (Material)
- das Trägheitsmoment I (Querschnitt)

I des Rechteckquerschnittes ist $I_y = \dfrac{b \cdot h^3}{12}$

Aus dem Vergleich von W und I sehen wir, daß sich die Höhe h für die Bruchfestigkeit in der zweiten, für die Durchbiegung in der dritten Dimension auswirkt.

Dies erklärt auch, warum sich schlanke Träger mit kleiner Höhe h (klein im Verhältnis zur Spannweite) besonders stark durchbiegen.

In Gebäuden könnten zu große Verformungen zu Schäden oder zu unangenehmen Schwingungen führen. Deshalb muß die Durchbiegung begrenzt werden.

Eurocode berücksichtigt bei der zu erlaubenden Durchbiegung viele Parameter, wie Art und Funktion des Bauteils, unterschiedliche Eigenschaften des Materials – neben den Elastizitätsmoduln, auch z. B. die Feuchtigkeit des Holzes – Dauer der Einwirkungen (Nutz- oder Verkehrslast).

Bei Beton oder Holz nimmt die Durchbiegung unter länger einwirkenden Belastungen allmählich zu, so daß Anfangs- und Endbelastungen zu unterscheiden sind.

Die Enddurchbiegung infolge aller Einwirkungen wird mit tot δ_{fin} bezeichnet.

Wir schlagen hier ein vereinfachtes Verfahren vor, das brauchbare Näherungswerte liefert. Hierbei ermitteln wir das erforderliche Trägheitsmoment (Flächenmoment zweiten Grades) I für einen Einfeldträger mit

$$\text{erf } I = k_0 \cdot M_k \cdot l$$

Hier ist M_k das Basismoment, also ermittelt aus der charakteristischen Last, ohne den Teil-Sicherheitsbeiwert γ_F, l ist die Spannweite.

Warum ohne γ_F? Eine mäßige Überschreitung der erlaubten Durchbiegung kann zwar zu Schäden, nicht aber zum Einsturz führen. Deshalb sind für die Durchbiegung keine Sicherheitsbeiwerte erforderlich.

Tabellen H 1, St 1

Die k_0-Werte können dem Tabellenbuch entnommen werden. (Tab. H 1.3 und St 1.2)

Auch die in den Tabellen angegebenen zulässigen Durchbiegungen sind vereinfachte Werte. Es kann sein, daß die hier angegebenen Durchbiegungen (z. B. $^1/_{300}$) unter lang andauernden Einwirkungen überschritten werden.

Bei der angegebenen Formel scheinen doch die Dimensionen nicht zu stimmen! Doch, sie stimmen! Die korrigierenden Größen sind in k_0 eingearbeitet, wie auch der Elastizitätsmodul E für das jeweilige Material.

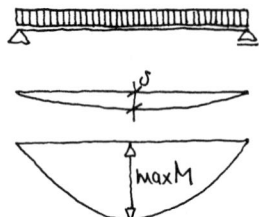

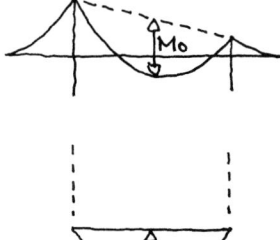

Für den Träger auf zwei Stützen ohne Kragarm ist M_0 = max M. Hier ist das Verfahren exakt für eine gleichmäßig verteilte Last, für andere Lasten liefert es brauchbare Näherungswerte.

Belastete Kragarme bzw. die aus ihnen resultierenden Stützenmomente vermindern die Durchbiegung im Feld. Die geforderte Begrenzung der Durchbiegung läßt sich deshalb mit einem geringeren Trägheitsmoment I erreichen. Es gilt:

$$erf\ I = k_0 \cdot M_0 \cdot l - k_m \cdot |M_m| \cdot l$$

Dabei sind k_0 und k_m die Tabellenwerte. M_0 ist hier nicht das Maximalmoment des Trägers mit Kragarmen, sondern der bereits aus Kapitel 5 bekannte M_0-Wert, d. h. das max M eines gedachten Trägers mit gleichem Feld, aber ohne Kragarme.

$$\left(meist\ \frac{q \cdot l^2}{8} \right)$$

M_m ist der Mittelwert der beiden Stützenmomente:

$$M_m = \frac{M_A + M_B}{2}$$

Auch hier sind alle M-Werte als Basismomente, d. h. ohne Faktor γ_F, einzusetzen.

Wie schon erwähnt, sind schlanke Träger
(große Spannweite bei relativ kleiner Trägerhöhe) besonders kritisch.

Hingegen müssen Träger mit $\dfrac{h}{l} > \dfrac{1}{15}$ nicht
auf Durchbiegung untersucht werden, wenn
zul $\delta = \dfrac{1}{300}$.

Vergleichen wir, von welchen Größen die
Schubspannung τ, die Biegespannung σ und
die Durchbiegung δ abhängen:

$V \rightarrow \tau \leftarrow b, h$

$M \rightarrow \sigma \leftarrow b, h^2$

$M \rightarrow \delta \leftarrow b, h^3$

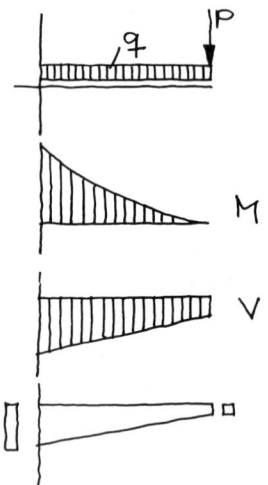

8.4 Gestalt von Biegeträgern

Am Kragträger treten die Extremwerte von Moment und Querkraft im selben Querschnitt auf: an der Einspannstelle. Es liegt nahe, den Kragträger dort am stärksten auszubilden und gegen sein anderes Ende zu schwächer werden zu lassen.

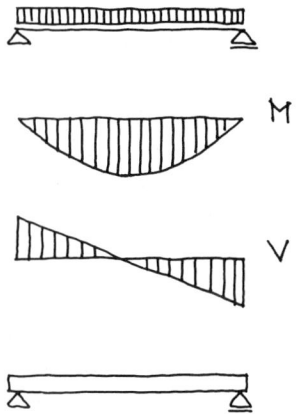

Dieser frei aufliegende Einfeldträger hingegen hat sein größtes Moment in der Mitte und seine größten Querkräfte an den Auflagern.

In den weitaus meisten Fällen wird ein Träger mit einem über die ganze Länge gleichbleibenden Querschnitt gewählt, z. B. ein Balken oder ein Walzprofil. Dieser Querschnitt ist im günstigsten Fall an drei Punkten voll ausgenützt, an der Stelle von max M und an der Stelle von max V.

An allen anderen Punkten ist er überdimensioniert. In den weitaus häufigsten Fällen ist er nur entweder durch max M oder durch max V voll beansprucht, also nur an ein oder zwei Punkten. Trotzdem ist diese Konstruktionsart oft die billigste. (Ob sie auch die wirtschaftlichste ist, kommt darauf an, ob man den Begriff »Wirtschaftlichkeit« nur monetär definiert, oder Material- und Energieverbrauch als eigenständige, längerfristig wichtigere Werte sieht.)

Das Anpassen der Trägerform an den Verlauf von Moment und Querkraft ist meist aufwen dig und erfordert viel Arbeitsaufwand.

Zudem ist die gleichbleibende Höhe häufig gefordert; Fußboden und Deckenuntersicht sollen eben sein.

Doch bei größeren Spannweiten – etwa über Hallen – sollte ein Ausformen des Trägers nach Moment und Querkraft erwogen werden, insbesondere wenn bei einer großen Serie die so erreichte Einsparung an Material den Arbeitsaufwand auch in finanzieller Hinsicht rechtfertigt.

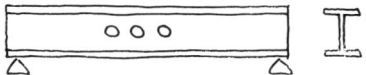

Der Steg dieses Stahlträgers mußte für Installationen durchbrochen werden. Diese Durchbrüche liegen in der Mitte, denn hier ist die Querkraft und folglich auch die Schubbeanspruchung klein – der Steg kann sie trotz großer Durchbrüche aufnehmen. Hingegen wird das Widerstandsmoment kaum verringert: Die Flanschen bleiben voll erhalten, die Schwächung des Steges nahe der Null-Linie ist für das Widerstandsmoment unbedeutend. Deshalb kann das Biegemoment trotz der Durchbrüche aufgenommen werden.

Problematisch sind Durchbrüche in Nähe der Auflager und damit im Bereich großer Querkräfte. Senkrechte Leitungen, die entlang der Stütze geführt werden und deshalb die Träger am Auflager durchbrechen sollen, veranlassen Ingenieure zu dem Stoßseufzer: »Wo die Kraft am größten ist, möchte der Architekt einen Durchbruch.«

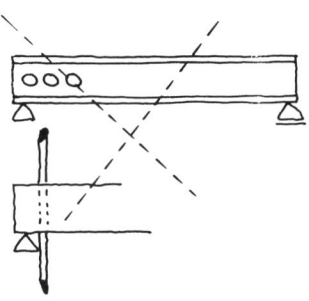

Der Architekt sollte also rechtzeitig gemeinsam mit den beratenden Ingenieuren für Tragwerke und für Installationen überlegen, wie die Leitungen sinnvoll gelegt werden können, um tragende Konstruktion und Installationen aufeinander abzustimmen.

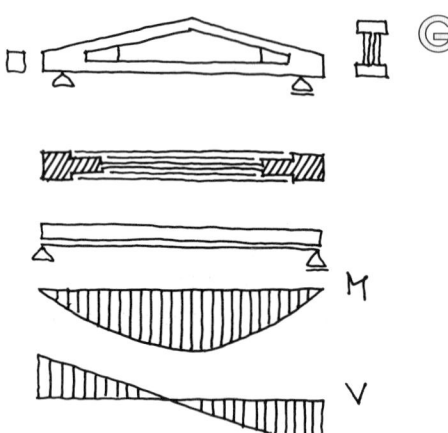

Dieser verleimte Holzträger ist dem leicht geneigten Dach angepaßt. Seine größte Höhe liegt an der Stelle des Maximalmomentes. Allerdings entspricht die Form nicht genau der Momentenlinie, deshalb sind die Druck- und Zugspannungen nicht über die ganze Länge gleich, sondern die Maximalwerte treten etwas links und rechts der Mitte auf.

$D = Z = \dfrac{M}{z}$ ist dort größer als in der Mitte,

weil die Trägerhöhe in diesem Bereich schneller abnimmt als das Moment.

Anders als am Stahlträger sind am Holzträger Verstärkungen des Steges an den Auflagern erforderlich. Die Schubfestigkeit von Holz parallel zu den Fasern ist viel kleiner als seine Zug- und Druckfestigkeit in Faserrichtung. (Wer einmal Holz bearbeitet hat, weiß das aus Erfahrung.)

Hier steht

$\sigma_{Rd} = 1{,}5 \ \text{kN/cm}^2$

gegen

$\tau_{Rd} = 0{,}15 \ \text{kN/cm}^2$.

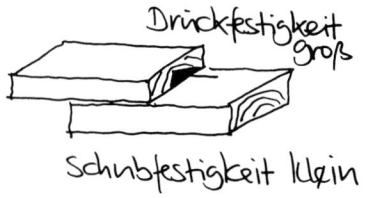

Die Schubfestigkeit beträgt also nur $^1/_{10}$ der Druck- und Zugfestigkeit. Der Holzsteg muß deshalb im Bereich der großen Querkraft verstärkt werden – die Breite des Steges wächst im oben skizzierten Beispiel in zwei Stufen bis zur Breite der Flansche.

Hingegen kann Stahl mehr als halb so hohe Schubspannungen aufnehmen wie Zug- und Druckspannungen, z. B. der Baustahl St 37:

$\sigma_{Rd} = 21{,}8 \ \text{kN/cm}^2$

$\tau_{Rd} = 12{,}6 \ \text{kN/cm}^2$

Verbreiterungen des Steges gegen die Auflager zu sind deshalb bei Stahl meist nicht erforderlich.

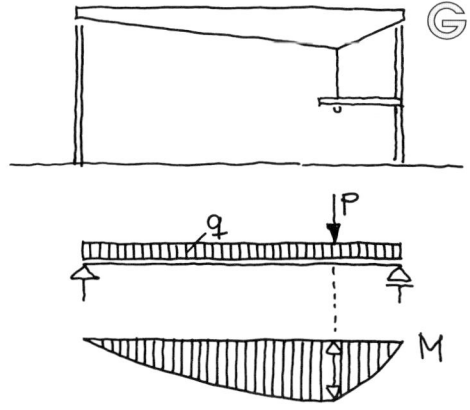

Dieser Träger über dem großen Saal der früheren Mensa der Universität Stuttgart (Architekt: Tiedje, Ingenieur: Siegel) ist von einer Einzellast aus einer angehängten Empore belastet.

Der Knick in der Momentenlinie entspricht der Ecke in der Form. Die Einzellast kommt deutlich zum Ausdruck, das Moment, das sie hervorruft, wurde zum Konstruktions- und Gestaltungsmotiv.

Bei gut gestalteten Trägern ist oft eine Verwandtschaft der Form mit der Momentenlinie erkennbar.

9 Zug- und Druckstäbe

Ⓖ **9.1 Zugstäbe**

Beispiele für Zugstäbe:

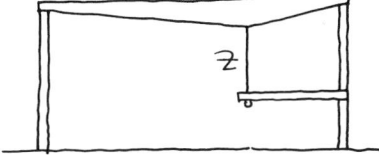

Aufgehängte Konstruktion

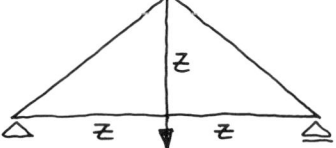

Sprengwerk

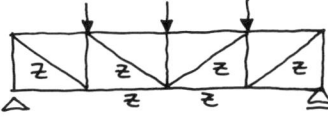

Fachwerk

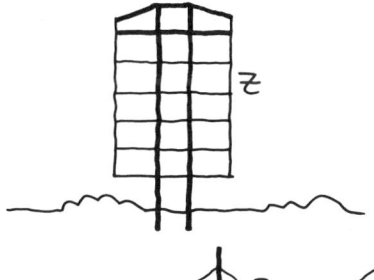

Hängehaus

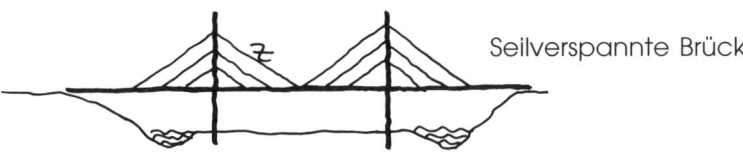

Seilverspannte Brücke

Seilnetz

 Ein Zugstab kann über seine ganze Querschnittsfläche mit der vollen zulässigen Spannung beansprucht werden. Die Spannung im Zugstab beträgt:

$$\sigma_t = \frac{N_d}{A}$$

Demnach ist die erforderliche Querschnittsfläche:

$$erf\ A = \frac{N_d}{\sigma_{Rd}}$$

und die aufnehmbare Kraft:

$$N_{Rd} = vorh\ A \cdot \tau_{Rd}$$

Die Tragfähigkeit ist also abhängig von
– Querschnittsfläche vorh A
– Materialfestigkeit σ_{Rd}
und ist unabhängig von
– Querschnittsform
– Stablänge (wenn man vom Eigengewicht des Stabes absieht)

Ein Zugstab muß nicht biegesteif sein.
Er kann also z. B. als Seil ausgebildet werden.

9.2 Druckstäbe[*]

9.2.1 Druckstäbe ohne Knicken

Nur sehr kurze, gedrungene Bauteile nehmen Druck auf, ohne durch Knicken gefährdet zu sein.

Dieses Fundament hat die Aufgabe, die Last aus der Stütze auf eine so große Fläche zu verteilen, daß der Baugrund mit seiner meist geringen Festigkeit sie aufzunehmen vermag. Das Fundament kann wegen seiner gedrungenen Form nicht knicken.

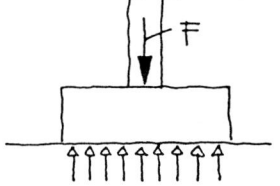

---

[*] Der Aufbau von 9.2 wurde angeregt durch einen Vortrag von Dieter Sengler

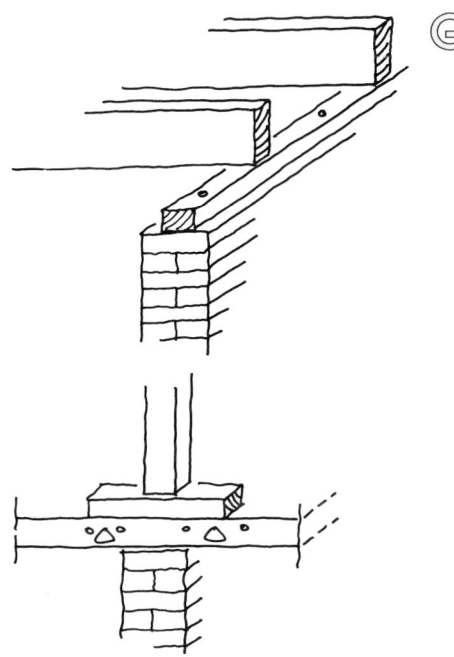

Auch diese *Mauerlatte* – auch »Fußpfette« oder »Schwelle« genannt –, die Unebenheiten des Mauerwerks ausgleicht, dem Balken Auflagerflächen in gleicher Höhe schafft und eine bessere Befestigung der Balken ermöglicht, kann nicht unter der Druckbeanspruchung knicken.

Ähnliches gilt für dieses *Schwellholz*, das zwischen Holzstütze und Decke bzw. Betonträger angeordnet wird.

Für diese druckbeanspruchten Bauteile ohne Knickgefahr hängt die Tragfähigkeit ab von
– Querschnittsfläche A
– Materialfestigkeit σ_{Rd}

Voraussetzung ist:
– Höhe klein, im Verhältnis zur Breite, d. h. keine Knickgefahr.

Die Tragfähigkeit ist unabhängig von der
– Querschnittsform (falls der Querschnitt nicht so extrem schmal ist, daß trotz geringer Höhe Knickgefahr besteht).

9.2.2 Knicken

Zwei Stützen aus gleichem Material mit gleicher Querschnittsfläche und gleicher Querschnittsform, aber unterschiedlicher Länge.

Welche von beiden vermag mehr zu tragen?

Die Kürzere, denn sie ist weniger knickgefährdet.

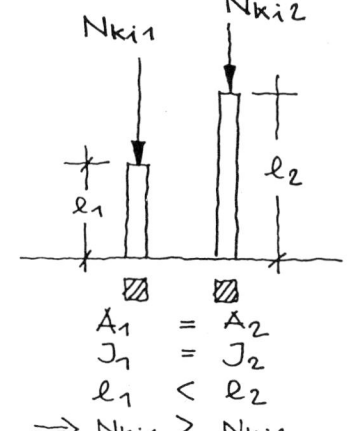

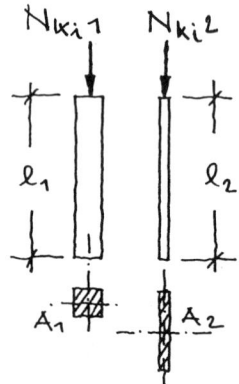

$$A_1 = A_2$$
$$\min I_1 > \min I_2$$
$$l_1 = l_2$$
$$\Rightarrow N_{ki1} > N_{ki2}$$

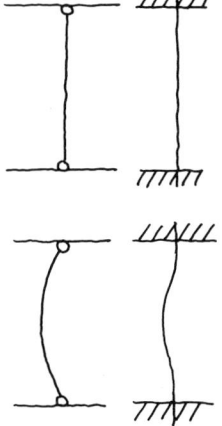

 Hier sind die Länge und die Querschnittsfläche gleich, aber die Querschnittsform
verschieden.

Welche Stütze vermag mehr zu tragen?
Die mit quadratischem Querschnitt, denn sie
ist nicht so schmal wie die andere. Auch sie
ist weniger knickgefährdet.

Die Tragfähigkeit einer Stütze hängt also ab
von
- Querschnittsfläche A
- Querschnittsform, gekennzeichnet durch I
- Länge l
- Materialeigenschaften (von welchen, das
  wird noch zu besprechen sein).

Doch darüber hinaus spielt es auch eine
Rolle, wie die Stütze gelagert ist.

Die eine Stütze ist oben und unten gelenkig
gelagert, die andere oben und unten eingespannt. Alles andere sei gleich.

Welche vermag mehr zu tragen?

Die eingespannte Stütze, denn ihr Knicken
wird durch die Einspannung behindert.

Diese Zusammenhänge untersuchte erstmals der Schweizer Mathematiker und Naturforscher *Leonhard Euler* (1707 bis 1783). Nach ihm sind die vier »Eulerfälle« benannt:

s_k = Knicklänge

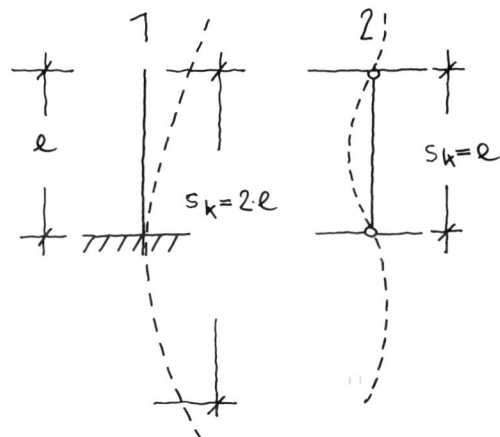

s_k = knicklänge

Ein ausknickender Stab nimmt – so erkannte Euler – die Form einer Sinuskurve an.

Beginnen wir mit dem häufigsten Fall:

Die oben und unten gelenkig gelagerte Stütze, **Eulerfall 2**, knickt in einer Sinuskurve, deren Wendepunkte in den Gelenken liegen. Den Abstand der Wendepunkte bezeichnen wir als *Knicklänge* s_k. Bei Eulerfall 2 ist also die Knicklänge gleich der Stablänge l.

$$s_k = l$$

Der freistehende Mast, **Eulerfall 1**, knickt in einer Sinuskurve, deren Wendepunkt an der Mastspitze und deren Maximum an der Einspannstelle des Mastes liegt. Der untere Wendepunkt wäre also um eine volle Stablänge unterhalb der Einspannstelle. Das bedeutet: Der Abstand s_k der Wendepunkte ist doppelt so groß wie die Stablänge l.

$$s_k = 2\,l$$

Entsprechend ergibt sich für den oben gelenkig und unten eingespannt (oder umgekehrt) gelagerten Stab,

Eulerfall 3:

$$s_k = \frac{1}{\sqrt{2}} \approx 0,7\ l$$

und für den beidseitig eingespannten Stab,

Eulerfall 4:

$$s_k = \frac{l}{2}$$

Euler gibt die ideale Tragfähigkeit N_{ki} einer Stütze an mit:

$$N_{ki} = \frac{\pi^2 \cdot E \cdot I}{s_k{}^2} \qquad \left[\frac{\dfrac{kN}{cm^2} \cdot cm^4}{cm^2} = kN \right]$$

Eulersche Knicklast
(Hier ist   (Hier ist
N = Normalkraft)   kN = Kilonewton)

Er setzt dabei ideal elastisches Material und mittige Krafteinleitung voraus.

Die Knicklast N_{ki} ist hierbei die Last, welche die Stütze unmittelbar vor dem Ausknicken (also ohne Sicherheitsfaktor) zu tragen vermag.

Nach dieser Formel ist die Knicklast N_{ki} abhängig von:

– Elastizitätsmodul E   (Materialkonstante)
– Trägheitsmoment I (Querschnittsform)
– Knicklänge s_k (Stablänge und
                                         Eulerfall).

Es fällt auf, daß in dieser Formel weder die Grenzspannung σ_{Rd} noch die Fläche A erscheinen. Dies wird unten näher besprochen. Zunächst aber interessiert uns die Bedeutung der Knicklänge s_k.

Sie wirkt sich – wie aus der Formel für die Eulersche Knicklast zu erkennen – im Quadrat aus. Das bedeutet: Wenn eine Stütze nach Eulerfall 2 mit $s_k = 1$ die Last 1 (z. B. 1 kN) zu tragen vermag, dann trägt eine sonst gleiche Stütze nach Eulerfall 1 mit

$$s_k = 2 \cdot 1$$

nur $\dfrac{1}{2^2} = \dfrac{1}{4}$ dieser Last,

die nach Eulerfall 3 mit $s_k = \dfrac{1}{\sqrt{2}}$ trägt

$\sqrt{2}^2 = 2$ mal diese Last

und die Stütze nach Eulerfall 4 mit $s_k = \dfrac{1}{2}$ trägt

$2^2 = 4$ mal diese Last.

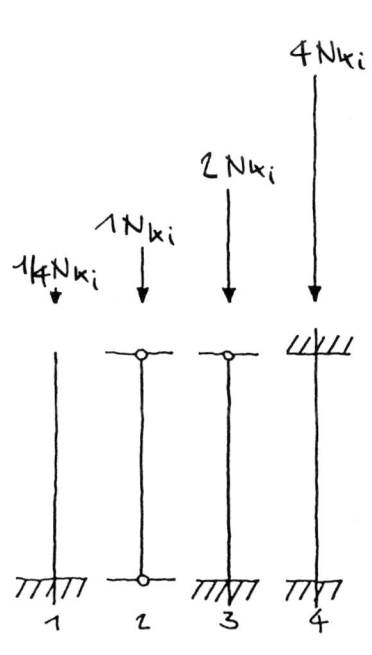

Eulerfall	s_k	Knicklast
1	$2 \cdot 1$	$^1/_4$
2	1	1
3	$1/\sqrt{2}$	2
4	$1/2$	4

Die Stütze nach Eulerfall 4 trägt also das 16fache der Stütze nach Eulerfall 1.

Anmerkung:

Teilweise wurde die Eulersche Knicklast meist mit N_k bezeichnet. Weil aber in Eurocode der Index k für ›charakteristisch‹ eingeführt wurde, werden wir die Knicklast, um Verwechslungen zu vermeiden, nunmehr N_{ki} (i für ideell) nennen.

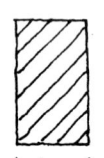

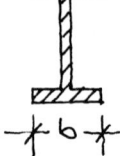

 Es würde die Arbeit sehr vereinfachen, wenn wir ein Kriterium für die **Schlankheit** hätten, d. h. ein Maß für die Breite, möglichst mit der Dimension [cm], das in Beziehung zur Knicklänge s_k gesetzt werden kann. Mit der Breite allein ist es aber nicht getan, denn z. B.

die Breite b dieses Querschnittes

führt doch offensichtlich zu einer anderen Knicksteifigkeit als

die Breite b dieses Querschnittes.

Eine Aussage über die Steifigkeit gibt zwar I, aber dessen Dimension [cm⁴] ist schwer mit der Knicklänge s_k [cm] in Beziehung zu setzen.

Sehen wir diesen Kummer in Zusammenhang mit einem anderen, nämlich dem, daß die Spannung σ und die Querschnittsfläche A in der Eulerschen Knicklast-Formel nicht erscheinen. Von hier aus suchen wir eine Lösung:

Ⓗ Es sei

$$\sigma_{ki} = \frac{N_{ki}}{A}$$

σ_{ki} = Größte Spannung im gedrückten Stab unmittelbar vor dem Ausknicken unter der Eulerschen Knicklast N_{ki}.

$$N_{ki} = \frac{\pi^2 \cdot E \cdot I}{s_k^2}$$

ergibt dies:

$$\sigma_{ki} = \frac{N_{ki}}{A} = \frac{\pi^2 \cdot E}{s_k^2} \cdot \frac{I}{A}$$

Hier greifen wir $\dfrac{I}{A}$ heraus:

Wir bezeichnen

$$\sqrt{\frac{I}{A}} = i \quad \left[\sqrt{\frac{cm^4}{cm^2}} = cm \right]$$

als *Trägheitsradius*.

(Dieser Wert i hat mit $i = \sqrt{-1}$ nichts zu tun, auch nicht mit dem Index i für *ideell*, es reicht nur mal wieder das Alphabet nicht.) Mit dem Trägheitsradius i haben wir einen Wert in der Dimension [cm]. Er läßt sich unmittelbar mit der Knicklänge s_k in Beziehung setzen. Diese Beziehung heißt *Schlankheit*, sie wird bezeichnet mit

$$\lambda = \frac{s_k}{\min i} \qquad \min i = \sqrt{\frac{\min I}{A}}$$

min i ist das kleinste i eines Querschnittes, denn in der Richtung der geringsten Steifigkeit besteht die größte Knickgefahr.

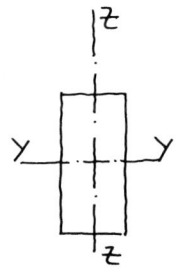

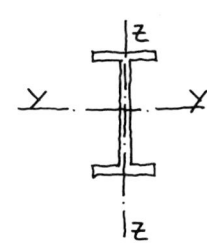

Wie wir I_y und I_z unterscheiden, so auch i_y und i_z

$$i_y = \sqrt{\frac{I_y}{A}}$$

$$i_z = \sqrt{\frac{I_z}{A}}$$

In den meisten Fällen ist $\min i = i_z$

 Nach $\sigma_{ki} = \dfrac{\pi^2 \cdot E \cdot I}{s_k^2 \cdot A}$

$$i = \sqrt{\frac{I}{A}}$$

läßt sich somit schreiben:

$$\lambda = \frac{s_k}{i}$$

$$\sigma_{ki} = \frac{\pi^2 \cdot E}{\lambda^2}$$

$$\lambda = \frac{s_k}{\sqrt{\dfrac{I}{A}}}$$

$$\lambda^2 = \frac{s_k^2}{\dfrac{I}{A}}$$

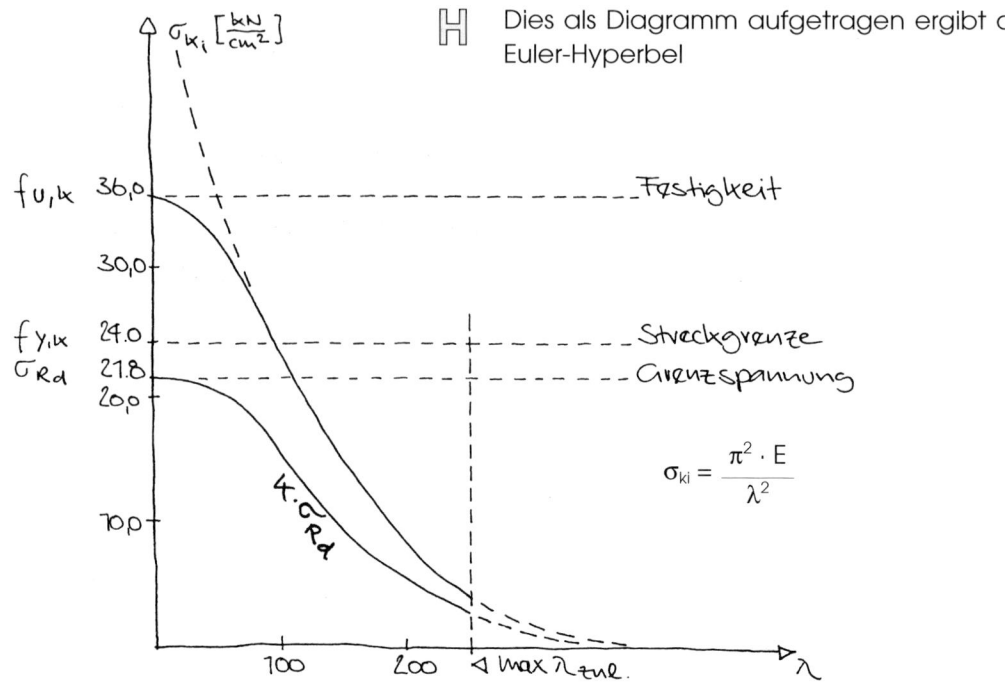

Dies als Diagramm aufgetragen ergibt die Euler-Hyperbel

$$\sigma_{ki} = \frac{\pi^2 \cdot E}{\lambda^2}$$

Euler – Hyperbel für Baustahl St 37

Diese Euler-Hyperbel – hier für den meist gebrauchten Baustahl St. 37 gezeigt – strebt für kleine Schlankheiten gegen ∞. Selbstverständlich können unendlich große Spannungen nicht aufgenommen werden, die Spannungen können die Bruchfestigkeit $f_{u, k}$ nicht überschreiten. Diese Unstimmigkeit löst sich auf, wenn man die Euler-Hyperbel nur bis zur Elastizitätsgrenze führt. Für Spannungen über der Elastizitätsgrenze gelten nicht mehr das Hookesche Gesetz und der Elastizitätsmodul E, folglich auch nicht mehr die Eulersche Knickformel. In diesem Bereich wird deshalb die Kurve für die Knickspannung σ_{ki} durch die Bruchfestigkeit $f_{u, k}$ bestimmt, auf deren Wert sie tangential zuläuft.

Die abgeminderten Spannungen $k \cdot \sigma_{Rd}$ ergeben sich, wenn man σ_{ki} durch den Teilsicherheitsfaktor γ_M teilt.

**Bemessung für Stahl oder Holz
nach k-Verfahren**

Die oben beschriebenen Erkenntnisse
wurden zu einem sehr einfach zu hand-
habenden Bemessungsverfahren zusammengefaßt, dem sogenannten »k-Verfahren«.

Bemessen wird nach der Formel:

$$N_{Rd} = A \cdot \sigma_{Rd} \cdot k$$

bzw.

$$\sigma_d = \frac{N_d}{A} \leq \sigma_{Rd} \cdot k$$

k-Tabellen H 3 und St 3

$\lambda \longrightarrow k$

hierbei kann k in Abhängigkeit von Schlankheit und von dem gewählten Material (NH,
BSH oder Stahlgüte und Querschnittform)
den k-Tabellen entnommen werden.

$$\lambda = \frac{s_k}{\min i} \Rightarrow k$$

Auch bei Längskraft sind die Teilsicherheitsbeiwerte für das Material schon in die Tabellenwerte eingearbeitet.

Anmerkung:

Die vollständige Bezeichnung für die Last,
also auf der Einwirkungsseite, lautet:

$$N_{Sd}$$

Wir versuchen jedoch, die Flut der Indizes
nach Möglichkeit klein zu halten und werden
deshalb den Index S für Lasten (Einwirkungen) weglassen, wenn auch ohne ihn Klar-
heit besteht. Wir schreiben also nur

$$N_d$$

Zur Unterscheidung ist es dann aber unbedingt erforderlich, auf der Seite der Beanspruchbarkeit (Widerstand) den Index R
immer zu schreiben.

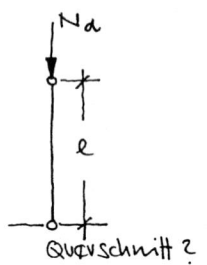

 Beispiel 9.2.2.1

gegeben: Druckkraft N_d [kN]
          (einschließlich geschätztem
          Stützengewicht)
          Stützhöhe l
          Eulerfall $\Rightarrow s_k$
          Material $\Rightarrow \sigma_{Rd}$

schätzen: Querschnitt

           Erster Anhaltspunkt:

$$A \geq \frac{N_d}{\sigma_{Rd}}$$

Tabellen

ermitteln: A

            min i $\Leftarrow$ | Querschnittstabelle

                              Falls der Querschnitt
                              nicht in der Tabelle
                              enthalten:

                              $$\min i = \sqrt{\frac{\min I}{A}}$$

$$\lambda = \frac{s_k}{\min i}$$

            $\Downarrow$ | k-Tabelle für das
            k $\Leftarrow$ | gewählte Material

nachweisen: $$\sigma_d = \frac{N_d}{\text{vorh A}}$$

überprüfen: $\sigma_d \leq \sigma_{Rd} \cdot k$

Ist $\sigma \geq \sigma_{Rd} \cdot k$, so muß ein neuer Querschnitt geschätzt werden.

Ist $\sigma \ll \sigma_{Rd} \cdot k$, also wesentlich kleiner, so wäre diese Bemessung zwar standsicher, aber verschwenderisch. Dann ist eine neue Schätzung im Sinne der Wirtschaftlichkeit anzuraten, falls nicht andere Gründe – z. B. Gleichheit von Stützen über mehrere Geschosse – diese Überbemessung rechtfertigen.

Meist wird erst nach mehreren Schätzungen der richtige Querschnitt gefunden, also nicht verzweifeln, wenn's nicht gleich klappt!

Beispiel 9.2.2.2

Hier sei die Abmessung der Stütze gegeben und gefragt, welche Last die Stütze zu tragen vermag.

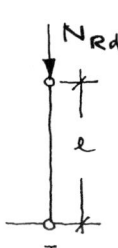

gegeben: Querschnitt
Stützhöhe $\left.\begin{array}{l}1\\ \text{Eulerfall}\end{array}\right\}$ s_k
Material $\Rightarrow$ σ_{Rd}

ermitteln: A
min i

$$\lambda = \frac{s_k}{\min i}$$

Stahl: Holz:

k-Tabelle für die   k-Tabelle für das
gewählte Stahlgüte   gewählte Material
und Querschnittsform

nachweisen: $N_d = \sigma_{Rd} \cdot k \cdot A$

9.2.3 Ausbildung von Druckstützen

Eine Stütze mit kreisförmigem Querschnitt hat in jeder Richtung das gleiche Trägheitsmoment I und damit den gleichen Trägheitsradius i.

Das gilt auch für das Rohr. Hier aber kommt ein entscheidender Vorteil hinzu: Das Material ist weit außen angeordnet, Trägheitsmoment und Trägheitsradius sind daher größer als beim vollen kreisförmigen Querschnitt mit gleicher Querschnittsfläche. Der Dünne der Wandung sind allerdings Grenzen gesetzt: Eine allzu dünne Wandung könnte ausbeulen.

Das Rohr ist der günstigste Querschnitt für eine tragende Stütze. Stahlstützen werden deshalb oft als Rohre ausgebildet. Weil es aber schwer ist, Wände, Fenster etc. an Stützen mit rundem Querschnitt anzuschließen, werden für Anschlußmöglichkeiten andere Querschnitte (z. B. Quadratrohre) bevorzugt – der kreisrunde Rohrquerschnitt ist vor allem für freistehende Stützen geeignet.

Wegen der großen Vorteile hinsichtlich des Knickverhaltens werden die geschlossenen rohrähnlichen Profile mit den k-Werten der Knickspannungslinie a berechnet (KSL a).

Die offenen symmetrischen IPE- und IPB-Profile sind wesentlich ungünstiger. Für sie gilt Knickspannungslinie b oder c (KSL b oder KSL c). Näheres dazu in Tabelle St 3.2.5.

Noch knickgefährdeter sind die offenen unsymmetrischen Profile. Für sie ist Knickspannungslinie c (KSL c) maßgebend.

Für Holzstützen, gemauerte Pfeiler und Stahlbetonstützen sind quadratische Querschnitte günstig. Rechteckquerschnitte mit gleicher Fläche sind stärker knickgefährdet. Hier werden die k-Werte nur nach dem Material unterschieden.

Tabellen St 3.2.3 bis 3.2.5

Knickspannungslinie a

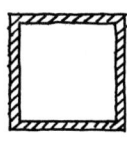

Knickspannungslinie b oder c

Knickspannungslinie c

σ_{Rd}

 Holzstützen stoßen meist oben und unten gegen andere Holzbauteile (Balken, Pfetten, eventuell Schwellen), deren Fasern horizontal liegen. Holz weist in Richtung der Fasern weit höhere Festigkeit auf als quer zur Faser:

Nadelholz, Sortierklasse S 10, Druck:	
In Faserrichtung Quer zur Faser	$\sigma_{c\parallel} = 1{,}3 \ kN/cm^2$ $\sigma_{c\perp} = 0{,}31 \ kN/cm^2$

Für die Flächen, in denen die Stützen auf die horizontalen Hölzer stoßen, ist die **kleinere** Grenzspannung quer zur Faser maßgebend.

Nur wenn k kleiner ist als $\dfrac{\sigma_{c\parallel}}{\sigma_{c\perp}}$ (z. B. bei Sortier-

klasse S 10 $< \dfrac{0{,}31}{1{,}3} = 0{,}24$) – also bei sehr

schlanken Stützen – nur dann ist die Knick-bemessung maßgebend.
Das trifft bei quadratischen Stützen aus Nadelholz (Vollholz) nur zu, wenn:

$$\lambda = \frac{s_k}{i} \geq 122$$

das entspricht:

$$\frac{s_k}{d} \geq 35$$

In allen anderen Fällen genügt es, nach der kleineren Spannung **quer** zur Faser zu rech-nen – und hier spielt das Knicken selbstver-ständlich keine Rolle.

Holzstützen, die oben und/oder unten gegen Hölzer mit querliegenden Fasern stoßen, können wir deshalb sehr einfach bemessen: Statt zu schätzen ermitteln wir für die Stoß-stellen quer zur Faser

$$\text{erf A} = \frac{N_d}{\sigma_{c\perp}} \qquad \begin{array}{l} \sigma_{c\perp} = 0{,}31 \ kN/cm^2 \\ \text{(Sortierklasse S 10)} \end{array}$$

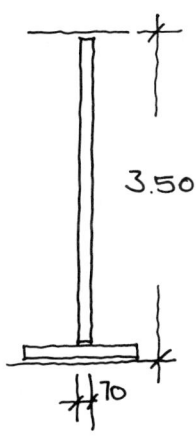

3.50

70

Nur bei sehr schlanken Stützen mit
$s_k/d > 35$

ermitteln wir dann in einem zweiten Schritt, ob der gefundene Querschnitt auch längs zur Faser gegen Knicken standhält:

$$N_{Rd} = A \cdot \sigma_{Rd\parallel} \cdot k \qquad \sigma_{Rd\parallel} = 1{,}3 \text{ kN/cm}^2$$

Durch zimmermannsmäßiges Einzapfen wird die Aufstandsfläche weiter vermindert – das Zapfenloch ist von der tragenden Fläche abzuziehen.

Solche Holzverbindungen sind als Gelenke zu werten, so daß Holzstützen – sofern sie nicht als Maste freistehen – fast immer unter Eulerfall 2 fallen.

Holzstützen im Freien müssen an ihren Fußpunkten gegen aufsteigende Feuchtigkeit geschützt werden. Eine Stütze, die mit dem Hirnholz im Feuchten steht, würde durch Kapillarwirkung der Fasern Wasser aufziehen und bald zu faulen beginnen. Der Fußpunkt muß also so ausgebildet werden, daß das *Hirnholz* trocken bleibt oder zumindest nach dem Naßwerden schnell wieder trocknen kann.

Für Stahlstützen aus *Walzprofilen* sind *Breitflanschprofile* der HE-(bisher IPB)-Reihe geeignet. Der Unterschied zwischen I_y und I_z und folglich auch zwischen i_y und i_z ist hier nicht so groß wie bei den schlankeren Profilen der IPE-Reihe.

Wenn allerdings die Knicklänge in der einen Richtung wesentlich kleiner ist als in der anderen und eine schmale Ansichtsfläche der Stütze erstrebt wird, so kann die unterschiedliche Steifigkeit in den beiden Achsen des IPE-Profils sinnvoll genutzt werden.

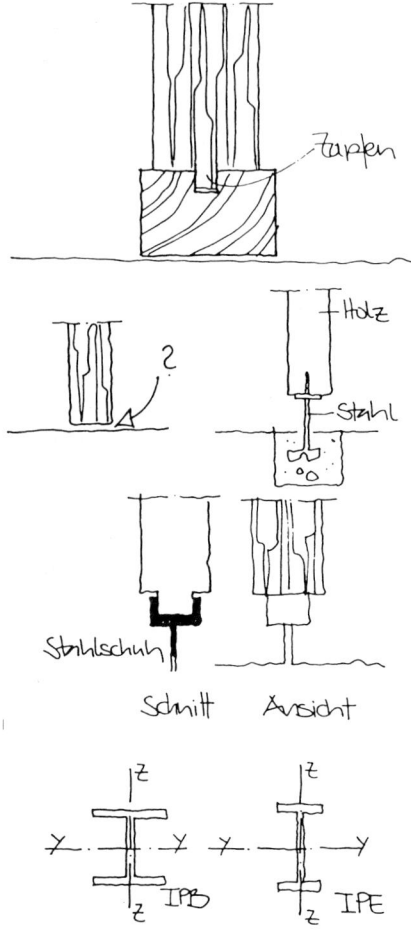

Zapfen

Holz

Stahl

Stahlschuh

Schnitt　Ansicht

IPB　IPE

Von den Werten

$$\lambda_y = \frac{s_{ky}}{i_y} \quad \text{und}$$

$$\lambda_z = \frac{s_{kz}}{i_z} \quad \text{ist dann der größere}$$

maßgebend.

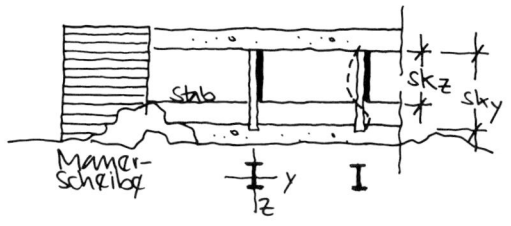

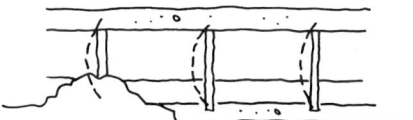

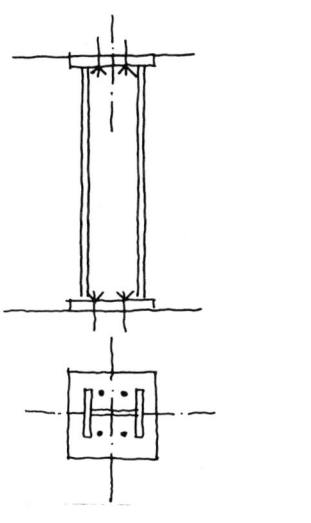

Diese unterschiedlichen Knicklängen sind gegeben, wenn z. B. horizontale Zwischensprossen, die mit einer aussteifenden Wandscheibe kraftschlüssig verbunden sind, die Knicklänge der einen Richtung unterteilen.

Unwirksam hingegen wären solche Zwischensprossen, wenn sie nur die Stützen verbinden würden, ohne irgendwo festen Halt zu finden. Sie könnten dann nur für *gemeinsames* Ausknicken in einer Richtung sorgen.

Wenn Stahlprofile oder Stahlrohre an ihren *Fuß-* oder *Kopfpunkten* ihre Kraft auf Betonteile übertragen, so müssen sie durch *Fuß-* oder *Kopfplatten* geschlossen werden. Deren Aufgabe ist es, die Kraft aus der Stütze auf eine genügend große Betonfläche zu verteilen, denn das σ_{Rd} des Betons ist wesentlich kleiner als das σ_{Rd} des Stahls. Außerdem bieten diese Platten Platz für Schrauben, die für die Verbindung von Stahlstütze und Beton sorgen.

 Ein solcher kreuzförmiger Querschnitt ist
gegen Knicken ungünstiger als breite
I-Profile. Ein großer Anteil der Querschnittsfläche ist in der Nähe des Flächenschwer-
punktes angeordnet und hat dort nur wenig
Einfluß auf Trägheitsmoment und Trägheitsradius.

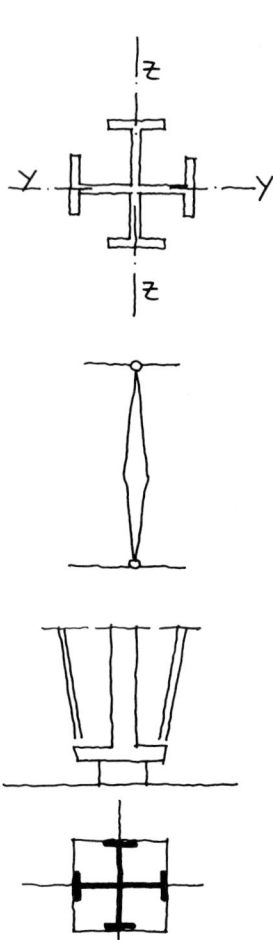

Weit günstiger ist ein *solcher* Querschnitt.
Von der Ausnutzung des Materials her gesehen, ist er noch besser als das einfache
Walzprofil; die Herstellung allerdings ist
arbeitsaufwendig.

Wenn schon der hohe Arbeitsaufwand für
eine kreuzförmige Stütze nicht gescheut wird,
so wäre zu erwägen, ob man einen (wieder-
um arbeitsaufwendigen) Schritt weitergehen
und der Stütze eine gegen Knicken besonders geeignete Form geben möchte. Die
Knickgefahr ist in der Mitte am größten, dort
also muß ihr Querschnitt am breitesten sein.
Kleine Kopf- und Fußplatten deuten die
Gelenke an. Einer solchen Ausbildung liegt
weniger eine statisch-konstruktive Notwen-
digkeit als mehr ein formales Bestreben
zugrunde, mit der das Tragverhalten des
Bauteiles zum gestalterischen Motiv erhoben
wird.

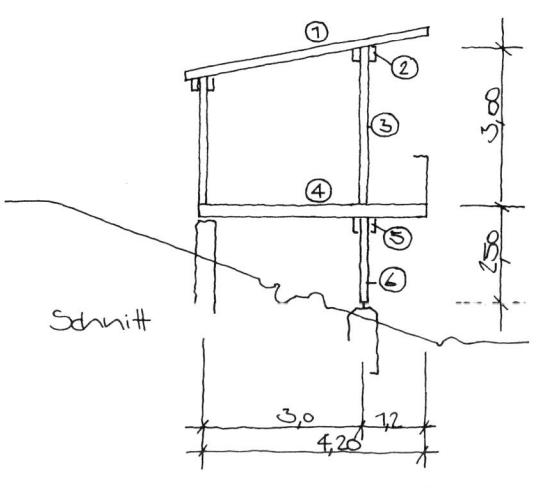

Z Zahlenbeispiel zu den Kapiteln 1 bis 9

Dieses Beispiel umfaßt den Stoff der Kapitel 1 bis 9, d. h.

Lastaufstellung
Ermittlung der Auflagerreaktionen
Ermittlung der Schnittkräfte
Bemessung der Biegeträger
Bemessung der Stützen

am Beispiel einer Hütte aus Holz

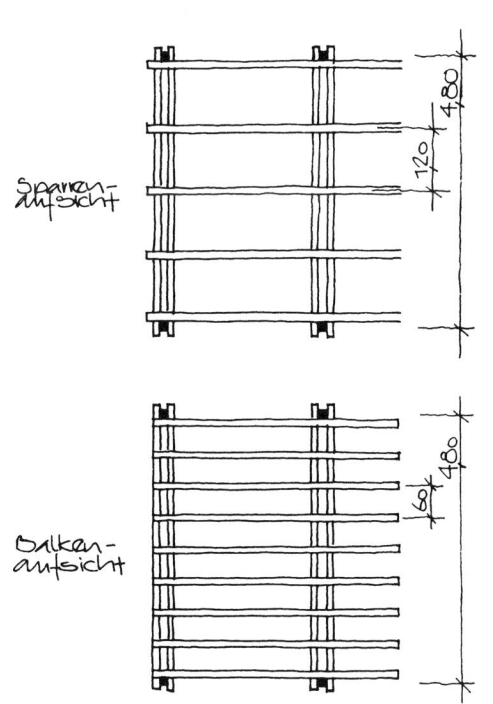

Z **Position 1: Sparren** Abstand der Sparren:
e = 1,20 m

Gebrauchslasten:

	kN/m²	kN/m
(d. h. Lasten ohne den Sicherheitsfaktor γ_F) Eindeckung, Unterdecke, Dämmung (vgl. Zahlen-beispiel Kapitel 1, Last-annahmen, Position 1) $\bar{g} =$	1,25	
Schnee (Seite 26) $\bar{s} =$	0,75	
$\bar{g} + \bar{s} = \bar{q} =$	2,00	
Last pro Sparren (Abstand: 1,20 m) $g = 1,25\ kN/m^2 \cdot 1,20\ m\ =$		1,50
$s = 0,75\ kN/m^2 \cdot 1,20\ m\ =$		0,90
Eigengewicht der Sparren (geschätzt: 8/16 cm) $0,08\ m \cdot 0,16\ m \cdot 6\ kN/m^3\ =$		$\approx 0,10$
$g + s = q =$		2,50

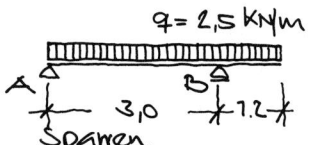

$q = 2,5\ kN/m$

A   B

3,0   1,2

Sparren

Auflager, Querkräfte, Momente (Basis-Schnittgrößen)

Anmerkung:

Es kann angenommen werden, daß bei einem gut isolierten Dach der Schnee etwa gleichmäßig verteilt liegenbleibt. Deshalb wird nur der Lastfall *Vollast* untersucht.

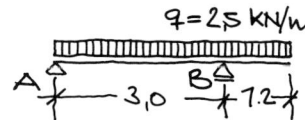

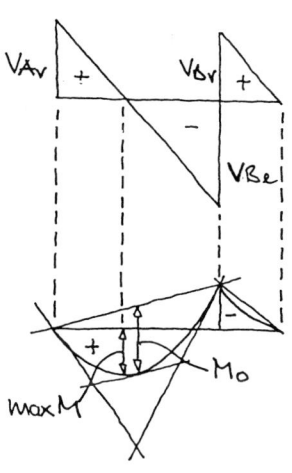

Z **Lastfall** *Vollast*

Auflager:

$$- B \cdot 3{,}0 + 2{,}50 \cdot \frac{4{,}2^2}{2} = 0 \qquad \Bigg| \; \Sigma \, M = 0$$

$$\Rightarrow \quad \underline{B = 7{,}35 \text{ kN}}$$

$$A + 7{,}35 - 2{,}50 \cdot (3{,}0 + 1{,}20) = 0 \qquad \Bigg| \; \Sigma \, V = 0$$

$$\Rightarrow \quad \underline{A = 3{,}15 \text{ kN}}$$

Dem aufmerksamen Leser wird auffallen, daß die Zahlen meist ohne die zugehörigen Dimensionsangaben (m, kN etc.) geschrieben sind. Hier übernehmen wir eine praxisübliche, zwar schlampige aber platzsparende Methode.

Querkräfte:

$V_{Al} = 0$

$V_{Ar} = A = 3{,}15 \text{ kN}$

$V_{Bl} = 3{,}15 - 2{,}50 \cdot 3{,}0 = -4{,}35 \text{ kN}$

$V_{Br} = -4{,}35 + 7{,}35 \quad = \quad 3{,}00 \text{ kN}$

$V_1 \; = 3{,}00 - 2{,}50 \cdot 1{,}2 = \quad 0 \quad \text{kN}$

Momente:

$x = 3{,}15 / 2{,}50 = 1{,}26 \text{ m}$

$$\max M = 3{,}15 \cdot 1{,}26$$
$$\qquad\quad - \frac{2{,}50 \cdot 1{,}26^2}{2} \; = \; 1{,}98 \text{ kN} \cdot \text{m}$$

$$\min M_B = - \frac{2{,}50 \cdot 1{,}2^2}{2} \; = -1{,}80 \text{ kN} \cdot \text{m}$$

$$M_{0\text{Feld}} \; = \frac{2{,}50 \cdot 3{,}0^2}{8} \; = \; 2{,}81 \text{ kN} \cdot \text{m}$$

$$M_{0\text{kr}} \; = \frac{2{,}50 \cdot 1{,}2^2}{8} \; = \; 0{,}45 \text{ kN} \cdot \text{m}$$

Z **Bemessungs-Schnittgrößen:**

max Querkraft: $V_d = V \cdot \gamma_F$

$V_{Bed} = 4{,}35 \text{ kN} \cdot 1{,}4 = \underline{6{,}09 \text{ kN}}$

Momente: $M_d = M \cdot \gamma_F$

$\max M_d = 1{,}98 \text{ kN} \cdot \text{m} \cdot 1{,}4 = \underline{\underline{2{,}77 \text{ kN} \cdot \text{m}}}$

Tabellen H 1

Bemessung:

Nadelholz Sortierklasse S 10
$\sigma_{Rd} = 1{,}5 \text{ kN/cm}^2$

$$\text{erf } W = \frac{2{,}77 \cdot 100}{1{,}5} = 185 \text{ cm}^3 \qquad \left[\frac{\text{kN} \cdot \text{m} \cdot 100}{\text{kN}/\text{cm}^2} = \text{cm}^3 \right]$$

Tabellen H 2.2

$\Rightarrow$ gew: $\boxed{6/14}$ $\quad$ vorh $W_y = \dfrac{6 \cdot 14^2}{6} = 196 \text{ cm}^3$

$> \text{erf } W$

Tabellen H 1

$$\tau_0 = \frac{6{,}09 \cdot 3}{6 \cdot 14 \cdot 2} = 0{,}11 \text{ kN/cm}^2$$

$$< \tau_{Rd} = 0{,}15 \text{ kN/cm}^2$$

Anmerkung:

Bitte nennen Sie cm^3 bei Widerstandsmomenten nicht *Kubikzentimeter*, sondern *Zentimeter hoch drei.*

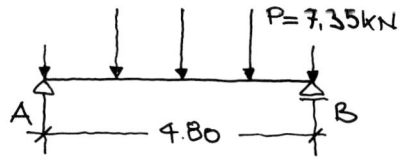

Position 2: Zange

Lasten:

	kN/m	kN
Einzellasten aus Position 1, B = 7,35 kN		7,35
Eigengewicht, geschätzt 2 · 10/24	0,3	
Die Einzellasten werden im folgenden als gleichmäßig verteilt betrachtet		
7,35 kN/1,2 =	6,13	
q =	6,43	

Auflager, Querkräfte, Momente (Basis-Schnittgrößen)

$$A = B = 6,43 \cdot \frac{4,80}{2} = 15,43 \text{ kN}$$

$$V_{Ar} = - V_{Bl} = A \qquad = 15,43 \text{ kN}$$

$$\max M = \frac{6,43 \cdot 4,80^2}{8} = 18,52 \text{ kN} \cdot \text{m}$$

Bemessungs-Schnittgrößen:

$$A_d = B_d = 15,43 \text{ kN} \cdot 1,4 \qquad = 21,60 \text{ kN}$$

$$V_{Ard} = V_{Bed} = 15,43 \text{ kN} \cdot 1,4 \qquad = 21,60 \text{ kN}$$

$$\max M_d = 18,52 \text{ kN} \cdot \text{m} \cdot 1,4 = 25,93 \text{ kN} \cdot \text{m}$$

Tabellen H 1 $\mathbb{Z}$ **Bemessung:**   Nadelholz Sortierklasse S 10

$\sigma_{Rd} = 1{,}5$ kN/cm^2

$$\text{erf W} = \frac{25{,}93 \cdot 100}{1{,}5} = 1729 \text{ cm}^3$$

Tabellen H 2 $\Rightarrow$ gew: $\boxed{2 \cdot 10/24}$ vorh $W_y = 2 \cdot \dfrac{10 \cdot 24^2}{6} = 1920$ cm^3

$> \text{erf W}$

Tabellen H 1 $$\tau_0 = \frac{21{,}60 \cdot 3}{2 \cdot 10 \cdot 24 \cdot 2} = 0{,}07 \text{ kN/cm}^2$$

$< \tau_{Rd} = 0{,}15$ kN/cm^2

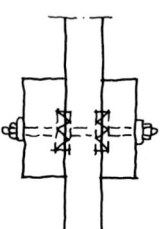

Anschluß: Zange – Stütze
2 Dübel, Tragkraft je 11,2 kN (siehe Tabelle H 4, Dübel)
ges. Tragkraft: 2 · 11,2 = 22,4 kN > 21,6 kN

Hier ist darauf zu achten, daß die Hölzer mindestens die
für die verwendeten Dübel erforderlichen, in der Dübel-
Tabelle angegebenen Abmessungen haben.

Tabellen H 1

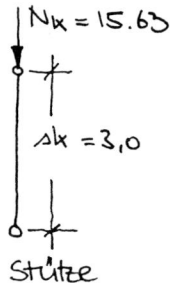

$N_k = 15.63$

$s_k = 3,0$

Stütze

 Position 3: Stütze

Gebrauchslasten:	kN
aus Position 2, A = 15,43 kN	15,43
Eigengewicht, geschätzt 10/10	
0,1 m · 0,1 m · 3 m · 6,0 kN/m³	0,20
$N_k = G + S =$	15,63

Bemessungs-Last:

$G_d + S_d = 15,63 \cdot 1,4 = \underline{21,88 \text{ kN}}$

Bemessung: Nadelholz
Sortierklasse S 10
$\sigma_{cll} = 1,3 \text{ kN/cm}^2$

(Die Stütze bemessen wir nach der Grenz-Druckspannung in Faserrichtung σ_{cll}.)

Eulerfall 2, $s_k = 3,0$ m

geschätzt: 10/10 cm $\Rightarrow i_x = i_y = 2,89$ cm

$$\lambda = \frac{300}{2,89} = 104$$

$\Rightarrow k = 0,307$

$$\sigma_d = \frac{21,88}{10 \cdot 10} = 0,219 \text{ kN/cm}^2$$

$$< \sigma_{cll} \cdot k = 1,3 \cdot 0,307 = 0,399 \text{ kN/cm}^2$$

oder:

$N_{Rd} = 10 \cdot 10 \cdot 1,3 \cdot 0,307 = 39,91$ kN

oder:

Tabellen H 3

Traglast ablesen aus Tabelle H 3.2.4

Siehe Anmerkung zu Position 6! Wie dort begründet, wird aus konstruktiven Erwägungen eine durchgehende Stütze 12/12 angeordnet.

Ⓩ **Position 4: Balken**   Abstand der Balken: $e = 0,60$ m

Gebrauchslasten:			kN/m²	kN/m	kN
1. Unter Wohnraum:					
Belag, Dämmung, Schalung etc. (vgl. Zahlenbeispiel Kapitel 1, Lastannahmen Position 5)	$\bar{g}$	=	0,62		
Verkehrslast Wohnraum	$\bar{p}$	=	2,00		
$\bar{g} + \bar{p} = \bar{q}$		=	2,62		
Eigengewicht Balken geschätzt 10/20				0,12	
aus $\bar{g}$: 0,62 kN/m² · 0,60 m				0,37	
	g	=		0,49	
aus $\bar{p}$: 2,00 kN/m² · 0,60 m =	p_1	=		1,20	
$g_1 + p_1 = q_1$		=		1,69	
2. Balkon:					
wie oben	$\bar{g}$	=	0,62		
Verkehrslast	$\bar{p}_2$	=	5,00		
$\bar{g}_2 + \bar{p}_2 = \bar{q}_2$		=	5,62		
wie oben	g	=		0,49	
aus $\bar{p}_2$: 5,00 kN/m² · 0,60 m =	p_2	=		3,00	
$g_2 + p_2 = q_2$		=		3,49	
3. Geländerholm:					
	F_H	=		0,50	
je Balken: 0,50 kN/m · 0,60 m		=			0,30

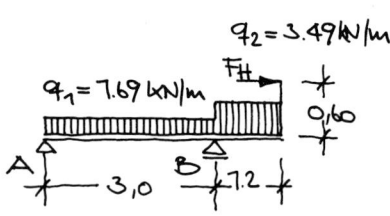

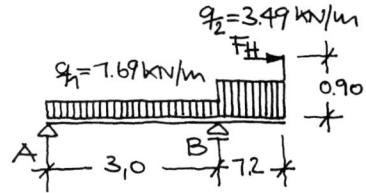

Auflager, Querkräfte, Momente (Basis-Schnittgrößen)

Im folgenden werden die Schnittkräfte nach der in Kapitel 6 unter E besprochenen schnelleren Methode ermittelt.

Lastfall 1, Vollast

$$\min M_1 \text{ (aus Geländer)} = -0{,}3 \cdot 0{,}9$$
$$= -0{,}27 \text{ kN} \cdot \text{m}$$

$$\min M_B = -\frac{3{,}49 \cdot 1{,}2^2}{2} - 0{,}3 \cdot 0{,}9$$

$$= -2{,}78 \text{ kN} \cdot \text{m}$$

$$A = \frac{1{,}69 \cdot 3{,}0}{2} - \frac{2{,}78}{3{,}0} = 1{,}61 \text{ kN}$$

$$\max B = \frac{1{,}69 \cdot 3{,}0}{2} + 3{,}49 \cdot 1{,}2 + \frac{2{,}78}{3{,}0}$$

$$\max B = 7{,}65 \text{ kN}$$

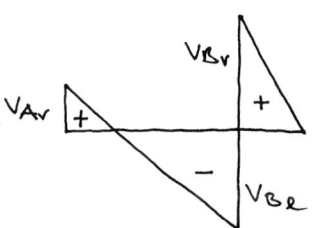

Querkräfte:
$$V_{Ar} = A = 1{,}61 \text{ kN}$$
$$V_{Bl} = 1{,}61 - 1{,}69 \cdot 3{,}0 = -3{,}46 \text{ kN}$$
$$V_{Br} = -3{,}46 + 7{,}65 = 4{,}19 \text{ kN}$$
$$V_1 = 4{,}19 - 3{,}49 \cdot 1{,}2 = 0$$

Lastfall 2

$$\min M_1 = -0{,}3 \cdot 0{,}9 = -0{,}27 \text{ kN} \cdot \text{m}$$
(wie Lastfall 1)

$$\min M_B \text{ (siehe Lastfall 1)} = -2{,}78 \text{ kN} \cdot \text{m}$$

$$\min A = \frac{0{,}49 \cdot 3{,}0}{2} - \frac{2{,}78}{3{,}0} = -0{,}19 \text{ kN}$$

Hier wirkt also eine negative Auflagerkraft! Last aus Dach und Wand und/oder Verankerung im Fundament erforderlich!

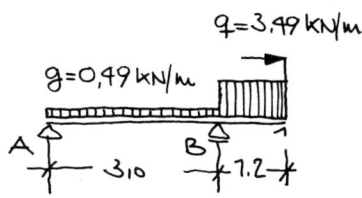

$$M_{0F} = \frac{0{,}49 \cdot 3{,}0^2}{8} = 0{,}55 \text{ kN} \cdot \text{m}$$

$$M_{0k} = \frac{3{,}49 \cdot 1{,}2^2}{8} = 0{,}63 \text{ kN} \cdot \text{m}$$

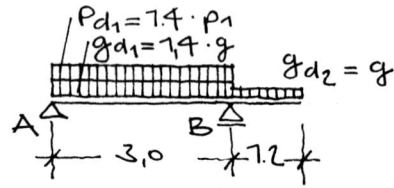

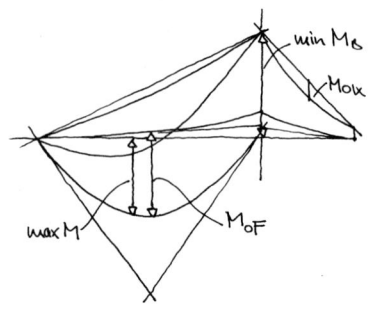

Lastfall 3

$$M_B = -\frac{0,49 \cdot 1,2^2}{2} = -0,35 \text{ kN} \cdot \text{m}$$

$$\max A = \frac{1,69 \cdot 3,0}{2} - \frac{0,35}{3,0} = 2,42 \text{ kN}$$

$$x = \frac{2,42}{1,69} = 1,43 \text{ m}$$

$$\max M_F = 2,42 \cdot 1,43 \frac{1,69 \cdot 1,43^2}{2} = 1,73 \text{ kN} \cdot \text{m}$$

$$M_{OF} = \frac{1,69 \cdot 3,0^2}{8} = 1,90 \text{ kN} \cdot \text{m}$$

$$M_{OK} = \frac{0,49 \cdot 1,2^2}{8} = 0,09 \text{ kN} \cdot \text{m}$$

$\mathbb{Z}$ **Bemessungs-Schnittgrößen:**

max Querkraft: $V_d = V \cdot \gamma_F$
$V_{Brd} = 4{,}19 \cdot 1{,}4 = \underline{5{,}87 \text{ kN}}$

Momente: $M_d = M \cdot \gamma_F$
$\left| \max M_d \right| = \min M_{Bd} = -2{,}78 \cdot 1{,}4 = \underline{\underline{-3{,}89 \text{ kNm}}}$

Bemessung:
Nadelholz
Sortierklasse S 10
$\sigma_m = 1{,}5 \text{ kN/cm}^2$

Tabellen H 1
$\text{erf } W = \dfrac{3{,}89 \cdot 100}{1{,}5} = 259 \text{ cm}^3$

Tabellen H 2
$\Rightarrow$ gew: $\boxed{8/16}$ vorh $W_y = 341 \text{ cm}^3 > \text{erf } W$
vorh $I_y = 2730 \text{ cm}^4$

Tabellen H 1
$\tau_0 = \dfrac{5{,}87 \cdot 3}{8 \cdot 16 \cdot 2} = 0{,}069 \text{ kN/cm}^2$

$< \tau_{Rd} = 0{,}15 \text{ kN/cm}^2$

Tabellen TS 1
$\text{erf } I = 312 \cdot 1{,}90 \cdot 3{,}0 - 375 \cdot \dfrac{0{,}35}{2} \cdot 3{,}0 = 1582 \text{ cm}^4$

$< \text{vorh } I = 2730 \text{ cm}^4$

Tabellen H 1

Neben den Grenzspannungen ist auch die zulässige Durchbiegung einzuhalten. Sie wird aus den Basismomenten ermittelt. Wir nehmen die zulässige Durchbiegung mit

$\text{zul } \delta = \dfrac{1}{300}$ an (Tabelle H 1.3).

E **Genauere Untersuchung der Biegemomente**

Wir haben bisher vereinfachend aus den Gebrauchslasten die Basis-Schnittgrößen ermittelt und diese dann mit dem Teil-Sicherheitsbeiwert $\gamma_F = 1,4$ multipliziert. Dieses Verfahren erbringt exakte Werte für Einfeldträger ohne Kragarme.

Bei Trägern mit Kragarmen jedoch ist zu bedenken, daß Lasten auf diesen Kragarmen das Feldmoment und die gegenüberliegende Auflagerkraft **verringern**. Diese Kragarmlasten dürfen deshalb bei Untersuchung dieser Schnittgrößen **nicht** mit $\gamma_F = 1,4$ multipliziert werden.

Dies wird im Folgenden für Position 4 zum Vergleich untersucht. Hierbei werden zunächst die Bemessungslasten und aus diesen unmittelbar die Bemessungsgrößen ermittelt.

Bemessungs-Lasten:

Für den maßgebenden Lastfall $\Rightarrow$ max M im Feld

im Feld:
$$g_{d1} + p_{d1} = (0,49 + 1,20) \cdot 1,4 \qquad = 2,37 \text{ kN/m}$$

auf dem Kragarm: $g_{d2} = 0,49 \cdot 1,0 = 0,49 \text{ kN/m}$

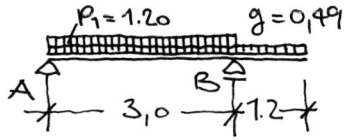

Z   **Bemessungs-Schnittgrößen max M und A:**

$$M_B = -\frac{0{,}49 \cdot 1{,}0 \cdot 1{,}2^2}{2} = -0{,}35 \text{ kNm}$$

$$A = \frac{(1{,}20 + 0{,}49) \cdot 1{,}4 \cdot 3{,}0}{2} - \frac{0{,}35}{3{,}0} = 3{,}43 \text{ kN}$$

$$x = \frac{3{,}43}{(1{,}2 + 0{,}49) \cdot 1{,}4} = 1{,}45 \text{ m}$$

$$\text{max } M = 3{,}44 \cdot 1{,}45 - \frac{(1{,}2 + 0{,}49) \cdot 1{,}4 \cdot 1{,}45^2}{2}$$

$$\underline{\underline{\text{max } M_d = 2{,}50 \text{ kNm}}}$$

Die vereinfachte Berechnung mit durchgehend $\gamma_F = 1{,}4$ hätte ergeben (vergl. Lastfall 3):

$$A = 2{,}42 \cdot 1{,}4 = 3{,}39 \text{ kN}$$

$$\text{max } M = 1{,}73 \cdot 1{,}4 = 2{,}42 \text{ kNm}$$

Der Unterschied ist also gering. Er beträgt 1,5% für A und 3,3% für max M. Er wäre aber größer bei einem höheren Anteil der ständigen Last g (z. B. bei Stahlbeton).

Eurocode differenziert die Teilsicherheitsbeiwerte γ_F noch stärker.

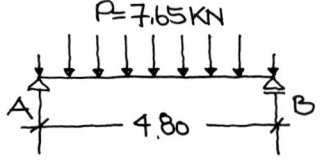

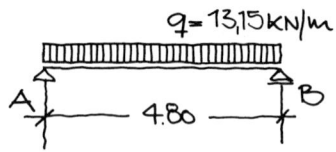

Z Position 5: Zange

Gebrauchslasten:

	kN/m	kN
Einzellasten aus Position 4		
max B =		7,65
Eigengewicht, geschätzt		
2 · 10/30	0,40	
Die Einzellasten werden wie		
in Position 2 als gleichmäßig		
verteilt (»verschmiert«)		
betrachtet 7,65 kN/0,6 m	12,75	
g + p = q =	13,15	

**Auflager, Querkräfte, Momente
(Basis-Schnittgrößen)**

$$A = B = 13,15 \cdot \frac{4,8}{2} = 31,56 \text{ kN}$$

$$V_{Ar} = -V_{Bl} = A = 31,56 \text{ kN}$$

$$\max M = \frac{13,15 \cdot 4,8^2}{8} = 37,87 \text{ kNm}$$

Bemessungs-Schnittgrößen:

$$A_d = B_d = 31,56 \cdot 1,4 = 44,18 \text{ kN}$$

$$V_{Ard} = V_{Bld} = A_d = 44,18 \text{ kN}$$

$$\max M_d = 37,87 \cdot 1,4 = 53,02 \text{ kNm}$$

Z **Bemessung:** Verleimter Träger
(Brettschichtholz) BS 11
$\sigma_m = 1,5 \text{ kN/cm}^2$

Tabellen H 1

$$\text{erf } W = \frac{53,02 \cdot 100}{1,5} = 3535 \text{ cm}^3$$

Tabellen H 2

$$\Rightarrow \text{gew}: \boxed{2 \cdot 12/30} \quad \text{vorh } W_y = 2 \cdot \frac{12 \cdot 30^2}{6} = 3600 \text{ cm}^3$$

$$> \text{erf } W$$

Tabellen H 1

$$\tau_0 = \frac{44,18 \cdot 3}{2 \cdot 12 \cdot 30 \cdot 2} = 0,09 \text{ kN/cm}^2 < \text{zul } \tau$$

$$< \tau_{Rd} = 0,17 \text{ kN/cm}^2$$

Tabellen H 4

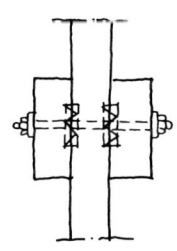

Anschluß Zange – Stütze:
2 Dübel, Tragkraft je = 24,7 kN
siehe Tabellen H 4

Tabellen H 1

Position 6: Stütze | Nadelholz Sortierklasse, S 10

$\sigma_{cII} = 1,3 \text{ kN/cm}^2$

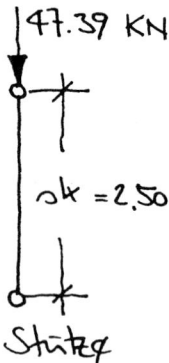

47.39 KN

$s_k = 2.50$

Stütze

Gebrauchslasten:

		kN
aus Position 3		15,63
aus Position 5, A = 31,56	≈	31,56
Eigengewicht, geschätzt		0,20
G + P + S =		47,39

Bemessungs-Last:

$G_d + P_d + S_d = 47,39 \cdot 1,4 = 66,35 \text{ kN}$

Bemessung: | Nadelholz Sortierklasse S 10

$\sigma_{cII} = 1,3 \text{ kN/cm}^2$

Eulerfall 2, $s_k = 2,5$ m
geschätzt: 12/12 cm → i = 3,47 cm

$$\lambda = \frac{250}{3,47} = 72 \Rightarrow k = 0,55$$

$$\sigma_d = \frac{66,35}{0,55 \cdot 12 \cdot 12} = 0,84 \text{ kN/cm}^2$$

$$< \sigma_{cII} = 1,3 \text{ kN/cm}^2$$

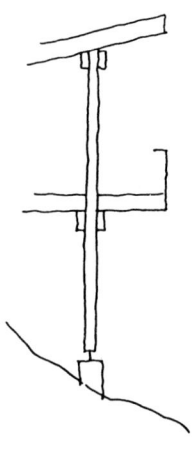

Anmerkung:

Aus konstruktiven Gründen ist es sinnvoll, die Stützen Position 3 und 6 aus **einem Stück** auszubilden, d. h. eine durchgehende Stütze 12/12 anzuordnen.

Z **Anstelle der Zange Position 5** bemessen wir einen **Stahlträger.** In dieser Holzhütte wäre ein Stahlträger nicht nur unpassend, sondern auch konstruktiv problematisch. Er sei hier nur als Zahlenbeispiel zum Vergleich besprochen.

Gebrauchslasten:

	kN/m	kN
Einzellasten aus Position 4, max B		7,65
Eigengewicht, geschätzt	0,30	
Einzellasten »verschmiert«:		
7,65 kN/0,6 m	12,75	
$q =$	13,05	

Auflager, Querkräfte, Momente (Basis-Schnittgrößen)

$$A = B = 13{,}05 \cdot \frac{4{,}8}{2} = \underline{31{,}32 \text{ kN}}$$

$$V_{Ar} = -V_{Bl} = A = 31{,}32 \text{ kN}$$

$$\max M = \frac{13{,}05 \cdot 4{,}8^2}{8} = \underline{\underline{37{,}58 \text{ kN} \cdot \text{m}}}$$

Bemessungs-Schnittgröße:

$$\max M_d = \max M \cdot \gamma_F$$
$$= 37{,}58 \cdot 1{,}4 = \underline{52{,}61 \text{ kN} \cdot \text{m}}$$

Bemessung: St 37
$$\sigma_{Rd} = 21{,}8 \text{ kN/cm}^2$$

$$\text{erf } W = \frac{\max M_d}{\sigma_{Rd}} = \frac{52{,}61 \cdot 100}{21{,}8} = 241 \text{ cm}^3$$

gew: $\boxed{\text{IPE 220}}$ $W_y = 252 \text{ cm}^3$
$$G = 26{,}2 \text{ kg/m} \triangleq 0{,}26 \text{ kN/m}$$

Z **Anstelle der Stütze Position 6** wird hier eine **Stütze in Stahl** bemessen, auch dies nur zum Vergleich als Zahlenbeispiel.

Gebrauchslasten:

		kN
aus Position 3		15,63
aus Position 5, A = 31,56 kN	≈	31,56
Eigengewicht, geschätzt:		
2,5 m · 20 kg/m		
entspricht: 2,5 m · 0,2 kN/m		0,5
	$N_k =$	47,69

(Das Eigengewicht G der Profile ist zunächst Masse, deshalb in den Tabellen in kg angegeben. 100 kg entsprechen einer Erdanziehung von ca. 1,0 kN.)

Bemessungs-Last:

$N_d = \gamma_F \cdot N_k$
$N_d = 1,4 \cdot 47,69 \text{ kN} = \underline{66,8 \text{ kN}}$

Bemessung: St 37
                                   $\sigma_{Rd} = 21,8 \text{ kN/cm}^2$

$N_d = 66,8$ kN
Eulerfall 2
$s_k = 2,5$ m

geschätzt: IPBl 100 $A = 21,2 \text{ cm}^2$
           (HEA)   min $i_z = 2,51 \text{ cm}^2$

$\lambda = \dfrac{250}{2,51} = 100$

Tabellen 3.2.3

Z Mit diesem Wert λ, der die Schlankheit der Stütze angibt, suchen wir im Tabellenband unter St 3, Tabelle 3.2.3, den Knickbeiwert k. Unter St 37, also der gewählten Stahlqualität, finden wir drei Spalten. Spalte a gilt für geschlossene Querschnitte, d. h. Rohre aller Art, Spalte b und c für symmetrische offene und Spalte c für unsymmetrische offene Querschnitte. Unser Profil fällt unter c (vgl. Seite 184).

Für λ = 100 finden wir KSL c:
$\quad$ k = 0,497

Daraus folgt:

N_{Rd} = 21,2 cm^2 · 0,497 · 21,8 kN/cm^2 = 229,7 kN
$\qquad\qquad\qquad\qquad\qquad\qquad$ > 66,8 kN

gew: $\boxed{\text{HEA 100}}$ (bisher: IPBl 100)

Obwohl hier das kleinste der Breitflansch-Profile gewählt wurde, ist diese Stütze weit überbemessen.

Z   Als **wirklichkeitsnäheres Beispiel** sei eine
Stütze mit einer ca. zehnfachen Last und
der doppelten Knicklänge bemessen.
Es sei:

$N_k = 480$ kN   (Eigengewicht inbegriffen)

$N_d = 480$ kN $\cdot$ 1,4 = 672 kN

Bemessung:

Tabellen St 2.3

geschätzt: HE-B 200 $A = 78,1$ cm^2
                             min i = 5,07 cm

$$\lambda = \frac{500}{5,07} = 99 \Rightarrow k = 0,497 \quad \text{(KSL c)}$$

Tabellen St 3.2

$N_{Rd} = 78,1$ cm$^2 \cdot 0,497 \cdot 21,8$ kN/cm$^2 = 846$ kN
                                    > 672 kN $= N_d$

(Auf das Interpolieren der k-Werte wurde hier
verzichtet; auch mit dem kleineren, d.h.
sichereren Wert aus der Tabelle – hier
k = 0,497 für λ = 100 – konnte der Nachweis
geführt werden. Nur wenn es knapp wird, ist
Interpolieren erforderlich.)

10 Wände und Pfeiler aus Mauerwerk

 Wände begrenzen in der Regel Räume. Sie haben die Aufgabe, vor Umwelteinflüssen zu schützen. Wir unterscheiden:

- tragende Wände und
- nichttragende Wände.

»Tragend« heißt eine Wand dann, wenn sie außer ihrem Eigengewicht auch Lasten aus Decken, Dach, anderen Wänden o. ä. abträgt. Aussteifende Wände dienen der Aussteifung des Gebäudes oder der Knickaussteifung tragender Wände. Sie gehören mit zu den tragenden Wänden, da sie eine anteilige Last aus den Decken mitübernehmen und vor allen Dingen zur Weiterleitung der horizontalen Kräfte herangezogen werden.

»Nichttragende« Wände sind, außer daß sie Belastung für die Decke darstellen, ohne statische Bedeutung und können weder zur Aufnahme vertikaler noch horizontaler Lasten herangezogen werden.

Mauerwerk für tragende Wände wird aus genormten Steinen und Mörteln mit garantierten Mindest-Festigkeiten hergestellt. Aus den Güten beider Komponenten ergibt sich die zulässige Mauerwerksfestigkeit (siehe Tabelle über die Festigkeiten der Mauersteine).

Nichttragende Wände werden meistens aus leichten Steinen oder Platten aufgerichtet.

Bezeichnung		Roh-dichte-klasse kg/dm³	Festigkeitsklassen N/mm²										Vorzugs-formate
			2	4	6	8	12	20	28	36	48	60	
Mauerziegel DIN 105 Teil 1 bis 4		0,7			•								5DF, 8DF, 10DF, 12DF, 16DF, 20DF
HLz	Hochlochziegel 0,7–1,4 kg/dm³	0,8			•	•	•						
		0,9			•	•	•						
VHLz	Hochlochziegel, frostbeständig, 1,0–1,4 kg/dm³	1,0			•	•	•						NF, 2DF, 3DF, 5DF
MZ	Vollziegel 1,6–1,8 kg/dm³	1,2					•	•					
		1,4					•	•	•				
VMz	Vollziegel, frostbeständig 1,6–1,8 kg/dm³	1,6					•	•	•				DF, NF, 2DF
KHLz	Hochlochklinker 1,6–1,8 kg/dm³	1,8					•	•	•	•	•	•	
KMz	Vollklinker 2,0–2,2 kg/dm³	2,0					•	•	•			•	DF, NF
		2,2										•	
Kalksandsteine DIN 106 Teil 1 und 2		0,7		•	•								NF, 2DF, 3DF, 4DF, 5DF, 8DF, 10DF, 12DF, 16DF
KS L	Lochsteine 0,7–1,6 kg/dm³	0,8		•	•	•							
		0,9			•	•	•						
KS Vm L	Vormauersteine, gelocht 1,0–1,6 kg/dm³	1,0				•	•						
KS Vb L	Verblender, gelocht 1,0–1,6 kg/dm³	1,2				•	•						
KS Vm	Vormauersteine, voll 1,8–2,2 kg/dm³	1,4				•	•	•					
KS Vb	Verblender, voll 1,8–2,2 kg/dm³	1,6					•	•	•				
KS	Vollsteine 1,6–2,2 kg/dm³	1,8					•	•	•	•			DF, NF, 2DF, 3DF, 5DF, 10DF, 12DF, 20DF
		2,0					•	•	•	•	•	•	
		2,2							•				
Gasbetonsteine/Porenbetonsteine DIN 4165		0,4	•										50
GP	Plansteine, mit Dünnbettmörtel vermauert	0,5	•										75
		0,6		•									100 / 240 125
G	Blocksteine, mit Normalmörtel vermauert	0,7		•	•								300 150 124
		0,8		•	•	•							332 × 175 × 174 / 374 200 249
DIN 18151 HBl	Hohlblöcke aus Leichtbeton	0,5	•										175
		0,6	•										490 × 240 × 238
		0,7	•										(495) 300
		0,8	•	•									
		0,9	•	•									240 × 365 × 238
		1,0	•	•	•								(245)
		1,2	•	•	•								
		1,4	•	•	•								
DIN 18152 V	Vollsteine aus Leichtbeton	0,6	•										115 95 / 240 × 115 × 113
		0,7	•	•									175 113
Vbl	Vollblöcke aus Leichtbeton	0,8	•	•	•								175
		0,9	•	•									495 × 240 × 238 / 300
		1,0	•	•									
		1,2	•	•	•								300 × 240 × 115 / 245 × 365 × 238
		1,4	•	•	•								
		1,6		•	•	•							240 115 / 490 × 300 × 115
		1,8		•	•	•							240 95
DIN 18153 Hbn	Mauersteine aus Beton	1,2		•									145 × 115 × 238
		1,4			•								305 × 115 × 238
		1,6			•	•							
		1,8					•						370 × 115 × 238

Steinfestig-keitsklasse	NM Normalmörtel mit Mörtelgruppe					DM Dünnbett-mörtel	LM Leichtmörtel	
	I	II	IIa	III	IIIa		LM 21	LM 36
2	0,05	0,08	0,08	–	–	0,10	0,08	0,08
4	0,07	0,12	0,13	0,15	–	0,18	0,12	0,13
6	0,08	0,15	0,17	0,20	–	0,25	0,12	0,15
8	0,10	0,17	0,20	0,24	–	0,34	0,13	0,17
12	0,14	0,20	0,27	0,30	0,32	0,37	0,15	0,18
20	0,17	0,27	0,32	0,40	0,50	0,54	0,15	0,18
28	–	0,30	0,39	0,50	0,59	0,62	0,15	0,18
36	–	–	–	0,59	0,67	–	–	–
48	–	–	–	0,67	0,76	–	–	–
60	–	–	–	0,76	0,84	–	–	–

Grenzspannungen σ_{Rd} für Mauerwerk aus künstlichen Steinen in kN/cm^2

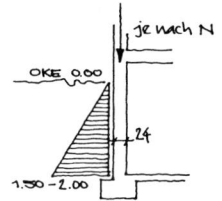

Mauermörtel werden als Normalmörtel in fünf Mörtelgruppen (I; II; IIa; III; IIIa), als Dünnbettmörtel zum Vermauern von Plansteinen und als Leichtmörtel zum Vermauern von hochwärmedämmfähigen Steinen angeboten.

Mauerwerk hat nur eine sehr geringe Zugfestigkeit (siehe Kapitel 7); biegefest ist es deshalb nur in dem Maße, wie die entstandenen Zugspannungen aus Biegung durch gleichzeitigen Druck aus Last wieder aufgehoben werden (Biegung + Längsdruck).

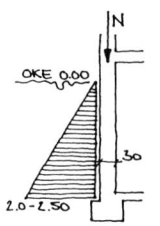

Deswegen wird Mauerwerk vorwiegend zum Weiterleiten von vertikalen Druckkräften aus Last der Dächer, Decken und oberen Wänden eingesetzt. Geringe Biegebeanspruchung, z. B. aus Winddruck bei Außenwänden oder Erddruck bei Kellerwänden, kommt gelegentlich hinzu (je nach gleichzeitiger Längskraft N sind Kellerwände bis ca. eine Geschoßtiefe unter Erdniveau zulässig – siehe Bilder). (Die dereinst häufige Verwendung von Mauerwerk als Decken und Stützen in der Form von gewölbten Kappen und Bögen, die oft sehr listenreiche konstruktive Maßnah-

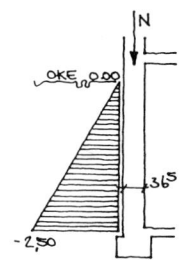

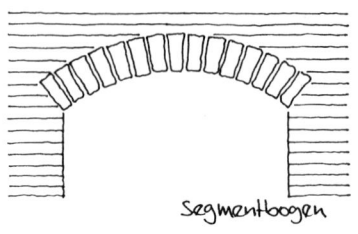

Segmentbogen

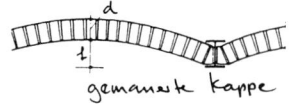

gemauerte Kappe

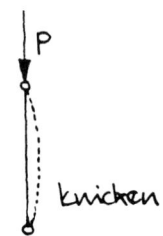

knicken

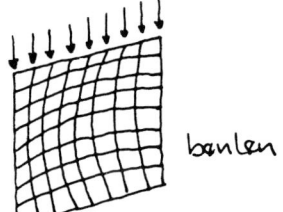

beulen

men zur Vermeidung der Zugspannungen erforderte, ist durch den Stahlbeton weitgehend verdrängt worden; im Kapitel »Bögen«, Band 2, wird mehr dazu gesagt.

Alle druckbeanspruchten Bauglieder (siehe Kapitel 9) unterteilen wir in gedrungene ohne Knickgefahr und schlanke mit Knickgefahr.

Das gleiche gilt auch für Wände, allerdings sprechen wir hier von Beulen und nicht von Knicken.

Knicken heißt Ausweichen einer *Linie*, *Beulen* heißt das Ausweichen einer *Fläche*, jeweils infolge von Längsdruckkräften.

Die Tragfähigkeit einer Stütze – gleiches gilt auch für den Mauerwerkspfeiler – hängt von mehreren Einflußgrößen ab. Sie wurden in Abschnitt 9.2.2 besprochen.

Maßgebend für Wände und Stützen sind:

- die Länge der Stütze; dem entspricht hier die Höhe des Pfeilers oder der Wand (h)
- die Querschnittsfläche des Pfeilers oder der Wand (Wanddicke d · Länge)
- die Querschnittsform (bei der Wand fast immer rechteckig)
- die Lagerung (Eulerfälle)
- seitliche Aussteifung bei Wänden
- Materialeigenschaften
- die Lasteinleitung in die Wand.

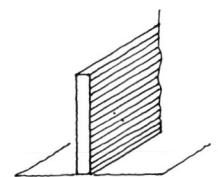

1 - seitig

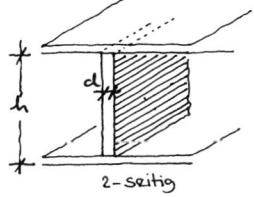

2 - seitig

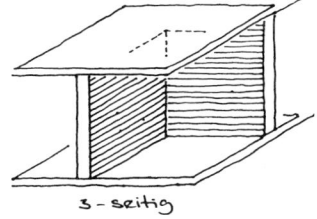

3 - seitig

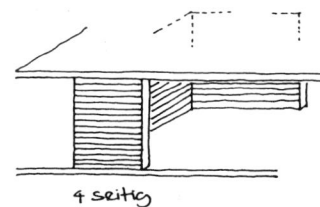

4 seitig

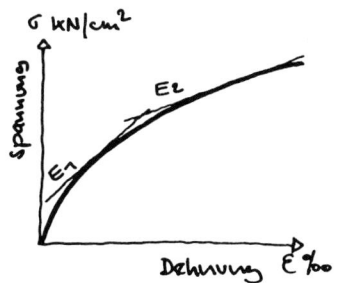

σ kN/cm²

Spannung

E1   E2

Dehnung ε ‰

Ⓖ   **Zur seitlichen Aussteifung:**

Bei einer Wand sind neben der oberen und unteren Lagerung auch die Art und der Abstand der seitlichen Aussteifungen von Bedeutung. Neben der Höhe der Wand gehen auch die Länge und die seitliche Lagerung in die Berechnung der Tragfähigkeit ein (Seitenverhältnis der Wand).

Wir unterscheiden daher:

– 1seitig gelagerte Wände
  (nur unten aufstehend) (Eulerfall 1)

– 2seitig gehaltene Wände
  (oben + unten) (Eulerfall 2)

– 3seitig gehaltene Wände
  (oben, unten + eine Seite)

– 4seitig gehaltene Wände
  (an allen Rändern)

Zu den Materialeigenschaften:

Stahl und Holz verhalten sich näherungsweise elastisch. Die Spannung ist proportional zur Dehnung (= Hookesches Gesetz). Beim Mauerwerk hingegen, aber auch beim Beton, ist die Spannungs-Dehnungs-Linie gekrümmt; bei verschiedenen Spannungen haben wir verschiedene E-Moduln (= Tangenten an die Spannungs-Dehnungs-Linie). Außerdem hat Mauerwerk wegen der mangelnden Zugfestigkeit (Risse bei Biegung) ein anderes Verformungsverhalten als Stahl und Holz.

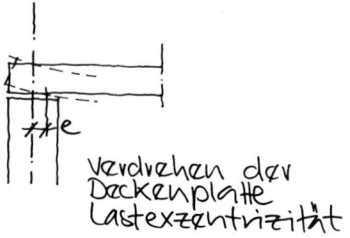

verdrehen der
Deckenplatte
Lastexzentrizität

Zur Lasteinleitung:

Für die Knicksicherheit eines Pfeilers oder einer Wand ist es von erheblicher Bedeutung, ob die Last am Kopf der Wand durch ein verdrehtes Deckenauflager exzentrisch eingeleitet wird oder ob sie streng mittig an die Wand abgegeben wird.

Weil die exakte Beulberechnung einer Wand durch Einfluß der gekrümmten Spannungs-Dehnungs-Linie und anderer Imperfektionen wie Abweichen von der ebenen Form, krummes Mauern, Verdrehen der Deckenplatten auf dem Auflager infolge Durchbiegung der Decken etc. überaus schwierig ist, gibt die Mauerwerksvorschrift – Eurocode 6 – ein vereinfachtes Berechnungsverfahren an, mit dem die Abminderung der Tragfähigkeit infolge Knickgefahr errechnet werden kann.

Die Grundzüge dieses Verfahrens werden auf den folgenden Seiten unter E (Erweiterungskenntnisse) dargestellt.

Die Anwendungen, Ergebnisse und Konsequenzen bei charakteristischen Wandgrößen auf den folgenden Seiten sollten wieder zum Grundwissen jedes Architekten gehören.

E 10.1 Grundzüge der vereinfachten Wandberechnung nach Eurocode 6 Teil 3

Für die Anwendung des vereinfachten Verfahrens nach Eurocode (EC) 6 Teil 3 gelten Grenzen, die etwa mit »üblicher Hochbau« umschrieben werden können; darüber hinaus muß nach den genaueren Ansätzen von EC 6 Teil 1–1 berechnet werden.

Wie schon erwähnt, lassen sich die knickbeanspruchten Wände grundsätzlich unterteilen in
– gedrungene ohne Beulgefahr und
– schlanke mit Beulgefahr,

jeweils mit
– mittiger Last oder
– exzentrischer Last.

Diese Gefährdungen aus Schlankheit und Ausmittigkeit werden durch Abminderung der Tragfähigkeit N_{Rd} um den Faktor k berücksichtigt.

Im Gegensatz zu DIN 1053 unterscheidet Eurocode 6 in der Berechnung nicht zwischen schlanken und gedrungenen Wänden, bei allen Wänden muß die Tragfähigkeit N_{Rd} abgemindert werden.

$$N_{Rd} = \text{vorh } A \cdot \sigma_{Rd} \cdot k$$

Abminderungsfaktor k

Der Abminderungsfaktor k ist abhängig von wesentlichen der auf Seite 206 genannten Einflußgrößen:

– der lichten Geschoßhöhe der Wand h
– der Wanddicke d

Den Quotienten h/d kann man geometrische Schlankheit nennen.

Die statisch wirksame Knicklänge h_k ist weiter abhängig von der Lagerung (Eulerfälle) und der seitlichen Aussteifung durch Querwände.

Das bedeutet:

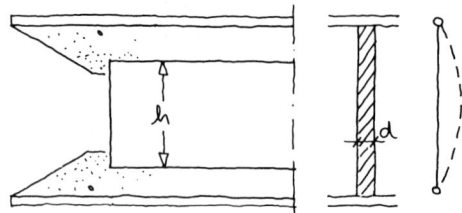

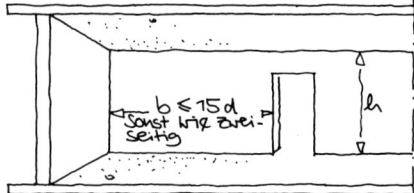

- Bei der nur unten aufstehenden, 1seitig gehaltenen Wand $h_k = 2\,h$ (Eulerfall 1).

- Bei der oben und unten 2seitig gehaltenen Wand im allgemeinen $h_k = h$. Wegen der teilweisen Einspannung der Wand in die obere und untere Decke darf bei flächig aufliegenden Massivdecken in vielen Fällen die Knicklänge reduziert werden:

$$h_k = 0{,}75 \cdot h$$

- Bei der 3seitig gehaltenen Wand drückt sich die zusätzliche seitliche Aussteifung ebenfalls durch eine Verkürzung der Vergleichsknicklänge aus:

$$h_k = \beta \cdot h$$

β kann nach Eurocode 6, Gl. 4.13 berechnet werden.

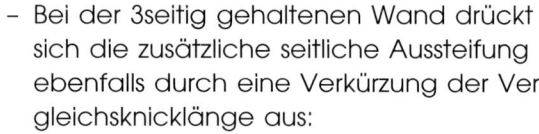

$$\beta = \frac{1}{1 + \left(\dfrac{h}{3b}\right)^2} \geq 0{,}3$$

Wände mit $b > 15\,d$ sind wie 2seitig gehaltene Wände zu behandeln.

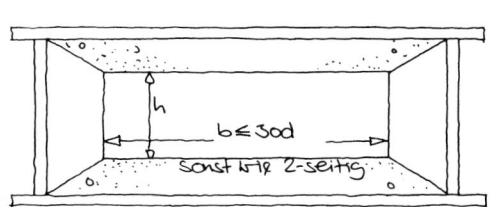

 – Bei der 4seitig gehaltenen Wand wird ähnlich wie bei der 3seitig gehaltenen Wand verfahren, nur kann mit Gl. 4.15 gerechnet werden.

$$\beta = \frac{1}{1 + \left(\dfrac{h}{b}\right)^2}$$

Hier sind Wände mit b > 30 d wie 2seitig gehaltene Wände zu behandeln.

Die so ermittelten Knicklängen h_k führen dann zu den Abminderungen der Traglast infolge Knickgefahr.

$k = 0{,}85 - 0{,}0011\ (h_k/d)^2$

Die in DIN 1053 angegebene Grenze zwischen gedrungenen und schlanken Wänden $h_k/d = 10$ ist in Eurocode 6 nicht angegeben. Der Faktor k ist für jede Schlankheit zu bestimmen. Schlankheiten h_k/d größer als 25 sind nicht zulässig.

Alle Formeln für die Abminderung aus Schlankheit und die Grenzen des Anwendungsbereichs lassen sich in Diagrammen darstellen (siehe Seiten 218 und 219).

Bei den 2seitig gehaltenen Wänden wird nur der Parameter der geometrischen Schlankheit h/d zur Ablesung der Abminderung k – getrennt nach Pfeilern und Wänden mit Massiv- bzw. Holzdecke – benötigt.

Bei den 3- und 4seitig gehaltenen Wänden ist als weitere Größe die Wandlänge erforderlich. Sie wird hier ebenfalls als dimensionsloser Quotient b/h verwandt.

E   Man kann an jeder senkrechten Linie ablesen, wie mit steigenden h/d das Tragvermögen abnimmt.

Und man kann längs einer festen h/d-Linie erkennen, wie mit größerer Wandproportion b/h die Tragfähigkeit sinkt.

Beispiel:

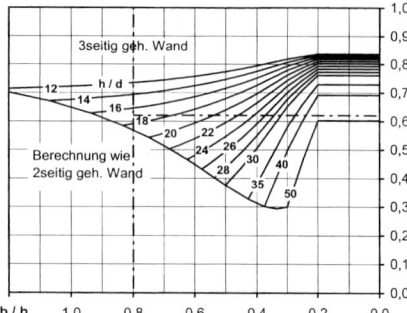

Eine 3seitig gehaltene Innenwand mit den Abmessungen b/h = 2,4 : 3,0 = 0,8 wäre in den geometrischen Schlankheiten 12 bis 18 bei verschiedenen Abminderungen k möglich (senkrechte Linie bei 0,8).

Aus der Bedingung b ≤ 15 d folgt die erforderliche Wanddicke für eine 3seitig gehaltene Wand: d ≥ 2,4/15 = 16,0 cm. Eine 17,5-cm-Wand ist also möglich mit h/d = 17,1 und k = 0,62. Eine 11,5-cm-Wand mit h/d = 26 wäre demnach wie eine 2seitig gehaltene Wand zu berechnen mit k = 0,43.

Beispiel:

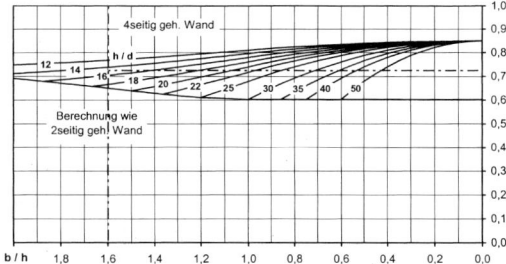

Bei einer 4seitig gehaltenen Innenwand mit den Abmessungen b/h = 4,0 : 2,5 = 1,6 zeigt die senkrechte Linie zugleich mögliche Schlankheiten von 12 bis 18. Hier folgt aus der Bedingung b ≤ 30 d für 4seitig gehaltene Wände d > 4,0/30 = 13,3 cm. Daher kommen als 4seitig gehaltene Wände nur solche ≥ 17,5 cm in Frage. Für die 17,5-cm-Wand ist h/d = 14,3 mit k = 0,73. Die 11,5-cm-Wand ist auch möglich, jedoch muß sie wegen b > 30 d als 2seitig gehaltene Wand berechnet werden mit h/d = 2,17 und k = 0,56.

Abminderungsfaktor k (Knickgefahr)

Tafeleingang: geometrische Schlankheit h/d und Wandproportion b/h
Für Pfeiler und Wände abzulesen: k für N_{Rd} = vorh A · σ_{Rd} · k
Pfeiler erhalten einen zusätzlichen Reduktionsfaktor 0,8; dieser ist im Diagramm für
zweiseitig gehaltene Wände eingearbeitet.
Als Pfeiler gelten Bauteile mit A < 0,1 m²; Bauteile mit A < 0,04 m² sind nicht zulässig.

Zweiseitig gehaltene Wände

Tafeleingang Abszisse: Schlankheit h/d
Schnitt mit Kurve Decke Massiv/Holz
Ablesung Ordinate: k

Dreiseitig gehaltene Wände

Tafeleingang Abszisse: Wandproportion b/h
Schnitt mit Kurve h/d (Schlankheit)
Ablesung Ordinate: k

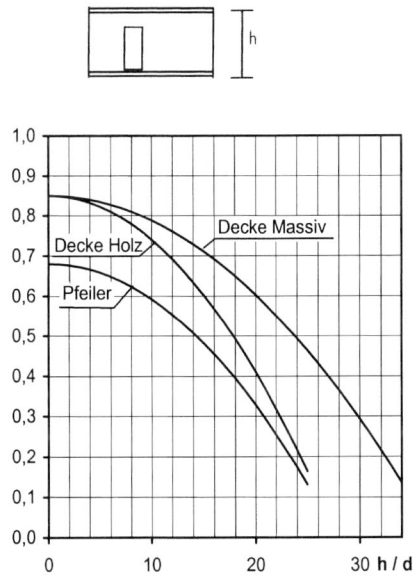

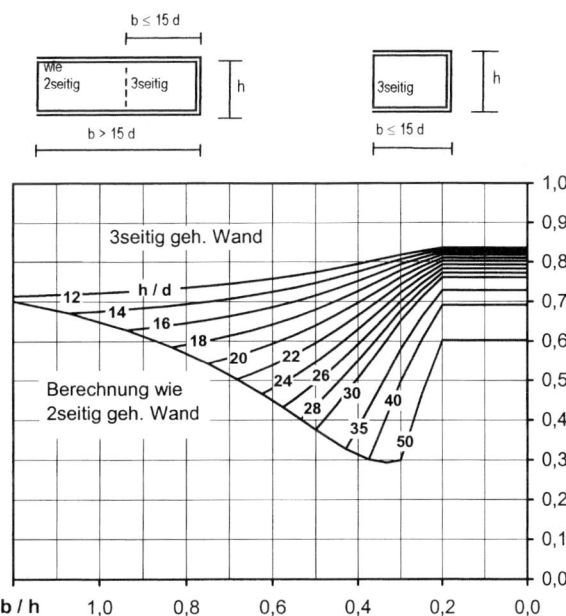

Vierseitig gehaltene Wände

Tafeleingang Abszisse: b/h
Schnitt mit Kurve h/d
Ablesung Ordinate: k

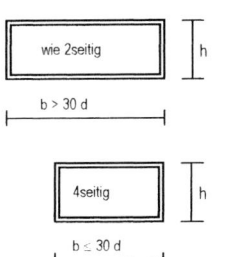

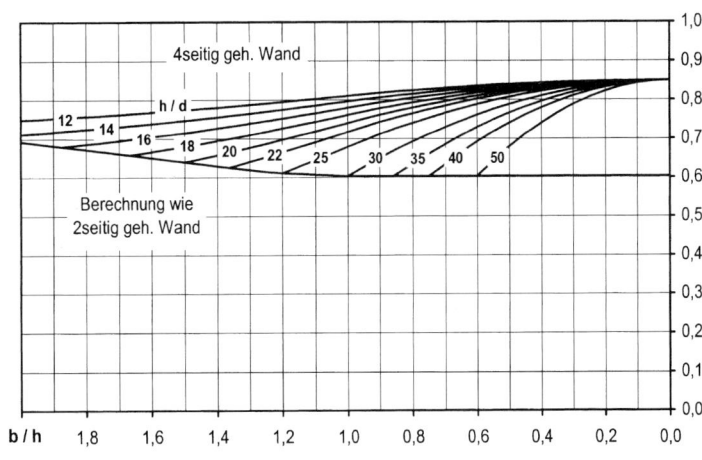

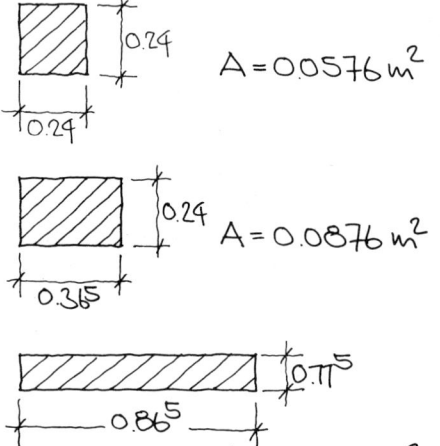

$$A = 0.0576 \, m^2$$

$$A = 0.0876 \, m^2$$

$$A = 0.0995 \, m^2$$

E   Weitere Abminderung für Pfeiler

Die Mauerwerksvorschrift unterscheidet zwischen Wänden und im Gegensatz dazu Pfeilern, deren Querschnittsfläche kleiner als 0,10 m^2 ist. Für solche Pfeiler ist eine zusätzliche Abminderung der Grenzspannung um den Faktor (0,7 + 3 A) vorgesehen. Da Bauteile mit A < 0,04 m^2 nicht zulässig sind, kann man auf der sicheren Seite vereinfachend sagen: Die Abminderung für Pfeiler beträgt 0,8. Damit berechnet sich die Tragfähigkeit eines Pfeilers zu:

$$N_{Rd} = vorh \, A \cdot \sigma_{Rd} \cdot k^* \qquad mit \; k^* = 0,8 \cdot k$$

Für die 2seitig gehaltenen Pfeiler ist k* in den Diagrammen abzulesen.

Ausmittige Lasteinleitung

Ursache für diese ausmittige Lasteinleitung ist die Verdrehung der Decken am Endauflager. An Zwischenauflagern – ganz gleich ob bei Durchlaufdecken oder gestoßenen Decken – darf immer von mittiger Lasteinleitung ausgegangen werden.

In den k-Werten nach dem vereinfachten Verfahren nach Eurocode 6 Teil 3 ist eine kleine Lastausmitte von ca. 0,05 d berücksichtigt. Damit diese nicht überschritten wird, ist die Anwendung auf Deckenstützweiten von 7,0 m beschränkt. Für Wände, die als Endauflager von Decken dienen, ist die angrenzende Deckenstützweite zusätzlich auf l = 4,5 + 10 d beschränkt.

Verdrehen der
Deckenplatte
Lastexzentrizität

keine
Lastexzentrizität

Die Lastausmitte wirkt sich auch auf die Knicklänge aus. Bei Wänden, die zwischen zwei Massivdecken teilweise eingespannt sind, darf die Knicklänge zu $h_k = 0,75 \, h$ berechnet werden. Ist die Ausmittigkeit der Last jedoch größer als $^1/_4$ der Wanddicke, so ist die Knicklänge der Wand $h_k = 1,0 \, h$.

10.2 Charakteristische Beispiele als Entwurfshilfen für den Architekten

Für den entwerfenden Architekten ist es eine Hilfe zu wissen, welche Wandabmessungen unter bestimmten Bedingungen noch ausreichende Tragfähigkeit besitzen. Deshalb wurden mit dem vorher beschriebenen vereinfachten Verfahren und den entwickelten Diagrammen charakteristische Beispiele durchgerechnet und in einer großen Tabelle (auf den folgenden Seiten) zusammengestellt.

Für die gängigen Wanddicken wurde die Anwendung als Innenwände, 1schalige Außenwände, 2schalige Außenwände und 2schalige Haustrennwände untersucht. Die Tragfähigkeit ist wesentlich von der Stützung als 2seitig-, 3seitig- oder 4seitig gehaltene Wand abhängig. Weiter wurde von folgenden Voraussetzungen ausgegangen:

- Die Grenzen für das vereinfachte Verfahren wurden eingehalten.
- Es wurden »übliche« Situationen angenommen, keine Extremwerte (bis auf die Beispiele rechts unten in der Tabelle).
- Mauerwerk wird mit mittleren Festigkeiten MW 12/II oder 8/IIa verwandt.
- Die Deckenstützweiten sind deutlich kleiner als 6 m (im allgemeinen max. 5 m – siehe auch Seite 223, Fußnote [1]).
- Bei kreuzweise gespannten Decken gilt dies für die kleinere der beiden Stützweiten. Die Lasten eines Deckenfeldes verteilen sich hier auf alle vier unterstützenden Wände.

Charakteristische Beispiele als Entwurfshilfe für den Architekten

	2seitig gehaltene Wände	
Anwendungsgrenzen	h	(für alle Pfeiler $b < 2$ Steine 0,8fache Tragfähigkeit)
	Alle Beispiele mit MW 12/II oder 8/IIa	
11,5 $h \leq 3{,}00$ m $l \leq 5{,}65$ m Innenwände Tragschalen 2schaliger Außenwände und 2schalige HTW max. 2 G + DG		$h = 2{,}75$ m $k = 0{,}50^{1)}$ $N_{Rd} = 115$ kN/m Wand ca. 7 m² Decke/m Wand z. B. 2 G · 3 bis 4 m² EZF
17,5 $h \leq 3{,}00$ m $l \leq 6{,}25$ m Innenwände 1schalige Außenwände[1] Tragschalen 2schaliger Außenwände und 2schalige HTW		$h = 2{,}75$ m $k = 0{,}70^{1)}$ $N_{Rd} = 245$ kN/m Wand ca. 18 bis 20 m² Decke/m Wand z. B. 4 G · 4,5 m² EZF (Innenwand)
24 Innenwände	$h = 2{,}75$ m	$k = 0.75^{1)}$ $N_{Rd} = 360$ kN/m ca. 26 m² Decke/m Wand z. B. 5 G · 5 m² EZF
$h \leq 3{,}00$ m alle Außenwände[1] (2schalige HTW) $l \leq 6{,}90$ m	6,5	$h = 3{,}00$ m Schottenwand HTW $k = 0{,}68^{2)}$ $N_{Rd} = 326$ kN/m ca. 24 m² Deck/m Wand z. B. 10 G · 2,4 m² EZF
≥30 Innenwände		$h = 3{,}0$ m $k = 0{,}79$ $N_{Rd} = 473$ kN/m² ca. 35 bis 40 m² Decke/m Wand z. B. 8 G · 5 m² EZF oder 12 G · 3 m² EZF (kreuzweise)
alle Außenwände[1] (und 2schalige HTW) $l \leq 7{,}00$ m		$h = 3{,}60$ m $k = 0{,}76$ $N_{Rd} = 457$ kN/m² ca. 32 m² Decke/m Wand z. B. 12 G · 2,6 m² EZF

Merkregel:
Bei üblichem Mauerwerk und üblichen Geschoßhöhen kann 1 m Wandlänge je cm Dicke 1 bis 1,5 m² Geschoßfläche tragen. z. B: 24-cm-Wand: 5 bis 7 Geschosse · 5 m².

b = Mauerlänge   MW = Mauerwerk   G = Geschosse
d = Mauerdicke   HTW = Haustrennwand   DG = Dachgeschoß
h = Geschoßhöhe   EZF = Einzugsfeld   * = betrachtete Wand

3seitig gehaltene Wände	4seitig gehaltene Wände
$b \leq 15\,d$ sonst 2seit. $\quad h$	$b \leq 30\,d$ sonst wie 2seit. $\quad h$

$\sigma_{Rd} = 0{,}20$ kN/cm², bei anderen (sinnvollen) Kombinationen größere oder kleinere σ_{Rd}

3seitig gehaltene Wände	4seitig gehaltene Wände
$h = 2{,}75$ m $\quad$ b = 0,80 bis 1,75 m k = 0,73 bis 0,50 N_{Rd} = 168 bis 115 kN/m Wand ca. 12 bis 6 m² Decke/m Wand z. B. 2 G · (6 bis 3 m²) EZF	$h = 2{,}75$ m $\quad$ b = 1,50 bis 3,50 m k = 0,80 bis 0,61 N_{Rd} = 184 bis 140 kN/m Wand ca. 15 bis 9 m² Decke/m Wand z. B. 3 G · 4,5 m² EZF (Innenwand) bis 3 G · 2,5 m² EZF (kreuzweise Platte)
$h = 2{,}75$ m $\quad$ b = 0,80 bis 2,65 m k = 0,80 bis 0,70 N_{Rd} = 280 bis 245 kN/m Wand	$h = 2{,}75$ m $\quad$ b = 2,20 bis 5,25 m k = 0,80 bis 0,70 N_{Rd} = 280 bis 245 kN/m Wand
ähnlich wie 2seitig gehaltene Wände 22 bis 20 m² Decke/m Wand z. B. 5 G · 4,5 m² EZF oder 6 G · 3,5 m² EZF	
$h = 2{,}75$ m $\quad$ b = 0,80 bis 3,60 m k = 0,82 bis 0,75 N_{Rd} = 394 bis 360 kN/m Wand ca. 28 m² Decke/m Wand z. B. 5 G · 5,5 m² EZF	h = 7,5 m b = 5 m (Treppenhauswand) k = 0,73 N_{Rd} = 350 kN/m Wand
h = 3,00 m, b = 2,70 m k = 0,72 N_{Rd} = 346 kN/m Wand z. B. 10 G · 2,5 m² EZF	h = 3,00 m, b = 2,70 m k = 0,82 N_{Rd} = 394 kN/m Wand z. B. 10 G · 2,8 m² EZF
h = 9,0 m, max b = 4,5 m (Hallen-Innenwand) k = 0,38 N_{Rd} = 252 kN/m Wand	h = 9,0 m $\quad$ max b = 9,0 m (Hallen-Innenwand) k = 0,60 N_{Rd} = 360 kN/m Wand

[1] Es können bei größeren Stützweiten der Decken durch Verdrehung des Endauflagers (Außenwände) größere Abminderungen des σ_{Rd} notwendig werden. Deshalb sollte die Anwendung der Tabelle auf Stützweiten < 6 m beschränkt werden, sofern nicht durch konstruktive Maßnahmen (Zentrierleisten) die mittige Krafteinleitung ins Endauflager sichergestellt wird. Bei kreuzweise bewehrten Platten gilt die kleinere der beiden Stützweiten. Diese Tragkraftminderung durch Verdrehung des Endauflagers kann auch durch Wahl der nächstbesseren Stein- oder Mörtelgüte ausgeglichen werden.

[2] Wegen der Stützweite 6,5 m wurde in diesem Beispiel mit $h_k = 1{,}0\,h$ gerechnet, dies entspricht im Diagramm der Kurve »Decke Holz«.

Ablesbare Ergebnisse:

- Das erste Ergebnis ist der Abminderungsfaktor k. Darauf folgt der Bemessungs-
  widerstand der Wand (Tragfähigkeit) N_{Rd}
  je Meter Wandlänge in kN/m.

- Unter der weiteren Voraussetzung, daß die
  gesamte Flächenlast je m^2 Geschoßfläche
  ca. 10 kN/m^2 beträgt, läßt sich als weiteres
  Ergebnis der Berechnung auch die von
  1 m Wand getragene Geschoßfläche
  angeben.

- Diese zulässige Geschoßflächengröße
  errechnet sich aus Geschoßzahl × Einzugsfläche. Bei kreuzweise bewehrten Decken
  ist das Einzugsfeld ca. $^1/_4$ der mittleren
  Deckenstützweite.

Diese Ergebnisse führen dann zu der für
Entwürfe wichtigen und einfachen Merkregel:

Bei üblichem Mauerwerk und üblichen
Geschoßhöhen kann eine Wand auf
1 m Länge je 1 cm Dicke 1 bis 1,5 m^2
Geschoßfläche tragen!

z. B. 24-cm-Wand:
5 bis 7 Geschosse × 5 m^2 Einzugsfeld.

11 Graphische Statik

 ## 11.1 Grundlagen

Eine Kraft wird bestimmt durch:

1. Größe [N, kN, MN]
2. Wirkungslinie
3. Richtung.

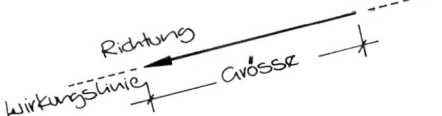

Die **Größe** wird in der Zeichnung durch die Länge eines Pfeiles dargestellt. Der Maßstab der Kräfte (M. d. K.) kann beliebig gewählt werden, z. B. 1 cm ≙ 1 kN.

Die **Wirkungslinie** ist durch einen Punkt und den Winkel bestimmt.

Die **Richtung** wird durch die Pfeil-Spitze angegeben.

Eine Kraft kann auf ihrer Wirkungslinie beliebig verschoben werden; an ihrer Wirkung ändert sich dadurch nichts. Ob ein Gewicht mittels einer kurzen oder einer langen Schnur an einem Haken hängt – die Beanspruchung des Hakens bleibt gleich (vom größeren Gewicht der langen Schnur abgesehen).

(Die Kräfte in diesen Skizzen sind jeweils auf der gleichen Wirkungslinie zu denken.)

 Kräfte in der gleichen Wirkungslinie lassen sich addieren bzw. subtrahieren.

Die Gesamtkraft heißt **Resultierende R.**

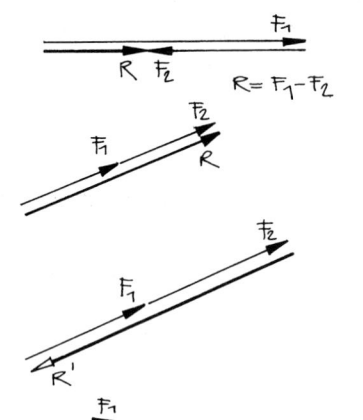

Die Resultierende *ersetzt* die Summe bzw. die Differenz der Einzelkräfte.

Die **Reaktion R′** hat die gleiche Größe und die gleiche Wirkungslinie wie die Resultierende, jedoch die entgegengesetzte Richtung.

Die Reaktion *hebt* die Summe bzw. die Differenz der Einzelkräfte *auf*.

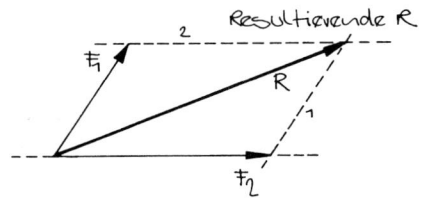

Zwei Kräfte, die auf verschiedenen sich schneidenden Linien liegen, können durch das *Parallelogramm der Kräfte* zu ihrer Resultierenden bzw. zu ihrer Reaktion zusammengefaßt werden. Beginnen die beiden Kraftpfeile im Schnittpunkt der Wirkungslinien, so wird parallel zur Kraft F_1 die Hilfslinie 1, parallel zur Kraft F_2 die Hilfslinie 2, jeweils durch die Pfeilspitze der anderen Kraft gezogen. Die Diagonale des so gebildeten Parallelogramms ist die *Resultierende,* wenn sie vom Schnittpunkt der Wirkungslinien ausgeht und ihre Spitze am Schnittpunkt der Hilfslinien hat. Die Diagonale ist die *Reaktion,* wenn sie in die umgekehrte Richtung zeigt, also mit der Pfeilspitze zum Schnittpunkt der Wirkungslinien.

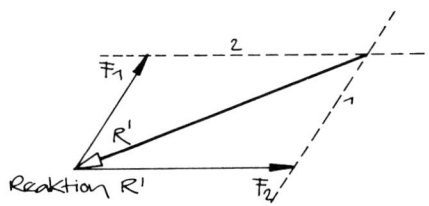

Anmerkung:

Die Bezeichnung R für Resultierende darf nicht verwechselt werden mit R für Beanspruchbarkeit.

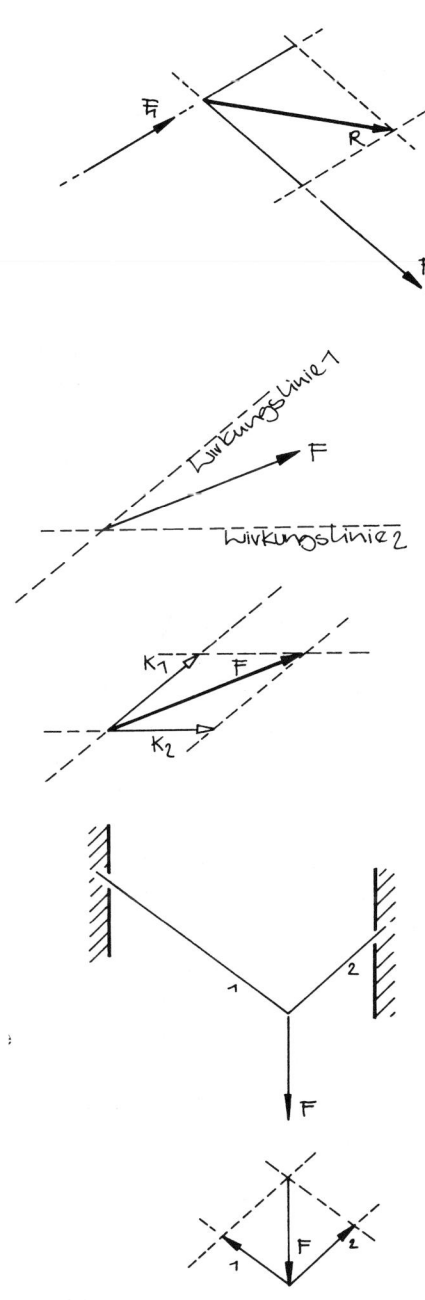

Kraftpfeile, deren Anfangspunkte nicht im Schnittpunkt der Wirkungslinien liegen, werden zunächst auf ihren Wirkungslinien so verschoben, daß sie im Schnittpunkt anfangen, so daß nunmehr das Parallelogramm der Kräfte gezeichnet werden kann.

Wie man zwei Kräfte zu einer Resultierenden vereinigen kann, so kann man auch eine Kraft in *zwei Komponenten* zerlegen, wenn deren Wirkungslinien gegeben sind. Auch hier hilft uns das Parallelogramm der Kräfte.

Beispiel 11.1.1

Hier ist zwischen zwei Hauswänden ein Seil gespannt, an dem eine Einzellast (z. B. eine Lampe) hängt. Wie groß sind die Kräfte in den Seilen?

Wir können diese Aufgabe mit Hilfe des Kräfte-Parallelogrammes lösen.

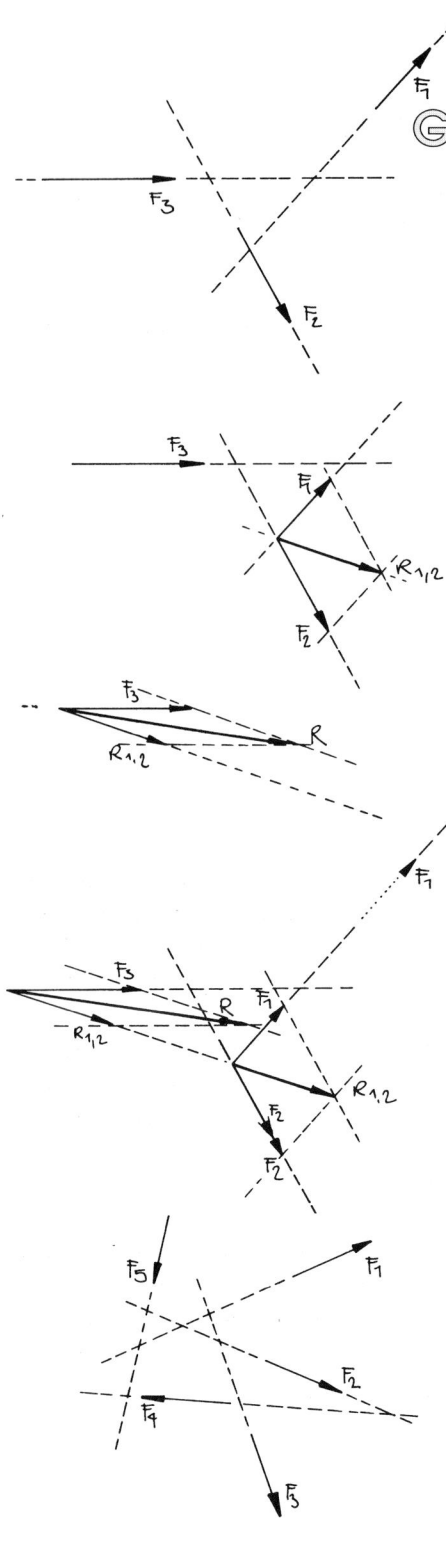

11.2 Zusammensetzen von mehreren Kräften

Hier sollen drei Kräfte zu einer Resultierenden vereinigt werden. Dies ist möglich, indem man schrittweise jeweils zwei Kräfte miteinander vereinigt.

Vorgehensweise:

1. Wir verschieben die Pfeile der Kräfte F_1 und F_2, bis ihre Anfangspunkte am Schnittpunkt ihrer Wirkungslinien liegen, und bilden mit dem Parallelogramm der Kräfte die Teilresultierende $R_{1,2}$.

2. Wir verschieben den Pfeil der Teilresultierenden $R_{1,2}$ und den der Kraft F_3, bis deren Anfangspunkte in ihrem Schnittpunkt liegen, und bilden jetzt die Resultierende R. Sie ersetzt die Kräfte F_1, F_2 und F_3.

Diese Schritte können in **einer** Zeichnung durchgeführt werden. Dies ist genauer als das Arbeiten mit mehreren Zeichnungen, weil Ungenauigkeiten der Übertragung entfallen. Aber diese Zeichnung ist nicht mehr sehr übersichtlich! Vollends unübersichtlich würde die Sache, wenn noch mehr Kräfte in *einer* Zeichnung zusammengefaßt werden sollten.

Deshalb ist es angebracht, *Kräfteplan* und *Lageplan* zu trennen. Hierbei werden im *Kräfteplan, Größe, Winkel* und *Richtung* der Kräfte, im *Lageplan* die *Wirkungslinien* und Richtungen eingetragen und ermittelt. Die *Größen* der Kräfte werden im Lageplan nur zum Teil (keine Zwischenergebnisse) eingetragen.

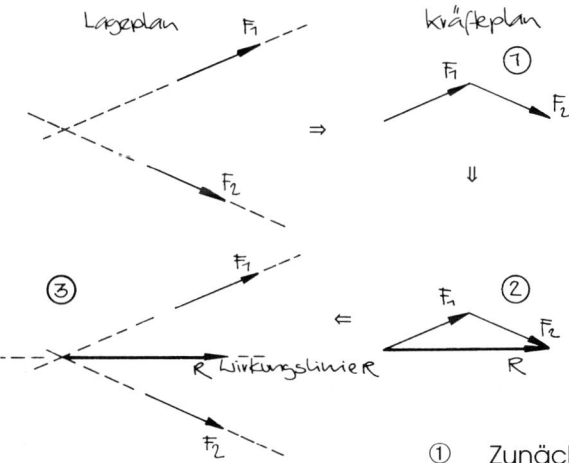

① Zunächst werden die Kräfte aus dem Lageplan in den Kräfteplan parallel verschoben, und zwar so, daß an den Pfeil der Kraft F_1 der Pfeil der nächsten Kraft F_2 anschließt.

② Der Anfangspunkt des Pfeiles von F_1 wird sodann mit der Spitze des Pfeiles von F_2 verbunden, die Verbindungslinie ist der Pfeil der Resultierenden R, seine Spitze liegt bei der Spitze von F_2.

③ Parallel zu R im Kräfteplan wird jetzt im Lageplan die Wirkungslinie von R durch den Schnittpunkt der Wirkungslinie von F_1 und F_2 gezogen und zuletzt Richtung und Größe von R in den Lageplan übertragen.

In der Praxis werden Lage- und Kräfteplan nur je einmal gezeichnet, also wie hier die jeweils letzte Skizze. In diesem Buch wird nur zur besseren Erläuterung jeder Schritt in einer neuen Skizze gezeigt.

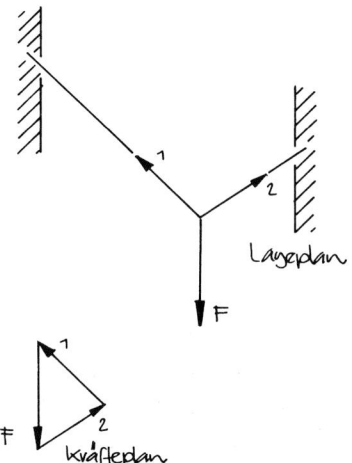

Die Aufgabe auf Seite 227 (Beispiel 11.1.1, Kraft am Seil zwischen zwei Häusern) läßt sich auch in getrenntem Lage- und Kräfteplan lösen.

Beispiel 11.2.1

Im folgenden Beispiel werden sowohl der Lageplan als auch der Kräfteplan nur je einmal gezeichnet.

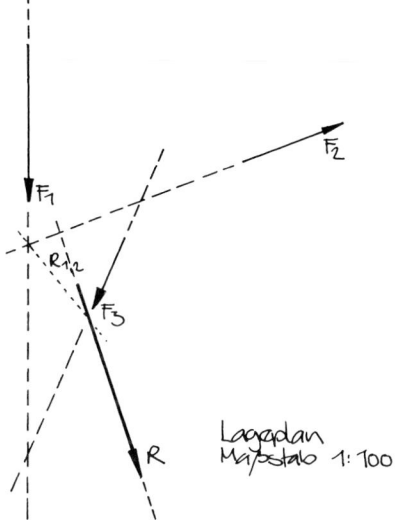

Im Kräfteplan werden die Kräfte F_1 ... F_3 hintereinander aufgetragen. Die Verbindung vom Anfang des Kraftpfeiles F_1 bis zur Spitze des Kraftpfeiles F_3 ergibt Größe und Winkel der Resultierenden R. Um die Wirkungslinie zu finden, müssen wir in Schritten vorgehen: F_1 und F_2 ergeben im Kräfteplan die Teilresultierende $R_{1,2}$. Diese Teilresultierende wird parallel so in den Lageplan verschoben, daß sie durch den Schnittpunkt der Wirkungslinien von F_1 und F_2 verläuft.

Sie – die Teilresultierende $R_{1,2}$ – schneidet im Lageplan die Wirkungslinie von F_3. Durch diesen Schnittpunkt muß die Wirkungslinie der Endresultierenden R verlaufen, deren Winkel und Größe wir im Kräfteplan durch Verbindung der Kräfte F_1, F_2 und F_3 finden und die wir parallel in den Lageplan verschieben.

Die Richtungen und Größen der Kräfte werden also immer im Kräfteplan, ihre Wirkungslinien im Lageplan ermittelt.

Wichtig ist, daß jede Kraft im Lageplan
parallel zu ihrer Abbildung im Kräfteplan
verläuft.

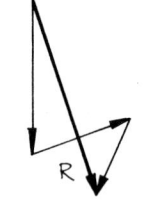

Resultierende

Der Kräfteplan wird auch als **Krafteck**
bezeichnet. Der Pfeil der Resultierenden
weist vom Anfang des ersten Kraftpfeiles zur
Spitze des letzten Kraftpfeiles. Drehen wir
seine Richtung um, so daß seine Spitze zum
Anfang des ersten Kraftpfeiles weist, daß wir
also das Krafteck in den Pfeilrichtungen
umfahren und zum Ausgangspunkt zurück-
kehren können, so ist das Ergebnis die Reaktionskraft oder Reaktion R'.

Reaktion

Das Krafteck aus Einzelkräften und Reaktion
schließt sich *(Geschlossenes Krafteck)*. Die
Resultierende R ersetzt die Einzelkräfte, die
Reaktion R' hebt sie auf, bewirkt also Gleichgewicht der Kräfte.

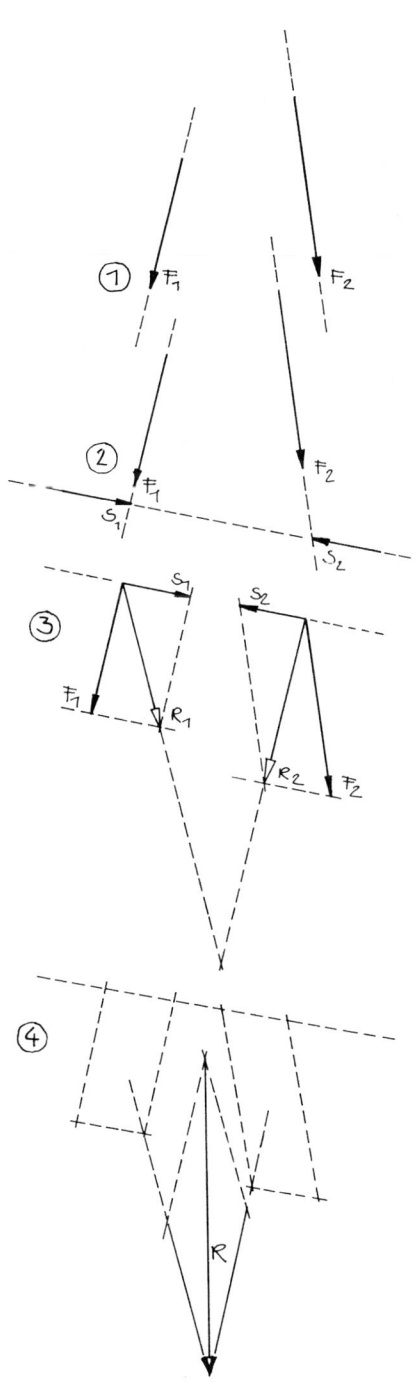

11.3 Poleck und Seileck

Diese beiden Kräfte schneiden sich nicht auf dem Zeichenblatt. Wie lassen sie sich trotzdem zu einer Resultierenden vereinigen? ①

Ein kleiner Trick hilft uns weiter:

Wir führen zwei freigewählte zusätzliche Kräfte S_1 und S_2 ein. Sie liegen auf derselben Wirkungslinie, sind gleich groß, aber entgegengesetzt gerichtet. Sie heben sich also gegenseitig auf, ändern somit am Endergebnis nichts. ②

Sie schaffen uns aber die Möglichkeit, zwei Teilresultierende zu bilden, die sich auf dem Zeichenblatt schneiden und so die gesuchte Endresultierende ergeben. ③ und ④

Anmerkung:

S für zusätzliche Kraft darf nicht mit S für Beanspruchung verwechselt werden.

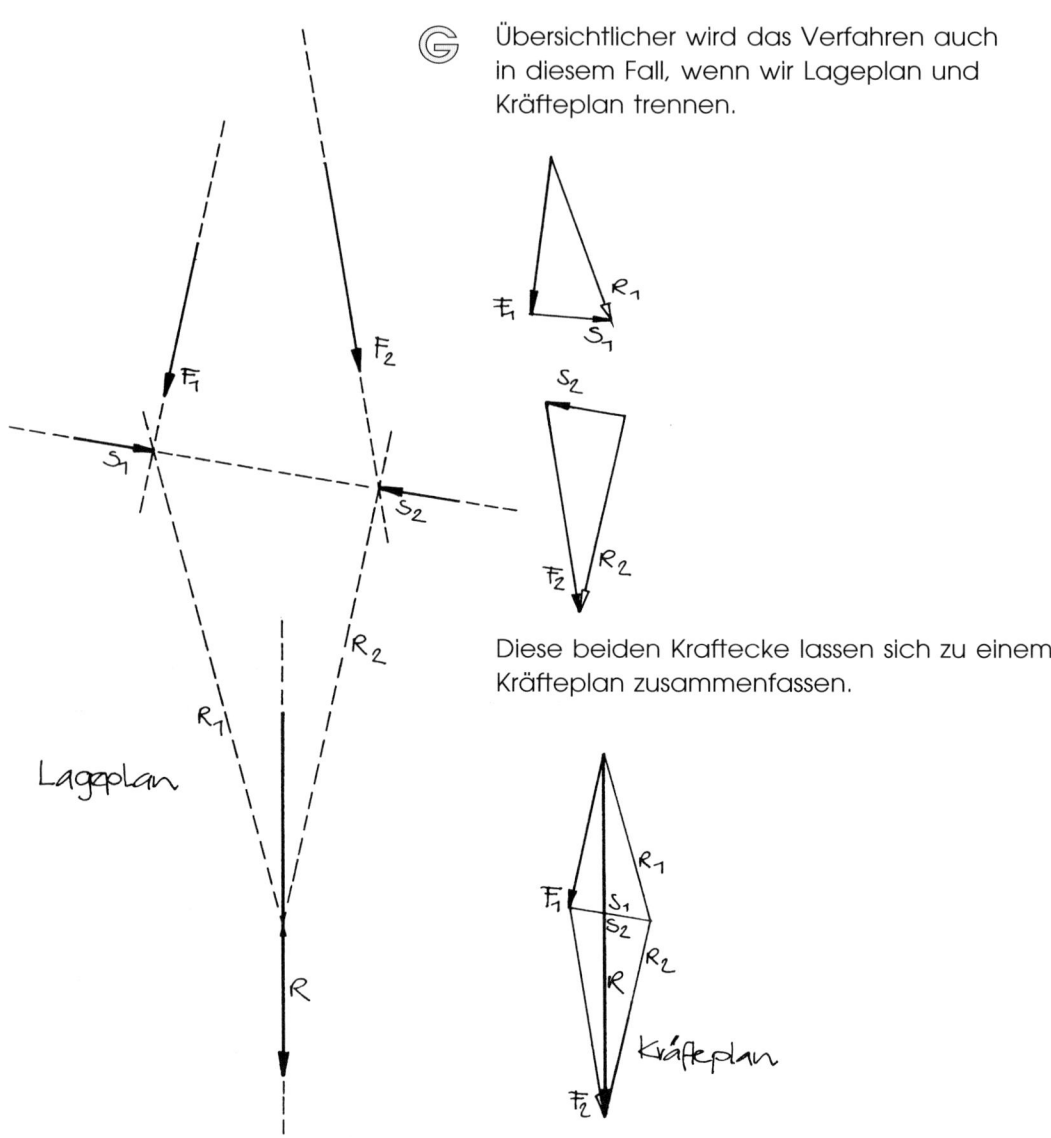

Übersichtlicher wird das Verfahren auch in diesem Fall, wenn wir Lageplan und Kräfteplan trennen.

Diese beiden Kraftecke lassen sich zu einem Kräfteplan zusammenfassen.

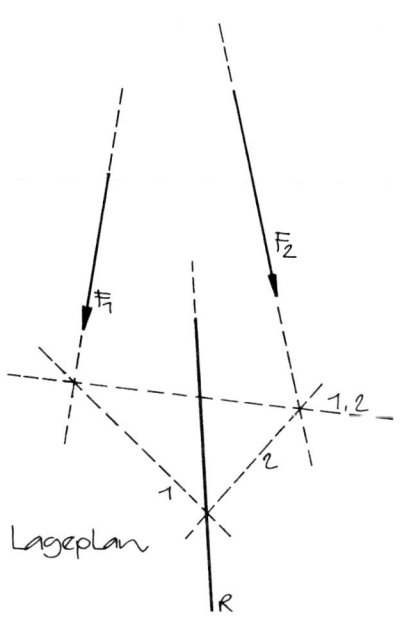

Lageplan

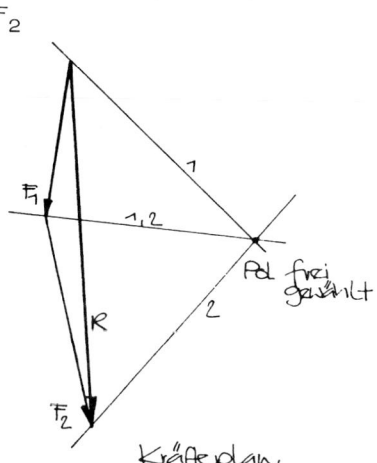

Kräfteplan

Ⓖ Nachdem wir dieses Verfahren kennen, können wir es in einer vereinfachten Form anwenden: Wir zeichnen im Kräfteplan die Kräfte F_1 und F_2 hintereinander.

Die Verbindung vom Anfang des ersten Pfeiles zur Spitze des zweiten (bei mehreren: des letzten) ergibt die Resultierende R. Sodann wählen wir einen *Pol*, d. h. einen Punkt seitlich vom Krafteck, und verbinden ihn mit Anfang und Spitze jeder Kraft. Diese Verbindungslinien heißen *Polstrahlen*. Wir erkennen, daß es sich hier versteckt um die Einführung der Zusatzkräfte S_1 und S_2 und um die Teilresultierenden handelt: Polstrahl 1, 2 entspricht den Zusatzkräften S_1 und S_2, Polstrahl 1 der Teilresultierenden R_1 und Polstrahl 2 der Teilresultierenden R_2.

Wie auf Seite 234 die Kräfte F_1, R_1 und S_1 im Kräfteplan ein Krafteck bilden und sich im Lageplan schneiden, so bilden auch hier F_1, Polstrahl 1 und Polstrahl 1, 2 im Kräfteplan ein Dreieck, im Lageplan schneiden sie sich. Der Polstrahl 1, 2 gehört zugleich auch dem nächsten Dreieck an, das er mit F_2 und Polstrahl 2 bildet. Parallel verschoben in den Lageplan schneiden sich dort auch diese Linien in einem Punkt.

Schließlich bilden der Anfangs-Polstrahl 1 und der End-Polstrahl, hier 4, mit der Resultierenden R im Kräfteplan ein Dreieck, im Lageplan einen gemeinsamen Schnittpunkt. Wir finden also die Wirkungslinie der Resultierenden (bzw. ihrer Umkehrung, der Reaktion), indem wir ihre Wirkungslinie aus dem Kräfteplan in den Lageplan parallel verschieben, und zwar durch den Schnittpunkt des ersten und des letzten Polstrahles.

Mit diesem Verfahren können wir beliebig viele Kräfte zusammensetzen.

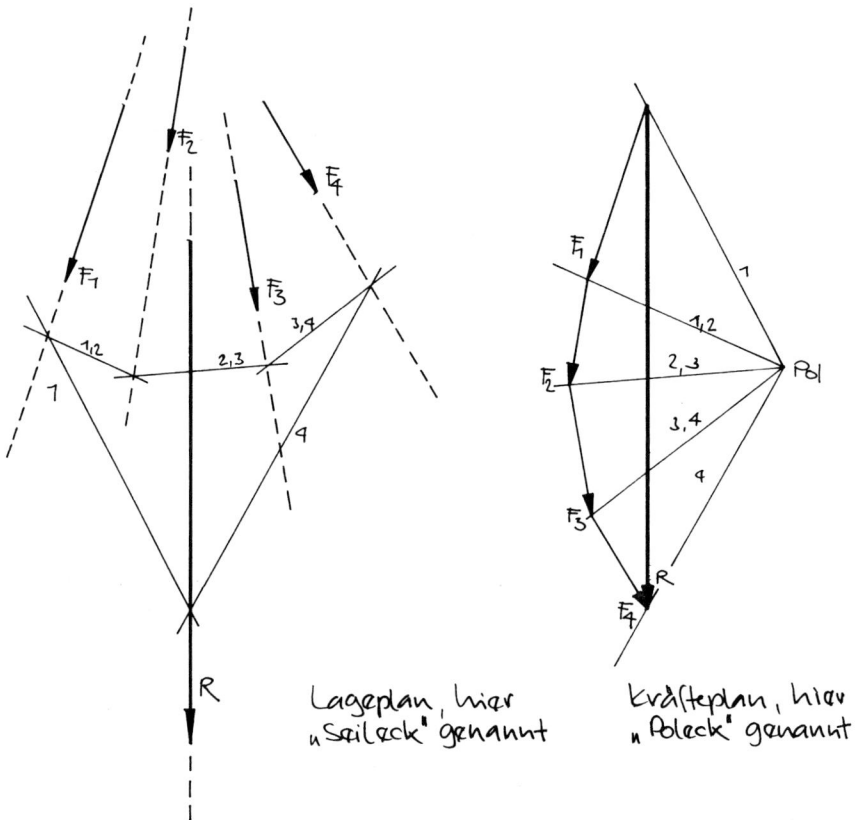

Lageplan, hier „Seileck" genannt

Kräfteplan, hier „Poleck" genannt

Merksätze:

Kräfte (bzw. Polstrahlen), die im Kräfteplan ein Dreieck bilden, schneiden sich im Lageplan in einem Punkt (z. B. Polstrahl 1, Kraft F_1 und Polstrahl 1, 2).

Polstrahlen, die im Kräfteplan zwei Dreiecken angehören, verbinden im Lageplan die zwei entsprechenden Schnittpunkte. (Das führt dazu, daß z. B. Polstrahl 1, 2 – im Kräfteplan zwischen Kraft F_1 und Kraft F_2 – im Lageplan die Wirkungslinien von F_1 und F_2 verbindet. Entsprechend Polstrahl 2, 3 zwischen F_2 und F_3 etc.)

Kräfte (bzw. Polstrahlen) die im Lageplan ein Dreieck bilden (auch wenn dessen eine Ecke nicht auf dem Papier liegt) schneiden sich im Kräfteplan in einem Punkt (z. B. F_1, F_2 und Polstrahl 1, 2).

Die Figur im Kräfteplan heißt auch *Poleck* oder *Krafteck*, die im Lageplan auch *Seileck*, weil ein Seil unter Belastung durch Einzelkräfte die Form dieser aus den Polstrahlen gebildeten Linie annehmen würde. Denn wie im Beispiel 11.1.1 (Lampe am Seil zwischen zwei Hauswänden) die Kraft F in die beiden Seilkräfte 1 und 2 zerlegt wird, also die Kräfte F, 1 und 2 im Gleichgewicht stehen, so stehen auch hier an jedem Schnittpunkt eine Kraft F und zwei Polstrahlen (= Seilkräfte) im Gleichgewicht: Die Kraft F_1 mit den Polstrahlen 1 und 1, 2, die Kraft F_2 mit den Polstrahlen 1, 2 und 2, 3 etc. Dabei ist die Größe der Polstrahlen (= Seilkräfte) nicht im Lageplan (Seileck), sondern nur im Kräfteplan (Poleck) ablesbar.

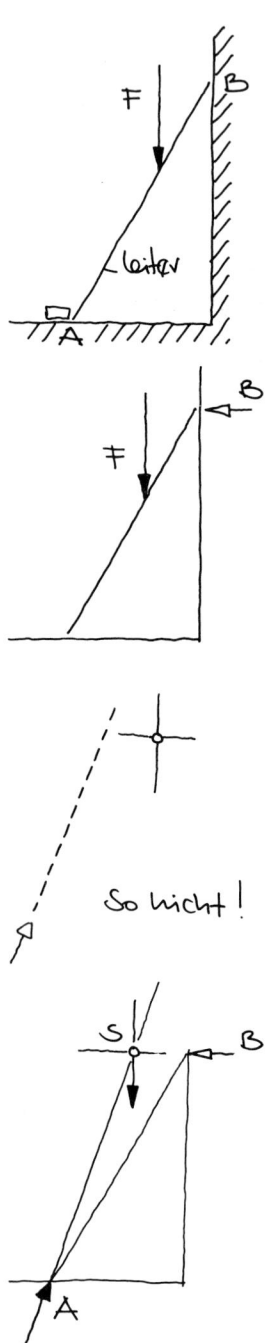

 ## 11.4 Zerlegen von Kräften

Wie sich mehrere Kräfte zu einer Resultierenden vereinen lassen, so kann auch eine Resultierende in zwei Kräfte zerlegt werden, wenn von der einen die Wirkungslinie bekannt ist und von der anderen ein Punkt, durch den sie verläuft.

Beispiel 11.4.1

Diese Leiter ist an eine Wand gelehnt. Unten ist sie durch einen Klotz gegen Wegrutschen gesichert, die Wand hingegen sei so glatt, daß wir die Reibung dort vernachlässigen können. Das heißt, an der Wand werden keine vertikalen, sondern nur horizontale Kräfte übertragen. Damit kennen wir die Richtung der Auflagerkraft (Auflagerreaktion) B: Sie ist horizontal. Die Richtung der Auflagerkraft A ist noch unbekannt, sie enthält einen vertikalen und einen horizontalen Anteil, verläuft also schräg.

Die Wirkungslinien der Kraft F und der Auflagerkraft B schneiden sich in einem Punkt S. Durch diesen Punkt S muß auch die dritte Kraft, die Auflagerreaktion A laufen. Warum?

Täte sie es nicht, liefe sie z. B. mit dem Abstand e an diesem Punkt vorbei, so würde sie mit dem Hebelarm e ein Moment A · e bilden, sie würde um den Punkt S drehen, das ganze System wäre nicht im Gleichgewicht. Nur wenn sich die drei Kräfte – eine weitere gibt es ja hier nicht – in einem Punkt schneiden, ist $\Sigma\, M = 0$.

So gibt uns diese Verbindung von Auflager A zum Schnittpunkt S die Richtung der Auflagerkraft A an: Wir können jetzt die Kraft F in die Auflagerreaktionen A und B zerlegen.

Selbstverständlich können wir A in A_H und A_V zerlegen.

Dabei ist leicht zu erkennen, daß $A_H = B$ und $A_V = P$ sein muß, jeweils entgegengesetzt gerichtet, so
daß $\Sigma\ F_H = 0$ und $\Sigma\ F_V = 0$ sind.

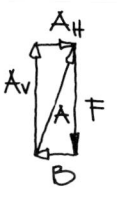

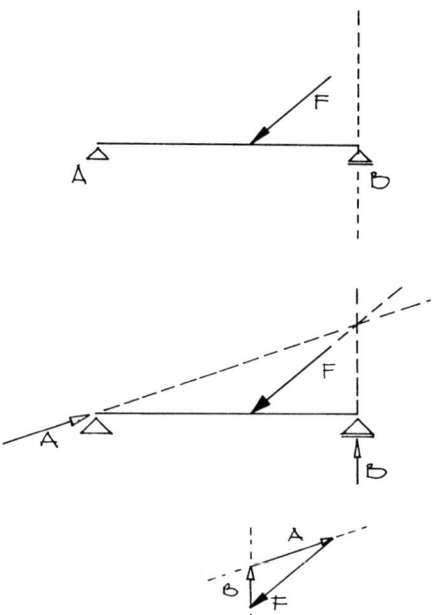

Ⓖ **Beispiel 11.4.2**

Die Kraft F ist zu zerlegen in die Auflagerreaktionen A und B.

Durch das *horizontal verschiebliche* Auflager
B kann nur eine *senkrechte* Wirkungslinie verlaufen – eine Horizontalkomponente vermag
ja dieses Auflager nicht aufzunehmen – die
Auflagerreaktion B muß also senkrecht wirken. Durch den Schnittpunkt dieser senkrechten Wirkungslinie mit der Wirkungslinie der
Kraft F muß auch die Wirkungslinie der Auflagerkraft A verlaufen, denn nur wenn sich alle
drei beteiligten Kräfte in einem Punkt schneiden, ist für das Gesamtsystem Σ M = 0.

Damit sind die Richtungen beider Auflagerreaktionen bekannt; in einem Krafteck
lassen sich ihre Größen leicht feststellen.

Die Auflagerreaktionen können wir also nicht
nur rechnerisch, sondern auch graphisch
ermitteln.

Anmerkung:

In Sonderfällen kann ein Auflager auch in
schräger Richtung verschieblich aus gebildet
sein – entsprechend ist dann die vorgege-
bene Wirkungslinie schräg, d. h., sie steht im
 rechten Winkel zur Ver-
schiebungs-Richtung.

Beispiel 11.4.3

Was aber tun, wenn sich, wie in diesem Beispiel eines Balkens mit einer Einzellast, die Wirkungslinien des verschieblichen Auflagers und der Kraft F auf dem Zeichenblatt nicht schneiden?

Auch hier führt das Poleck zur Lösung, nur sind gegebene und gesuchte Kräfte gegenüber den früheren Aufgaben vertauscht.

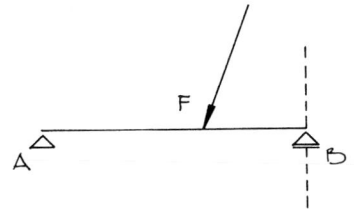

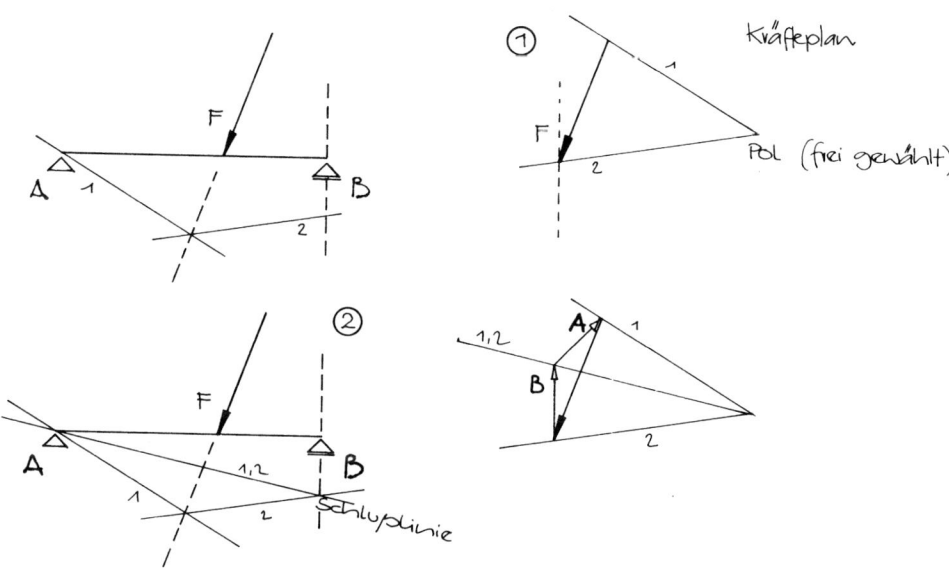

Wir zeichnen im Kräfteplan die Kraft F und
die Richtung von B (hier senkrecht), wählen

① einen Pol und zeichnen die Polstrahlen 1
und 2. Diese Polstrahlen übertragen wir
durch Parallelverschiebung in den Lageplan,
und zwar den Polstrahl 1 durch den Auflagerpunkt A (denn das ist ja der einzige
Punkt, von dem wir schon wissen, daß die
Auflagerreaktion A – in Größe und Richtung
bisher unbekannt – durch ihn hindurch-
gehen muß). Der Polstrahl 2 verläuft dann
durch den Schnittpunkt des Polstrahls 1 mit
der Wirkungslinie von F.

② Jetzt finden wir im Lageplan die Richtung
des Polstrahls 1, 2 durch Verbinden des Auf-
lagerpunktes A (also des Schnittpunktes von
Polstrahl 1 mit der noch unbekannten Wirkungslinie A) und des Schnittpunktes von
Polstrahl 2 mit der Wirkungslinie B.

Dieser Polstrahl 1, 2 – er heißt *Schlußlinie* –
wird parallel in den Kräfteplan so verschoben, daß er durch den Pol verläuft. Er mar-
kiert den Schnittpunkt der Kräfte A und B, so
daß wir diese jetzt im Kräfteplan zeichnen
und in den Lageplan übertragen können.
Die Begründung dafür ergibt sich aus den
Merksätzen auf Seite 237.

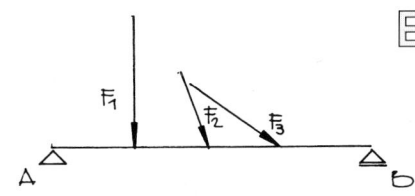

11.5 Zusammensetzen und Zerlegen

In diesem Falle werden zunächst die Einzelkräfte zu einer Resultierenden vereinigt und diese dann in die Auflagerreaktionen zerlegt.

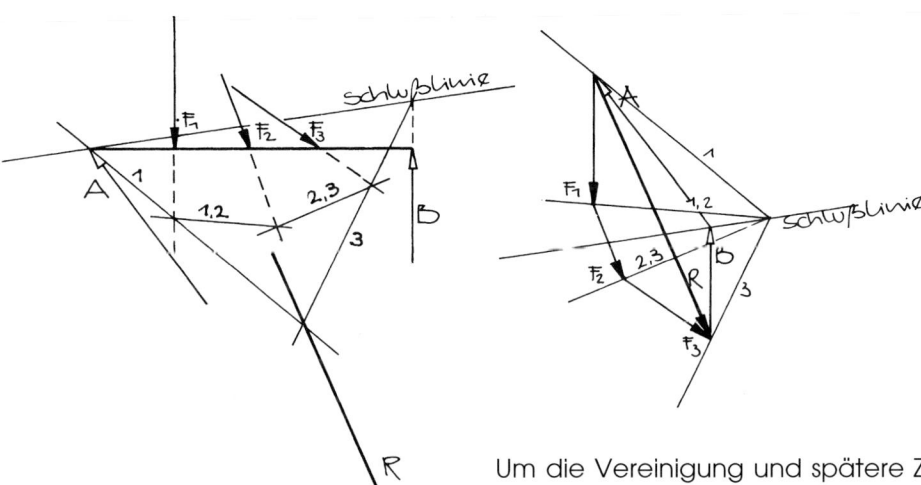

Um die Vereinigung und spätere Zerlegung in *einem* Lageplan und *einem* Kräfteplan ausführen zu können, ist es notwendig, bereits bei der Vereinigung der Kräfte den ersten (bzw. den letzten) Polstrahl durch das Auflager zu legen, dessen Kraftrichtung unbekannt ist, also durch das unverschiebliche Auflager, in unserem Beispiel Polstrahl 1 durch Auflagerpunkt A.

Alles andere wird dann ausgeführt wie schon bekannt.

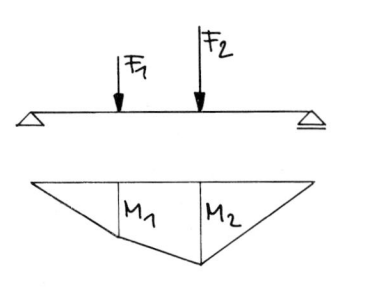

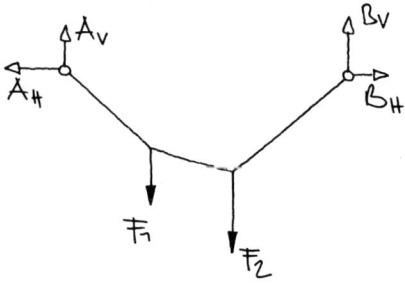

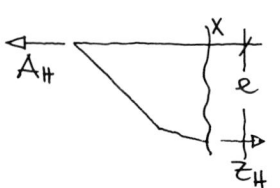

G **11.6 Seillinie und Momentenlinie**

Zwischen Seillinie und Momentenlinie besteht eine enge Beziehung. Dies wird im Folgenden erläutert.

In einem Träger auf zwei Stützen treten Biegemomente auf. Der Träger muß über die erforderlichen Querschnitts- und Materialeigenschaften verfügen, um diese Biegemomente (wie auch Querkräfte) aufzunehmen. Er wird biegesteif durch innere Zug- und Druckkräfte, die mit einem inneren Hebelarm gegeneinander wirken und so ein inneres Moment erzeugen, das dem äußeren Moment gleich ist.

Ein Seil ist nicht biegesteif. Es kann nur Zugkräfte und keine Biegemomente aufnehmen. Wie trägt es trotzdem?

Es trägt, indem es jeweils die geeignete Form einnimmt, um die Last nur durch Zugkräfte zu tragen. An die Stelle der Druckkräfte im Träger treten die Horizontalkräfte in den Auflagern. Zwischen der Horizontalkraft im Auflager – verlängert in deren Wirkungslinie – und der Horizontalkomponente der Zugkraft im Seil liegt ein Abstand – ein Hebelarm. Kraft mal diesem Hebelarm treten an die Stelle der inneren Biegesteifigkeit.

Die Horizontalkraft bleibt von Auflager bis Auflager konstant – sowohl in der Wirkungslinie der horizontalen Auflagerkomponente als auch im Seil, das ja (in unserem Beispiel) nur vertikal belastet ist, also keine Veränderung der Horizontalkomponente seiner Zugkraft erfährt. Wenn aber die Horizontalkraft gleich bleibt, kann es nur der Hebelarm sein, der – multipliziert mit dem konstanten H – einen Wert ergibt, der dem Moment im Biegeträger entspricht.

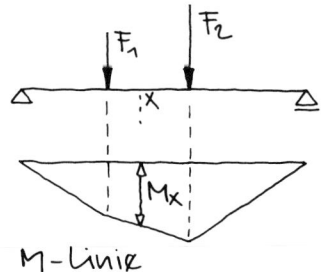

M-Linie

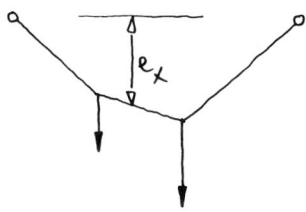

 Das bedeutet: Der Durchhang des Seils an der Stelle x entspricht dem Moment des Biegeträgers an derselben Stelle. Die Seillinie entspricht der Momentenlinie. Genauer: Die Seillinie ist eine affine Figur der Momentenlinie.

Für die Momentenlinie können wir verschiedene Maßstäbe wählen, entsprechend für das Seil verschiedene Seillängen. Momentenmaßstab und Seillänge können so gewählt werden, daß beide Linien gleich sind.

Wie ein Seil unter gegebenen Lasten hängt, können wir uns vorstellen. Damit ist uns ein Mittel gegeben, durch die Anschauung festzustellen, ob eine Momentenlinie richtig sein kann.

Selbstverständlich müssen bei einem Seil – anders als bei einem Balken – beide Auflager horizontal unverschieblich sein, damit sie die Horizontalkräfte aus dem Seil aufnehmen können.

Die Beziehung von Seillinie und Momentenlinie gilt auch für Streckenlasten. (Näheres dazu in Band 2, Kapitel »Seile«.)

Graphische Konstruktion einer Momentenlinie:

Im Kräfteplan und Lageplan (Poleck und Seileck) werden die Auflagerreaktionen A und B des Trägers und eine der möglichen Seillinien ermittelt.

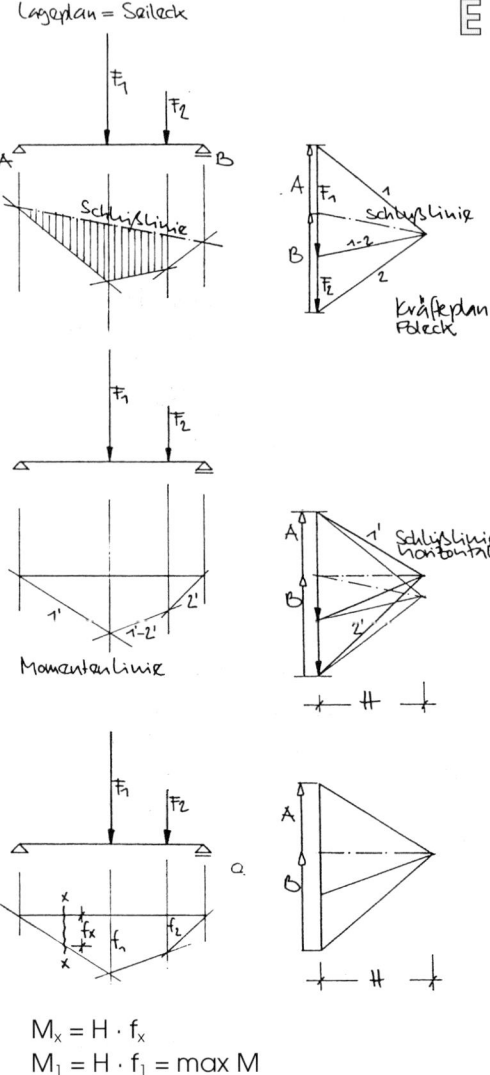

$M_x = H \cdot f_x$

$M_1 = H \cdot f_1 = \max M$

$M_2 = H \cdot f_2$

E Je nach Wahl des Poles ist nicht nur der Seildurchhang unterschiedlich, sondern es unterscheiden sich auch die Neigung der Schlußlinie und damit der Höhenunterschied zwischen A und B.

Die Momentenlinie eines horizontalen Trägers soll aber an einer horizontalen Grundlinie gezeichnet werden. Deshalb versetzen wir den Pol in die Höhe des Punktes, an dem sich die Pfeile der Auflagerkräfte A und B berühren, in unserem Beispiel also an die Pfeilspitze von B. So erhalten wir eine horizontale Schlußlinie, die wir als Grundlinie der Momentenkurve in den Lageplan übertragen.

Wie können wir die Größe der Momente aus der so gefundenen Linie ablesen? Wir erinnern uns: Mit der Wahl des Poles führten wir eine zusätzliche Kraft ein. Sie ermöglichte uns das Zusammensetzen oder Zerlegen von Kräften, die sich nicht auf dem Zeichenblatt schneiden. Die horizontale Entfernung des Poles von den vertikalen Kräften entspricht der Horizontalkomponente dieser Zusatzkraft. Diese Horizontalkraft mal dem vertikalen Durchhang f des Seiles an einem Schnitt x muß das Moment am Schnitt x ergeben. Wir messen also im Lageplan (Seileck) den Durchhang [m] und multiplizieren ihn mit der Kraft H [kN] im Kräfteplan (Poleck), jeweils im gewählten Maßstab.

Die Wahl eines »glatten« Maßes für den Polabstand H (z. B. H = 10 kN im gewählten Maßstab der Kräfte) erleichtert solches Tun.

12 Fachwerke

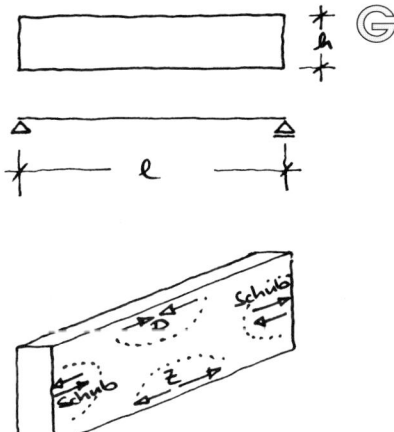

Ein Träger über einer großen Spannweite benötigt eine große Höhe. Das Material wird aber nur in der obersten und in der untersten Randfaser voll auf Druck bzw. auf Zug ausgenutzt und auch das nur in einem kleinen Bereich. Die größte Ausnutzung der Schubkräfte liegt im Bereich der Auflager. Nur im günstigsten Fall wird ein solcher Träger sowohl auf Druck und Zug als auch auf Schub voll ausgenutzt und auch dann jeweils nur in kleinen Bereichen.

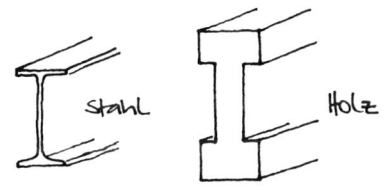

Weit günstiger als der Rechteckquerschnitt ist das I-Profil, denn es konzentriert das Material im Bereich der Randfasern, also im Bereich der stärksten Druck- und Zugbeanspruchung und vermindert den Steg auf die für den Schub notwendige Breite.

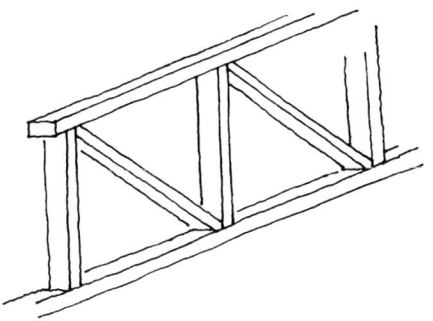

Die günstige Ausnutzung wird weiter gesteigert im Fachwerk. Hier kann das Material entsprechend den Kräften angeordnet, d. h. optimal genutzt werden. Anstelle des vollen Querschnitts über die ganze Höhe und Breite treten einzelne Stäbe. Sie können entsprechend den tatsächlich auftretenden Kräften bemessen werden.

G Beispiele von Fachwerken

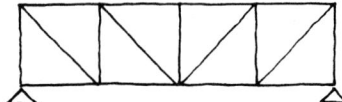

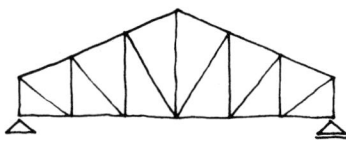
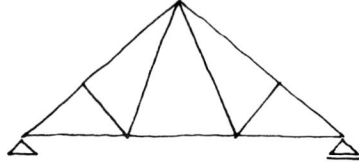

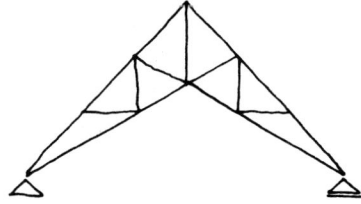
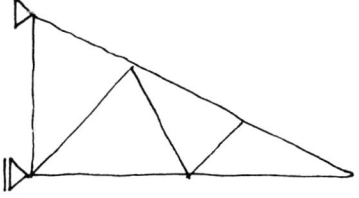

Beim Betrachten von Fachwerken fallen uns zwei wesentliche Eigenschaften auf:

1. Ein Fachwerk enthält nicht nur Stäbe im Bereich der Randfasern (die Obergurt- und Untergurtstäbe), sondern auch Schrägstäbe (Diagonalstäbe) und meist auch Vertikalstäbe.

2. Die Stäbe bilden Dreiecke.

Daß Stäbe nur im Bereich der größten Zug- und Druckspannungen eines gedachten Balkens, also nur Ober- und Untergurtstäbe allein, noch kein brauchbares Tragwerk bilden, leuchtet unmittelbar ein: Jeder dieser Stäbe würde für sich allein als viel zu dünner Balken wirken und sich entsprechend durchbiegen.

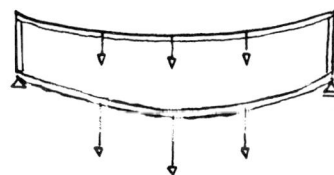

Würden zwischen Ober- und Untergurt nur vertikale Verbindungsstäbe und keine Schrägstäbe angeordnet, so könnten diese nichts anderes bewirken als nur die gleich- starke Durchbiegung von Ober- und Unter- gurt.

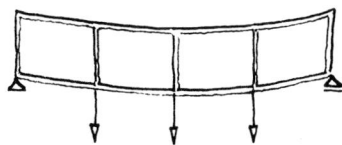

Erst wenn auch schräge Stäbe, die Diago- nalstäbe, mit den Ober- und Untergurtstäben und eventuell auch den Vertikalstäben ein System von Dreiecken bilden, entsteht ein wirksames Fachwerk.

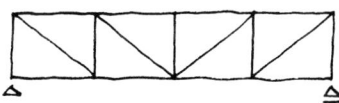

Das einfachste Fachwerk besteht aus nur einem Dreieck. In dem hier skizzierten Fach- werk wird die Kraft F von beiden schrägen Druckstäben aufgenommen. Diese schräge Druckkraft wird dann an den beiden Auf- lagern jeweils zerlegt in eine vertikale Auf- lagerkomponente und den horizontalen Zugstab.

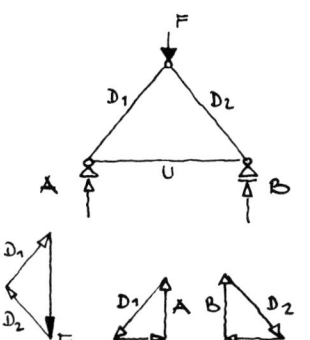

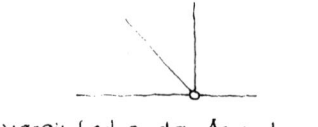

vereinfachende Annahme:
Knoten als Gelenk

 Wir gehen bei der Untersuchung von Fachwerken von einer vereinfachenden Annahme aus: Wir betrachten Knoten – also die Verbindungspunkte von Stäben – als Gelenke. Wir nehmen also an, daß dort keine Momente, sondern nur Normalkräfte von Stab zu Stab übertragen werden.

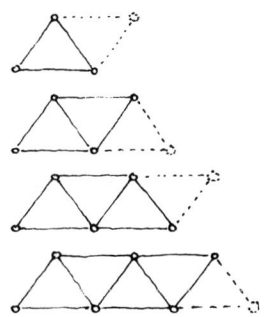

Das einfache Fachwerk, das wir eben betrachtet haben, hat drei Stäbe und drei Knoten.

Soll ein zweites Dreieck hinzugefügt werden, so brauchen wir dazu zwei weitere Stäbe und einen weiteren Knoten. Auch das nächste Dreieck benötigt zwei weitere Stäbe und einen weiteren Knoten.

Dies setzt sich bei jedem zusätzlichen Dreieck fort. Daraus ergibt sich die Formel:

$$s = 2k - 3$$

Diese Formel zeigt das Zahlenverhältnis von Stäben s und Knoten k in einem Fachwerk auf. Dieses Verhältnis gilt für Fachwerke jeder Form. Ist die Zahl der Stäbe kleiner, so ist an einer Stelle kein Dreieck vorhanden: Das Fachwerk ist nicht stabil.

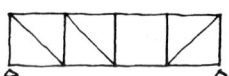

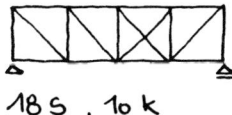

18 S , 10 k

18 > 2 · 10 - 3

18 - 1 = 2 · 10 - 3

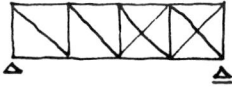

19 S , 10 k

19 - 2 = 2 · 10 - 3

 Ist die Zahl der Stäbe größer, so liegt eine innere statische Unbestimmtheit des Fachwerks vor. Es gibt also nicht nur die äußere statische Unbestimmtheit, wie wir sie vom Auflager kennen, sondern auch die innere. Der Fachwerkträger dieses Beispiels ist in seiner Gesamtheit, also als Träger gesehen, statisch bestimmt gelagert. Er ist äußerlich statisch bestimmt. Er ist jedoch innerlich einfach statisch unbestimmt durch einen überzähligen Stab. Man könnte einen der Stäbe aus dem dritten Feld weglassen, das Fachwerk wäre dann immer noch stabil, aber innerlich bestimmt.

Hingegen würde durch Hinzufügung weiterer überflüssiger Stäbe der Grad der inneren statischen Unbestimmtheit erhöht werden. Das hier gezeigte Fachwerk ist 2fach statisch unbestimmt.

In der weit überwiegenden Mehrzahl werden Fachwerke innerlich statisch bestimmt gebaut. Wir sollten beim Entwurf auf diese statische Bestimmtheit achten. Die im folgenden erläuterten Verfahren zur Ermittlung der Stabkräfte gelten nur für solche innerlich statisch bestimmten Fachwerke.

 Bei der Ermittlung der Stabkräfte werden wir von folgenden Vereinfachungen ausgehen:

1. Die Knoten sind gelenkig.
2. Kräfte greifen nur in den Knoten an.
   Die Eigengewichte der Stäbe werden so betrachtet, als seien sie in den Knoten zusammengefaßt und in den dort angreifenden Kräften inbegriffen.

Aus diesen Vereinfachungen ergibt sich, daß alle Kräfte in den Stäben nur in Stabrichtung – also als Längskräfte – wirken. Die Stabachsen sind also die Wirkungslinien der Kräfte.

12.1 Zeichnerische Methode zur Ermittlung der Stabkräfte – *Cremonaplan*

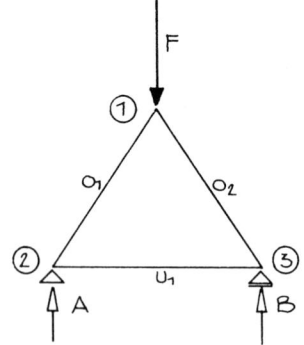

Beispiel 12.1.1

Zunächst müssen wir alle äußeren Kräfte kennen – also nicht nur die gegebene Kraft F, sondern auch die Auflagerreaktionen A und B. Wir können sie nach den bereits besprochenen Methoden zeichnerisch oder rechnerisch ermitteln. In unserem Fall ist wegen der Symmetrie:

$$A = B = \frac{F}{2}$$

Die äußeren Kräfte sind damit im Gleichgewicht.

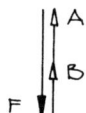

Wir zeichnen diese äußeren Kräfte in der Reihenfolge F – B – A, »umfahren« das ganze Gebilde also rechtsdrehend (im Uhrzeigersinn). In derselben Richtung werden wir im folgenden auch jeden einzelnen Knoten umfahren, wobei wir immer von einer schon bekannten Kraft ausgehen.

Betrachten wir den Knoten ①. Wir gehen aus von der bekannten Kraft F, dann – im Lageplan – rechtsdrehend zu Stab O_2, in dem die noch unbekannte Kraft O_2 wirkt und weiter zu Stab O_1 mit der Kraft O_1. (Mit O werden die Obergurtstäbe, mit U die Untergurtstäbe bezeichnet.)

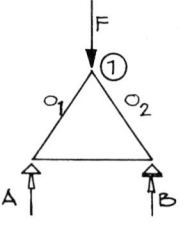

Lageplan

In derselben Reihenfolge tragen wir die Kräfte auch in den Kräfteplan ein, ermitteln so ihre Größe und Richtung und tragen schließlich in dieser Richtung die Pfeilspitzen an die Kräfte an. Sie zeigen uns die Richtung der Kräfte, die aus den Stäben auf die Knoten wirken, damit an diesen Knoten Gleichgewicht herrscht.

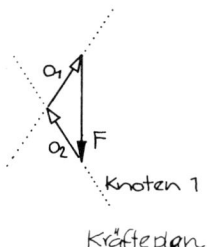

Knoten 1

Kräfteplan

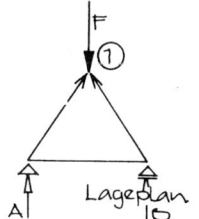

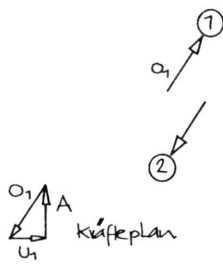

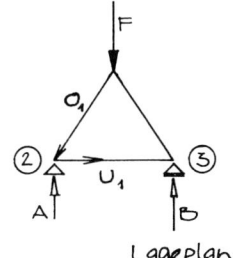

 Wenn wir jetzt diese Pfeile in den Lageplan übertragen und an die jeweiligen Stäbe nahe dem betrachteten Knoten ① antragen, so wird deutlich: Die Stabkräfte wirken zum Knoten hin, sie drücken auf den Knoten, d. h., in den Stäben wirken Druckkräfte. Die Stäbe O_1 und O_2 sind Druckstäbe.

Es wäre genausogut möglich gewesen, äußere Kräfte und Knoten linksdrehend zu umfahren, also am Knoten erst F, dann O_1, dann O_2. Das Ergebnis wäre das gleiche gewesen, das Krafteck jedoch wäre spiegelbildlich zu dem anderen geworden.

Da wir aber beim ersten untersuchten Knoten die Rechtsumfahrung gewählt haben, müssen wir diese Rechtsumfahrung bei diesem Fachwerk für alle Knoten beibehalten – ein Wechsel der Umfahrungsrichtung innerhalb eines Fachwerkes würde zu Schwierigkeiten führen.

Mit der Reihenfolge der Knoten hat dieser Umfahrungssinn nichts zu tun!

Betrachten wir jetzt den Knoten ② am Auflager A. Die Kraft im Stab O_1 ist uns schon bekannt. So wie diese Druckkraft gegen den Knoten ① drückt, so drückt sie hier gegen den Knoten ②, muß also bei dessen Untersuchung mit dem Pfeil auf den Knoten ② hinzeigen. Der Pfeil hat jetzt also die umgekehrte Richtung wie vorhin, als wir Knoten ① untersuchten.

Von der schon bekannten Auflagerkraft A ausgehend, umfahren wir den Knoten wieder rechtsdrehend, kommen so zunächst zum Stab O_1 und schließlich zu dem Stab U_1. Die Kraft U_1 wirkt vom Knoten weg, ist also eine Zugkraft und wird als solche in den Lageplan eingetragen.

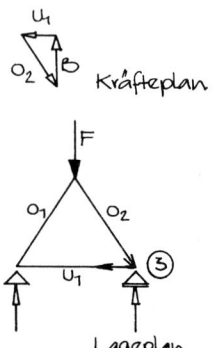

Ⓖ   Wir durchfuhren also zunächst die schon
bekannten Kräfte und schlossen mit der
unbekannten Kraft.

Zuletzt betrachten wir den Knoten ③ nur
noch zur Probe, denn die Stabkräfte sind
ja schon bekannt. Die Druckkraft O_2 ist zum
Knoten hin gerichtet, die Zugkraft U_1 vom
Knoten weg, wie sich aus der Übertragung
der Kraftrichtungen in den Lageplan leicht
erkennen läßt.

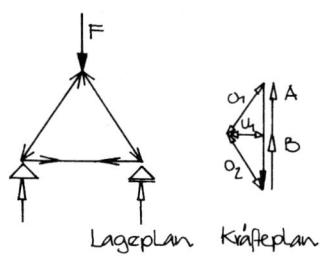

Nachdem uns die Vorgehensweise klar
geworden ist, können wir die drei Kraftecke
der Knoten sowie das Krafteck der äußeren
Kräfte in *einem* einzigen Kräfteplan zusam-
menzeichnen. Jede Kraft wird dabei nur einmal gezeichnet, jede Stabkraft aber zweimal
durchfahren, und zwar in entgegengesetzten
Richtungen – einmal für jeden ihrer beiden
Knoten.

Bei jedem Durchfahren zeichnen wir eine
Pfeilspitze, also an jede Kraft zwei entgegengesetzte. Sobald im Kräfteplan eine Pfeilspitze gezeichnet ist, übertragen wir sie sofort
in den Lageplan, um so Zug und Druckkräfte
zu unterscheiden. Später, wenn im Kräfteplan
jede Kraft mit zwei Pfeilen »abgehakt« ist,
könnten wir dort ihre Richtung nicht mehr
erkennen.

Dieser Kräfteplan heißt »*Cremonaplan*«,
nach dem italienischen Mathematiker
Luigi Cremona (1830 bis 1903).

F= 2.00
A= 1.00
B= 1.00

O_1	-1.25
O_2	-1.25
U_1	+0.81

 Zuletzt werden die Größen der Kräfte – nach dem gewählten Kräftemaßstab ablesbar – in einer Tabelle niedergelegt, hierbei Druckkräfte mit (–) und Zugkräfte mit (+) gekennzeichnet.

Wenn wir das Verfahren beherrschen, werden wir uns nicht mehr damit aufhalten, für jeden Knoten ein einzelnes Krafteck zu zeichnen, sondern werden sofort alle Kräfte im Cremonaplan zeichnen und ermitteln – dies ist nicht nur zeitsparend, sondern auch genauer, weil damit das Übertragen von einem Krafteck ins andere – jeweils eine Quelle der Ungenauigkeit – entfällt. Zum besseren Verstehen aber wird im folgenden Beispiel noch einmal ein Fachwerk erst in einzelnen Kraftecken untersucht und diese Untersuchung erst zuletzt im *Cremonaplan* zusammengefaßt.

Beispiel 12.1.2

Neben den Obergurtstäben O und den Untergurtstäben U gibt es hier auch Vertikalstäbe V und Diagonalstäbe D.

Nach Klärung der äußeren Kräfte müssen wir an einem Knoten beginnen, an dem nur zwei Kräfte unbekannt sind.

Der Knoten ① wäre dazu ungeeignet – an ihm schließen drei unbekannte Stabkräfte an. Wir beginnen deshalb bei Knoten ②. Dabei erkennen wir, daß im Stab U_1 keine Kraft wirkt – er ist ein »Nullstab«. Als Umfahrungsrichtung wählen wir wieder *rechtsdrehend*.

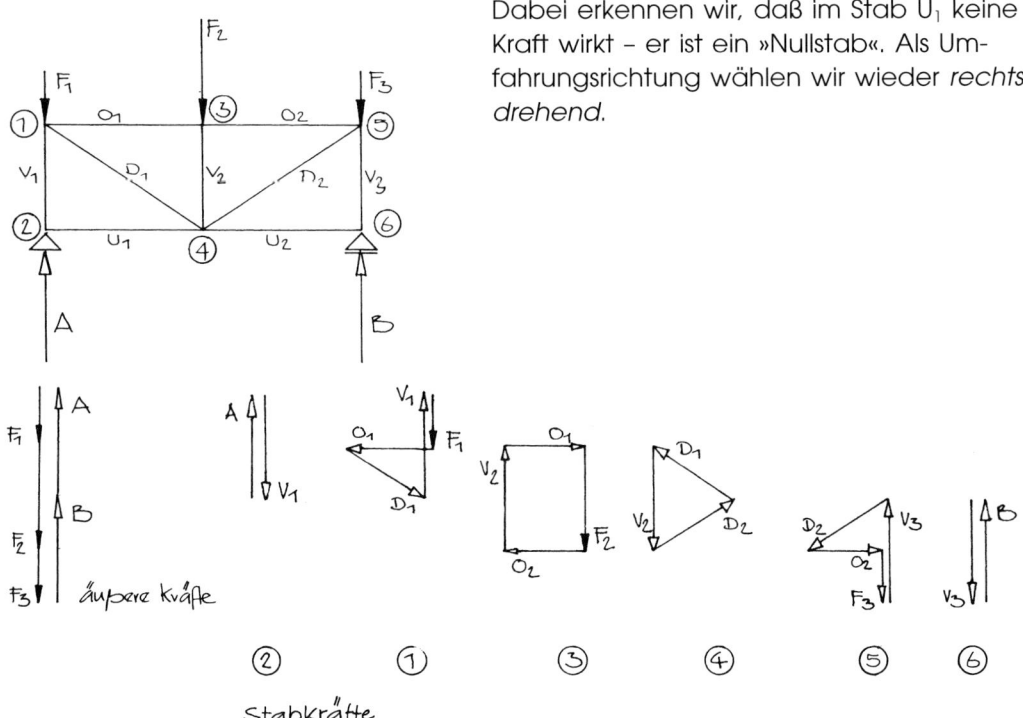

Diese einzelnen Kraftecke werden wieder im *Cremonaplan* zusammengefaßt und die Ergebnisse in einer *Tabelle* niedergelegt.

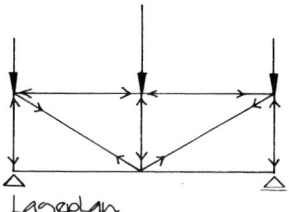

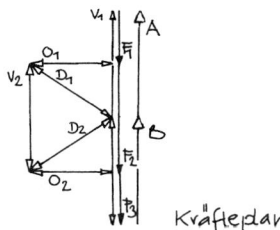

O_1 O_2	
U_1 U_2	$\pm o$ $\pm o$
V_1 V_2 V_3	
D_1 D_2	

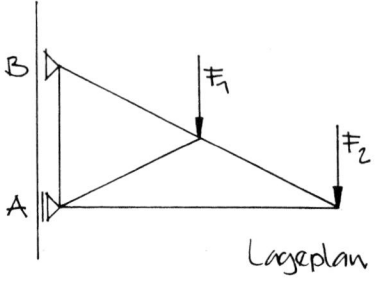

Lageplan

G   **Beispiel 12.1.3**

An einem auskragenden Fachwerkträger
werden im folgenden zunächst die Auflagerreaktionen und anschließend die
Stabkräfte graphisch ermittelt. Auf die Zerlegung in einzelne Kraftecke können wir
jetzt schon verzichten und gehen gleich
daran, den *Cremonaplan* zu zeichnen.

Zum besseren Verständnis wird hier das
Entstehen des *Cremonaplans* in einzelnen
Stufen dargestellt. Die Richtung von A ist
bekannt, die Richtung von B finden wir im
Lageplan.

Zunächst ermitteln wir im Poleck die Resultierende aus F_1 und F_2. Durch den Schnittpunkt
dieser Resultierenden mit der Wirkungslinie
von A (horizontal) im Lageplan muß auch
die Wirkungslinie von B gehen. Nur wenn A,
B und R sich in einem Punkt schneiden, ist
$\Sigma M = 0$; nichts dreht um diesen Schnittpunkt.
Ist die Richtung von B bekannt, so finden wir
die Größe von A und B im Kräfteplan der
äußeren Kraft.

Ⓖ **Zu Beispiel 12.1.3**

Kräftepläne

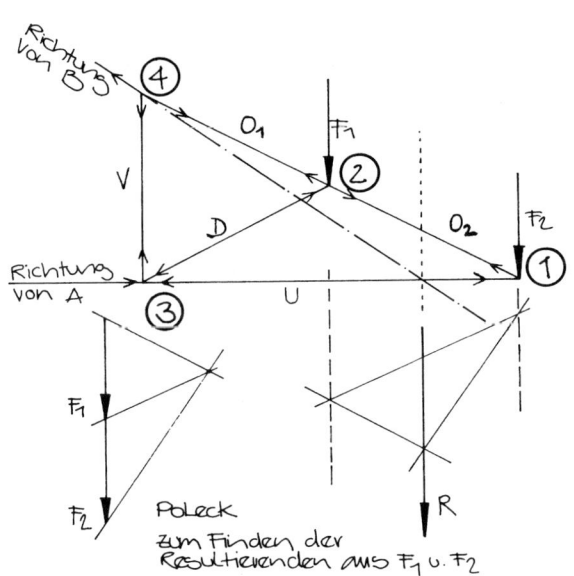

Richtung von B
④
O_1
②
V
F_1
D
O_2
F_2
①
Richtung von A
③
U
F_1
F_2
R
Poleck
zum Finden der
Resultierenden aus F_1 u. F_2

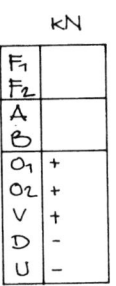

	kN
F_1	
F_2	
A	
B	
O_1	+
O_2	+
V	+
D	–
U	–

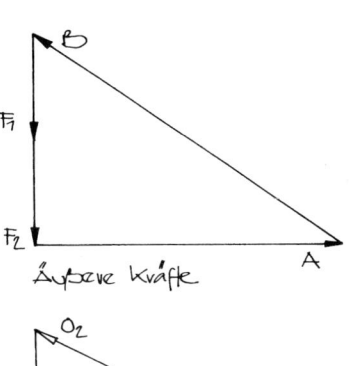

Äußere Kräfte

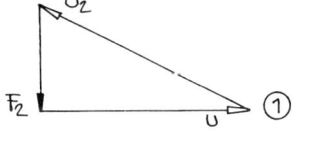

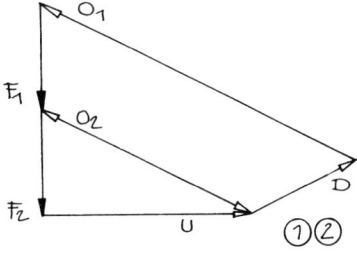

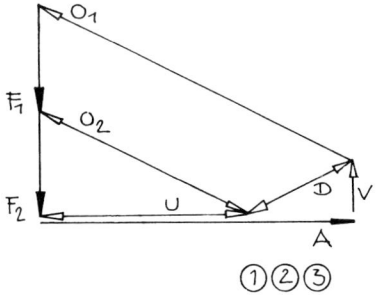

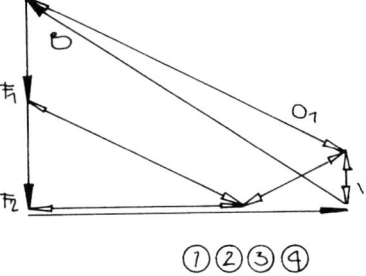

Wir merken uns als Arbeitsfolge für die Ermittlung der Kräfte im *Cremonaplan*:

1. Belastende Kräfte F_1, F_2 ... feststellen.

2. Stützende Kräfte (Auflagerreaktionen) A und B ermitteln.

3. Stäbe benennen (O_1, O_2, U_1 ...).

4. Einen Umfahrungssinn festlegen, und alle äußeren Kräfte in der Reihenfolge des Umfahrungssinnes aneinanderreihen.

5. Die Ermittlung der inneren Stabkräfte an einem Knoten beginnen, an dem nur zwei unbekannte Kräfte angreifen.

6. In der Reihenfolge des gewählten Umfahrungssinnes bekannte Kräfte dieses Knotens aneinanderreihen.

7. Richtung der beiden unbekannten Kräfte antragen, so daß sich das Krafteck schließt, und so deren Größe und Richtung ermitteln.

8. Übertragen der Pfeilspitzen und somit der Kraftrichtungen in den Lageplan, feststellen ob Zug- oder Druckkraft.

9. Wiederholen der Schritte 6. bis 8. am nächsten Knoten, hierbei Pfeilrichtungen jeweils umdrehen, so daß jede Stabkraft zweimal in entgegengesetzten Richtungen durchfahren wird.

10. Größe und Vorzeichen in eine Tabelle eintragen.

12.2 Rechnerische Methode zur Ermittlung der Stabkräfte – Rittersches Schnittverfahren

Das Verfahren von *Ritter* ermöglicht es, *einzelne* Kräfte zu ermitteln, während ein Cremonaplan für das *ganze* Fachwerk aufgestellt wird.

(Das Verfahren ist benannt nach August *Ritter*, Ingenieur, 1826 bis 1908.)

Beispiel 12.2.1

Wegen der Symmetrie ist:

$A = B = 2F$

gesucht: $O_2 = ?$
$\qquad\quad U_2 = ?$
$\qquad\quad V_1 = ?$
$\qquad\quad D_1 = ?$

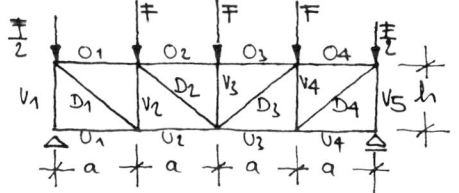

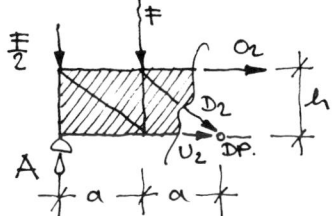

Zur Berechnung einer unbekannten Stabkraft legen wir einen (gedachten) Schnitt durch das Fachwerk, und zwar so, daß höchstens drei unbekannte Stabkräfte geschnitten werden. Diese gesuchten Kräfte müssen so groß und so gerichtet sein, daß mit ihnen und den bereits bekannten Kräften die Gleichgewichtsbedingungen

$(\Sigma\ F_V = 0,\ \Sigma\ F_H = 0,\ \Sigma\ M = 0)$

erfüllt werden. Wir können sie also als Unbekannte an dem abgeschnittenen Teil des Tragwerkes (hier schraffiert gezeichnet) ansetzen und dort wie unbekannte äußere Kräfte angreifen lassen.

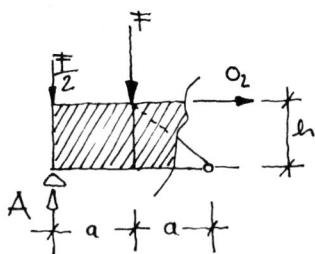

Stabkraft O_2

Der gewählte Schnitt schneidet drei Stäbe, deren Kräfte uns unbekannt sind. Mit Hilfe einer List können wir die Untersuchung so vereinfachen, daß wir zunächst nur *eine* Unbekannte ermitteln: Wir bilden $\Sigma\,M = 0$ um den Punkt, in dem sich zwei dieser Stäbe schneiden, diese zwei können also kein Moment um diesen Punkt bilden. So bleibt nur die unbekannte Stabkraft O_2, die um diesen Punkt dreht.

Mit $\Sigma\,M = 0$ können wir schreiben:

$$+ A \cdot 2a - \frac{F}{2} \cdot 2a - F \cdot a + O_2 \cdot h = 0$$

$$O_2 = \frac{2aF - 2aA}{h} \qquad\bigg|\; A = 2F$$

$$O_2 = - \frac{2aF}{h}$$

Negatives Vorzeichen bedeutet: Druck. Der Stab O_2 ist also ein Druckstab. In diesem Fall konnten wir das schon vorher vermuten; daß bei dieser Lagerung und Belastung im Obergurt Druck herrscht – so wie bei einem entsprechenden Balken an der Oberseite – ist leicht zu erkennen. Wie aber waren wir rechnerisch zu diesem Ergebnis gekommen? Wir stellten uns dumm und setzten die unbekannte Kraft O_2 zunächst einmal mit positiven Vorzeichen (+) an, behandelten sie also wie eine Zugkraft. Als solche *zog* sie an dem abgeschnittenen (schraffiert gezeichneten) Teil des Tragwerks, drehte ihn also rechts herum: $+ O_2 \cdot h$.

Wäre es nun wirklich eine Zugkraft, so würde auch im Ergebnis das (+) erhalten bleiben. In unserem Falle aber hat sich das Vorzeichen umgedreht; wir erhalten (–). Das heißt: In dem Stab wirkt eine Druckkraft.

Vorzeichen

Die unbekannte Stabkraft wird immer als Zugkraft angesetzt, auch dann, wenn man sie schon als Druckkraft erkannt haben sollte. Die Auflösung der Gleichung liefert dann das richtige Vorzeichen: (+) für Zug- und (−) für Druckstäbe.

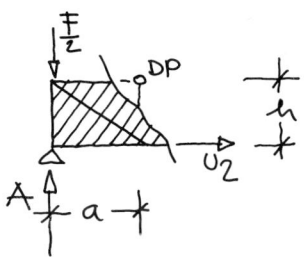

Stabkraft U_2

Wieder legen wir Schnitt und Drehpunkt so, daß nur die Unbekannte U_2 ein Drehmoment erzeugt und arbeiten mit $\Sigma\, M = 0$:

$$A \cdot a - \frac{F}{2} \cdot a - U_2 \cdot h = 0$$

$$U_2 = \frac{3aF}{2 \cdot h} \qquad\qquad\left|\; A = 2F\right.$$

Die Stabkraft U_2 hat positives Vorzeichen (+), ist also eine Zugkraft.

Stabkraft V_1

Hier setzen wir an: $\Sigma\, F_V = 0$

$+ A + V_1 = 0$

Wir legen den Schnitt schräg durch das Fachwerk, so daß V_1 und U_1 durchschnitten werden. Die unbekannten Kräfte werden so eingetragen, daß sie vom Schnitt weg zeigen, so, als seien sie Zugkräfte. U_1 ist ein Nullstab, das heißt, in ihm wirkt keine Kraft, wie wir aus $\Sigma\, F_H = 0$ leicht erkennen. Zur Berechnung von V_1 verwenden wir $\Sigma\, F_V = 0$ und setzen alle nach oben wirkenden Kräfte positiv (+) ein.

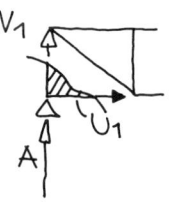

Vorzeichen

$+ A + V_1 = 0$
$V_1 = -A \qquad\qquad$ (Druckkraft)

Vorzeichen

   Diese Vorzeichenhandhabung ist willkürlich.
Wir hätten ebenso alle nach unten wirkenden Kräfte positiv einsetzen können und
dasselbe Ergebnis erhalten:

$$- A - V_1 = 0$$
$$V_1 = - A \quad \text{(Druckkraft)}$$

Das Ergebnis ist in jedem Fall:
V_1 ist ein Druckstab.

Stabkraft D_1

Auch hier können wir von $\Sigma \, F_V = 0$ ausgehen.
Die horizontalen Stabkräfte O_1 und U_1 haben
keine Vertikalkomponenten. Nach unten
wirkende Kräfte bezeichnen wir diesmal als
positiv.

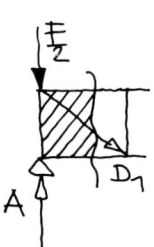

$$- A + \frac{F}{2} + D_1 \cdot \sin \alpha = 0$$

$$D_1 = \frac{-\dfrac{F}{2} + A}{\sin \alpha}$$

$$D_1 = \frac{-\dfrac{F}{2} + 2F}{\sin \alpha}$$

$$D_1 = \frac{3F}{2 \sin \alpha}$$

$D_1 \cdot \sin \alpha$ D_1

Zur Ermittlung
von α:

$$\tan \alpha = \frac{h}{a}$$

Also auch D_1 ist ein Zugstab.

Oft lassen sich zur Ermittlung einer unbekannten Stabkraft verschiedene Gleichungen
ansetzen. Wir werden im allgemeinen die
einfachste Möglichkeit einer Lösung suchen.

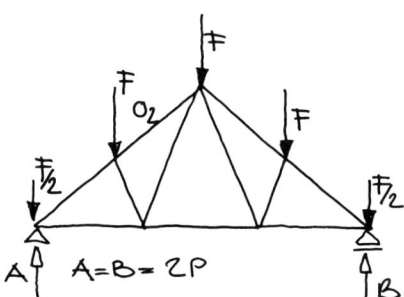

Beispiel 12.2.2

$A = B = 2F$

gesucht: O_2

$$A \cdot a - \frac{F}{2} \cdot a - F \cdot b + O_2 \cdot d = 0$$

$$\Rightarrow O_2$$

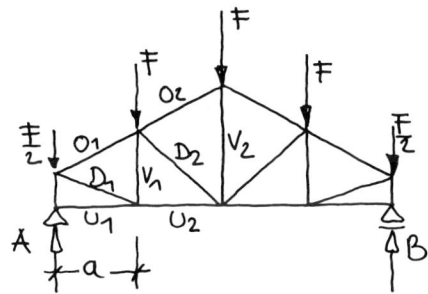

Der Abstand d der Kraft O_2 vom Drehpunkt kann entweder rechnerisch ermittelt oder aus der Zeichnung herausgemessen werden – sofern wir – mittels eines wohlgespitzten Bleistiftes – genügend genau gezeichnet haben.

Beispiel 12.2.3

$A = B = 2F$

gesucht: D_2

In diesem Fall schneiden sich die Stabkräfte O_2 und U_2 außerhalb des Fachwerkes. Dorthin müssen wir den Drehpunkt legen, wenn D_1 und keine andere Kraft um ihn ein Moment erzeugen soll, so daß wir auch hier eine Gleichung mit nur einer Unbekannten erhalten:

$$- A \cdot b + \frac{F}{2} \cdot b + F(a + b) + D_2 \cdot d = 0$$

$$\Rightarrow D_2$$

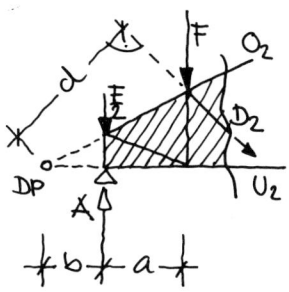

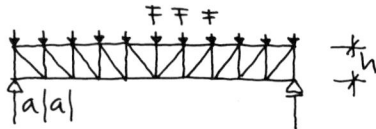

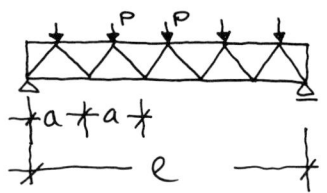

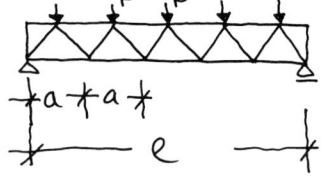

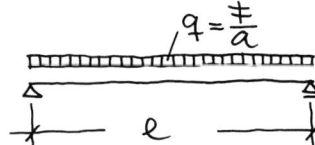

12.3 Eine Überschlagsmethode

Bei Fachwerkträgern mit vielen Feldern und parallelem Ober- und Untergurt können wir näherungsweise das Moment wie bei einem Träger mit gleichmäßig verteilter Last berechnen und die maximalen Obergurt- und Untergurtkräfte ermitteln mit dem gedachten Moment $\overline{M}$.

$$\max O \approx \frac{\max \overline{M}}{h} \qquad \text{(Druck)}$$

$$\max U \approx \frac{\max \overline{M}}{h} \qquad \text{(Zug)}$$

Dabei setzen wir an:

$$q = \frac{F}{a}$$

Wir verteilen also in Gedanken die Einzellasten zu einer gleichmäßig verteilten (»verschmierten«) Last. Mit dieser ergibt sich

$$\max \overline{M} = \frac{q \cdot l^2}{8} \qquad \text{und daraus}$$

$$\max O \approx \max U \approx \frac{q \cdot l^2}{8\,h}$$

Die größten Kräfte in Vertikal- und Diagonalstäben ergeben sich aus den Auflagerreaktionen, sie lassen sich entweder rechnerisch ermitteln (Ritterschnitt) oder graphisch, indem wir nur den ersten Knoten des Cremonaplanes zeichnen.

12.4 Erkennen von Stabkräften

Durch einfache Überlegungen läßt sich oft erkennen, welche Art von Kräften in welchen Stäben wirken; es lassen sich also Zug-, Druck- und Nullstäbe unterscheiden, auch ohne Cremonaplan oder Berechnung nach Ritter.

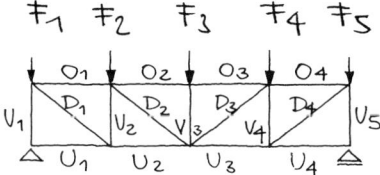

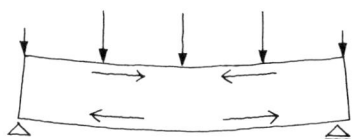

Beispiel 12.4.1

Der Vergleich mit einem Balken unter gleicher Belastung macht deutlich: In den Obergurtstäben herrscht Druck – so wie in den oberen Fasern des Balkens. Die Analogie zum Balken läßt uns auch erkennen, daß die mittleren Obergurtstäbe – O_2 und O_3 – größere Druckkräfte enthalten als die äußeren.

Entsprechend herrscht im Untergurt Zug – wie in den unteren Fasern des Balkens. Doch Halt! In allen Untergurtstäben???

Stellen wir uns vor, der Untergurtstab U_4 wäre ein Zugstab. *Wäre!* Wo sollte diese Kraft am rechten Ende des Stabes eine Gegenkraft finden? Sie würde »ins Leere fahren«. Der Vertikalstab V_5 kann keinen horizontalen Kraftanteil enthalten. Das Auflager B ist verschieblich – es kann keine H-Kraft aufnehmen. Da jede Gegenkraft, jede Reaktion, fehlt, so kann auch in U_4 keine Kraft sein – U_4 ist ein Nullstab.

Aber könnte nicht U_1 ein Zugstab sein – mit einer horizontalen Reaktion im Auflager A? Nein! Da Auflager B keine horizontale Reaktionskraft entwickeln kann und horizontale oder schräge Lasten nicht auf das System wirken, kann auch in A keine horizontale

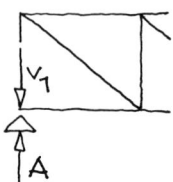

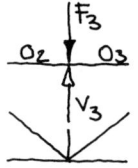

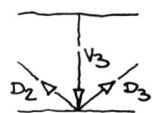

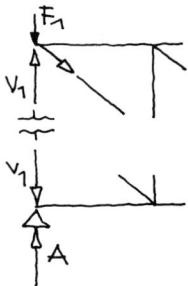

 Kraft wirken, sonst wäre nicht

$$\Sigma\, F_H = 0$$

Die vertikale Auflagerreaktion A wird nur vom Vertikalstab V_1 aufgenommen. In ihm herrscht eine Druckkraft, sie ist

$$V_1 = -\,A$$

(Vorzeichen: –, weil Druck)

Welche Kraft wirkt im mittleren Vertikalstab V_3?

Die äußere Kraft F_3 trifft in einen Knoten mit den beiden Obergurtstäben O_2 und O_3 und dem Vertikalstab V_3 zusammen. Die beiden Obergurtstäbe liegen auf **einer** Geraden. Ihre Kräfte liegen auf derselben Wirkungslinie. Sie können nicht mit einer dritten Kraft ein Krafteck bilden, keiner von ihnen vermag die vertikale Kraft F_3 aufzunehmen. Sie wird deshalb voll auf den Vertikalstab V_3 übertragen, der sich ihr als Druckstab entgegenstellt:

$$V_3 = -\,F_3$$

(Vorzeichen: –, weil Druck)

An seinem unteren Knoten gibt der Stab V_3 seine Kraft an die beiden Diagonalstäbe D_2 und D_3 ab – er wird von diesen beiden Stäben wie von zwei Seilen gehalten – gleichsam hochgezogen. D_2 und D_3 sind Zugstäbe.

Noch größer ist die Zugkraft in dem Diagonalstab D_1. Die Auflagerkraft A, die von dem Vertikalstab V_1 in voller Größe aufgenommen wurde, muß jetzt (um die Last F_1 verringert) von dem Stab D_1 als Zugkraft weitertransportiert werden.

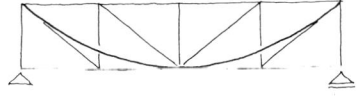

In einem parallelgurtigen Fachwerkträger sind zur Mitte fallende Diagonalstäbe – die sich gleichsam einer Seillinie nähern – Zugstäbe.

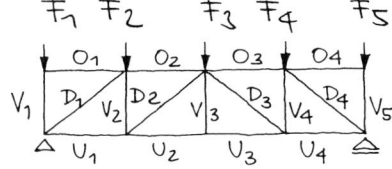

Beispiel 12.4.2

Auch hier herrscht in Obergurtstäben Druck, in Untergurtstäben Zug. Hier aber sind auch die äußeren Untergurtstäbe U_1 und U_4 Zugstäbe – die Diagonalstäbe stellen ihnen die erforderliche horizontale Kraftkomponente entgegen.

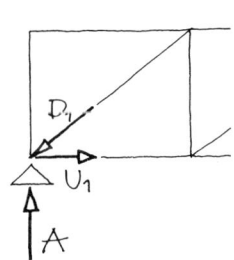

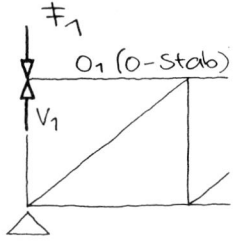

Hingegen sind die äußeren Obergurtstäbe – O_1 und O_4 Nullstäbe. In ihnen wirkt keine Kraft – wo sollte sie denn in den äußeren Ecken bleiben?

Der Vertikalstab V_1 überträgt nur die Last F_1, er tut dies als Druckstab:

$$V_1 = - F_1 .$$

Wie wird der Vertikalstab V_3 beansprucht?

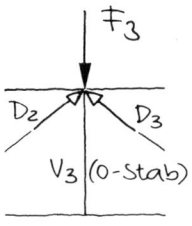

Gar nicht! Er würde an seinem unteren Knoten keinen Widerstand finden. V_3 ist ein Nullstab. Der Last F_3 stemmen sich die beiden Diagonalstäbe D_2 und D_3 entgegen und nehmen sie – als Druckstäbe – voll auf.

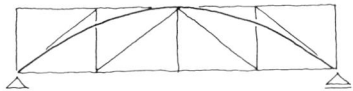

In einem parallelgurtigen Fachwerkträger sind zur Mitte steigende Diagonalstäbe – die sich gleichsam einer Bogenlinie nähern – Druckstäbe.

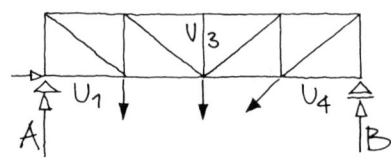

Beispiel 12.4.3

In diesem Fall ist der Vertikalstab V_3 ein Nullstab. Hingegen bewirkt die Horizontalkomponente einer Last, daß im unverschieblichen Auflager A eine horizontale Reaktion auftreten muß. Ihr steht eine Druckkraft im Stab U_1 entgegen. U_4 bleibt ein Nullstab, weil er in das verschiebliche Auflager B keine horizontale Kraft bringen kann.

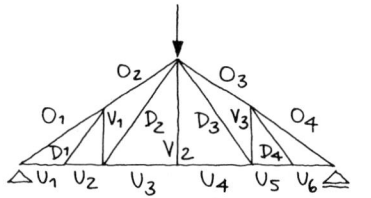

Beispiel 12.4.4

Es ist wohl ohne weiteres einzusehen, ja zu spüren, daß die Obergurtstäbe Druck und die Untergurtstäbe Zug erhalten.

Der mittlere Vertikalstab V_2 kann nur ein Nullstab sein, eine Kraft in ihm würde unten »ins Leere fahren«. Welche Kraft aber bekommt D_2?

An diese Frage müssen wir uns Schritt für Schritt herantasten. Beginnen wir mit D_1. Auch dieser Stab kann nur ein Nullstab sein, wie an seinen unteren Knoten leicht abzulesen ist – auch hier würde eine Kraft aus D_1 »ins Leere fahren«.

Da D_1 ein Nullstab ist, kann auch der Vertikalstab V_1 keine Kraft führen, sie würde an seinem oberen Knoten keinen Widerstand finden. Auch V_1 ist ein Nullstab.

Dasselbe gilt für unsere gesuchte Kraft in D_2. Da V_1 ein Nullstab ist, steht D_2 an seinem unteren Knoten keine Kraft entgegen. D_2 muß ein Nullstab sein.

Somit sind nur die Stäbe des Obergurtes und die des Untergurtes beansprucht, alle Stäbe im Inneren sind Nullstäbe.

Dies gilt aber nur für den hier dargestellten Lastfall mit nur einer Einzellast auf der Spitze des Trägers!

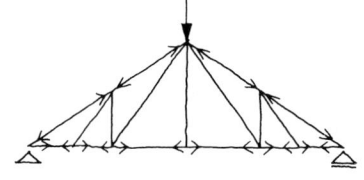

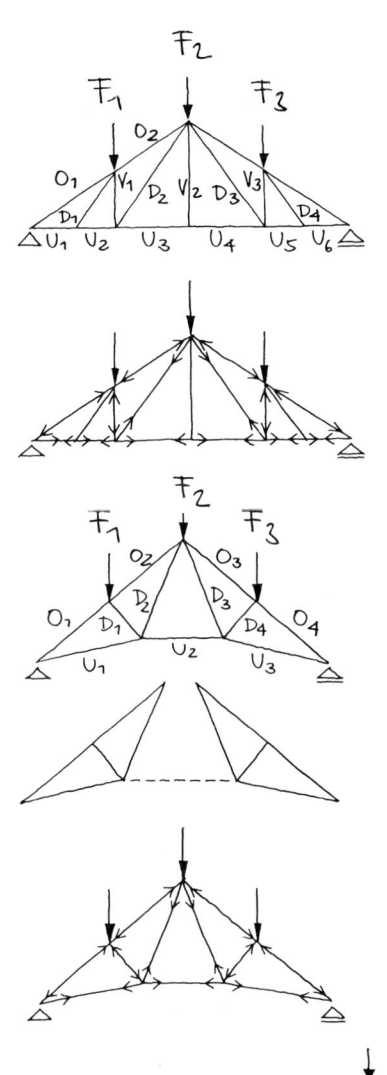

E

Bei dieser Belastung sind D_1 und V_2 auch Nullstäbe. Aber die Last F_1 wirkt voll auf den Vertikalstab V_1 – er wird zum Druckstab.

An seinem unteren Knoten gibt er seine Kraft weiter an den Diagonalstab D_2 – dieser wird zum Zugstab.

Dieser Fachwerkträger, nach seinem Erfinder *Polonceau**) – Binder genannt, besteht aus zwei dreieckförmigen Trägern, die durch ein Zugband verbunden werden. Es ist sofort zu erkennen, daß alle Obergurtstäbe Druck, alle Untergurtstäbe Zug erhalten. Der Diagonalstab D_1 stellt sich der Last F_1 als Druckstab entgegen. Seiner Druckkraft muß an seinem unteren Knoten eine Zugkraft in D_2 entgegentreten.

Der Winkel zwischen den Stäben am Auflager darf nicht zu klein sein, weil sonst die Kräfte in diesen Stäben sehr groß werden. Je größer dieser Winkel, um so kleiner die Stabkräfte.

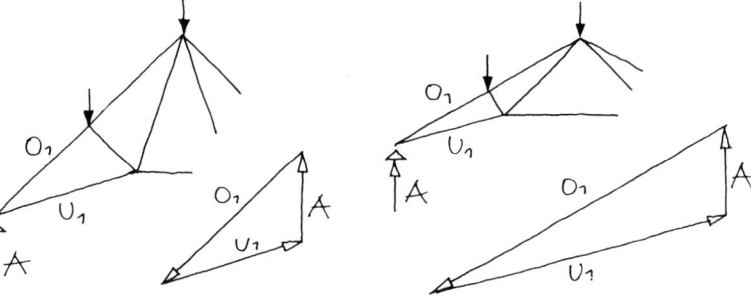

---

*) Jean B.-C. Polonceau, 1813 bis 1859

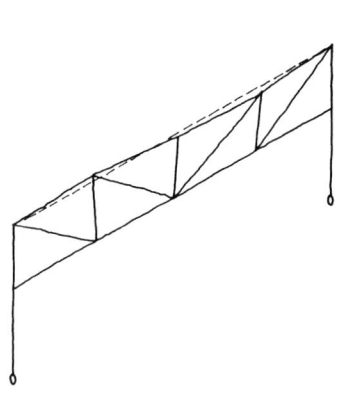

 ## 12.5 Aussteifung des Druckgurtes

Die Druckstäbe des Obergurtes eines Fachwerkträgers drohen zu knicken – sie sind deshalb entsprechend zu bemessen.

Wie groß ist die Knicklänge?

Die Knicklänge ist gleich der Knicklänge des Einzelstabes, wenn jeder Knoten des Obergurtes seitlich festgehalten ist.

In der Regel liegen die Obergurte in der Dachebene. Hier ist es durch einfache konstruktive Maßnahmen möglich, die Knoten seitlich festzuhalten und so das seitliche Knicken des Obergurtes als Ganzes zu verhindern. Windverbände oder steife Dachscheiben sind hier hilfreich.

Sind aber die Knoten nicht seitlich gehalten, so kann jeder Knoten seitlich ausweichen.

Selbst dann, wenn die oberen Eckknoten des Fachwerkes, also die Obergurtknoten über den Auflagern, seitlich gehalten wären, z. B. durch bis zu dieser Höhe durchgehende Stützen, so bliebe doch als Knicklänge des Obergurtes die volle Länge des Fachwerkträgers – eine fragwürdige Konstruktion. Auch seitliches Halten jedes Obergurtknotens durch schräges Abspannen wäre eine wenig beglückende Notlösung.

In vertikaler Richtung hingegen ist jeder Knoten durch den Fachwerkträger selbst gehalten.

13 Schräge und geknickte Träger

Dachsparren und Treppen sind die häufigsten Fälle von schrägen und geknickten Trägern. Doch auch Balken, Platten etc. können schräg und/oder geknickt sein.

Beispiel 13.1

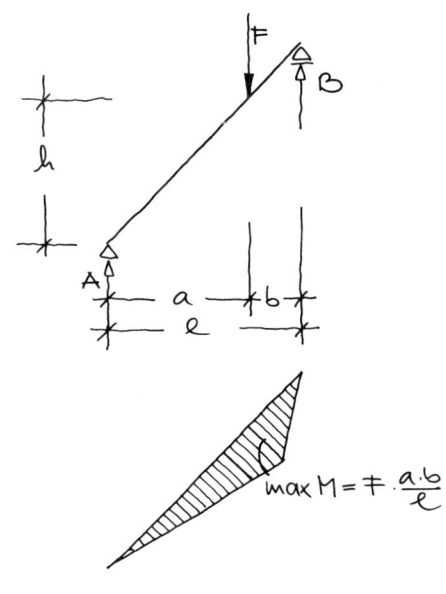

Dieser Träger liegt schräg, die Längen l, a und b sind aber in seiner Horizontalprojektion gemessen. Er ist nur mit einer vertikalen Einzellast F beansprucht, sein Eigengewicht sei zunächst außer acht gelassen. Das Auflager B ist horizontal verschieblich, kann also nur Vertikalkräfte aufnehmen. Damit ist klar, daß auch in Auflager A nur Vertikalkräfte auftreten, keine Horizontalkräfte, denn sonst wäre nicht $\Sigma\, F_H = 0$. Mit dieser Erkenntnis lassen sich die Auflagerreaktionen ermitteln:

$$\Sigma\, M = 0 \qquad DP : B$$

Das läßt sich auch so schreiben:

$$\Sigma\, M_B = 0$$

$$A \cdot l - F \cdot b = 0$$

$$A = \frac{F \cdot b}{l}$$

Entsprechend über $\Sigma\, M_A = 0$:

$$B = \frac{F \cdot a}{l}$$

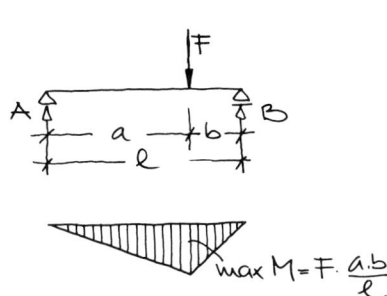

Wir sehen, daß hier die Höhe h keine Rolle spielt, solange keine horizontalen Kräfte auftreten. Die Auflagerreaktionen sind also die gleichen, wie bei einem horizontalen Träger mit den gleichen Maßen l, a und b, hier wie dort horizontal gemessen.

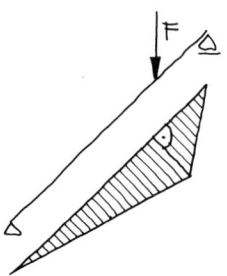

 Auch für die Momente ergeben sich dieselben Werte, wie für den entsprechenden
horizontalen Träger:

$$\max M = A \cdot a = \frac{F \cdot a \cdot b}{l}$$

Momente werden in der Zeichnung aber
immer im rechten Winkel zur Systemlinie
angetragen!

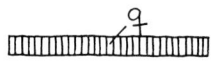

Beispiel 13.2

Der Träger wird mit einer gleichmäßig verteilten vertikalen Last q kN/m beansprucht,
dabei ist kN/m auf die horizontale Länge
bezogen. Die Länge l ist auch hier in der
Horizontalprojektion des Trägers gemessen,
Auflager B ist horizontal verschieblich. Wie bei
einem horizontal liegenden Träger mit gleicher Länge l und gleicher Last q ergibt sich:

$$A = B = \frac{q \cdot l}{2}$$

$$\max M = \frac{q \cdot l^2}{8}$$

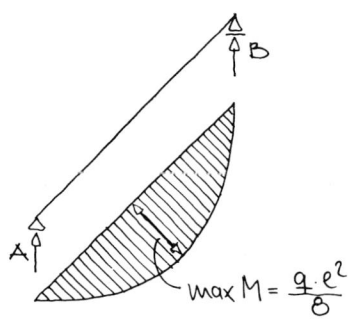

Beispiel 13.3

Hier jedoch wirkt die Last schräg, im rechten
Winkel zur Systemlinie des Trägers. Für das
Ermitteln der Auflagerreaktionen bevorzugen
wir die graphische Methode. Es hilft uns, daß
durch das horizontal verschiebliche Auflager
B nur vertikale Kräfte laufen können. Das
maximale Moment liegt am Angriffspunkt der
Einzellast. Es ist:

$$\max M = B \cdot b$$

(Wie immer wird der Hebelarm im rechten
Winkel zur Kraft gemessen.)

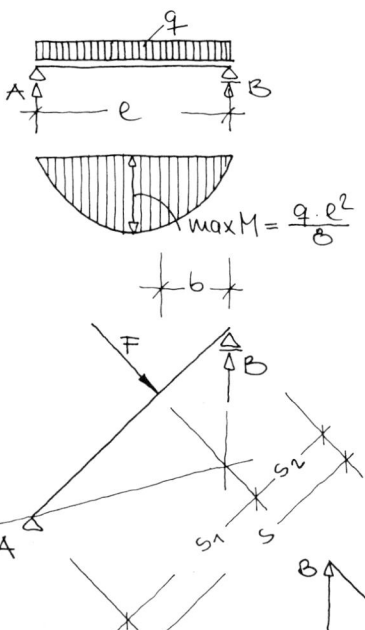

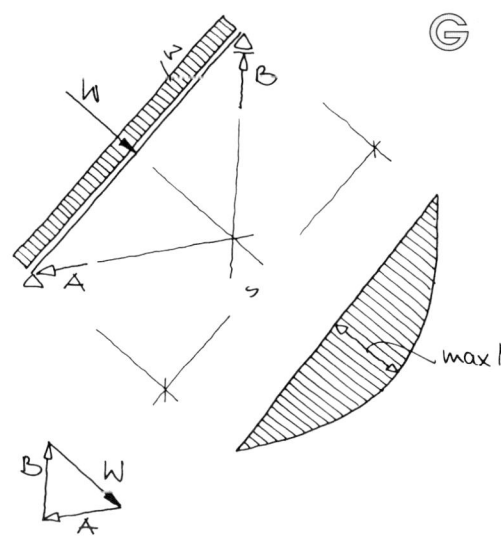

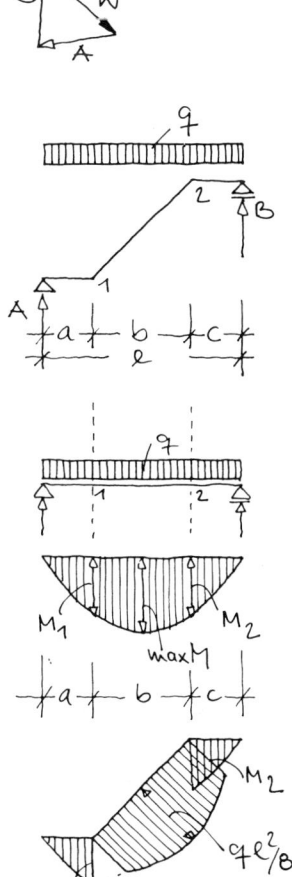

Ⓖ **Beispiel 13.4**

Diese gleichmäßig verteilte Last, die im rechten Winkel auf einen schrägen Träger wirkt, könnte eine Windlast sein; wir nennen sie deshalb w. Sie wird in kN/m angegeben, gemessen in der schrägen Länge s. Wir ermitteln die Auflagerkräfte graphisch und fassen hierfür die Last in einer Resultierenden W zusammen.

Als maximales Moment ergibt sich:

$$\max M = \frac{w \cdot s^2}{8}$$

Beispiel 13.5

Bei Treppen kommen solche geknickten Trägerformen häufig vor. Die Last nehmen wir zunächst als gleichmäßig verteilt über die ganze Länge an, sie ist je Meter in der Horizontalprojektion gemessen und wirkt vertikal.

Mit $\Sigma\, M_B = 0$ ermitteln wir:

$$A \cdot l - q \cdot l\, \frac{l}{2} = 0$$

$$A = \frac{q \cdot l}{2}$$

entsprechend auch:

$$B = \frac{q \cdot l}{2}$$

Also auch hier sind die Auflagerkräfte die gleichen wie bei einem geraden horizontalen Träger mit gleichem l und gleicher Last.

Dies gilt auch für das Maximalmoment:

$$\max M = A \cdot \frac{l}{2} - q \cdot \frac{l}{2} \cdot \frac{l}{4}$$

$$\max M = \frac{q \cdot l^2}{8}$$

Die Momentenlinie wird auch hier an jedem Teil des Trägers im rechten Winkel zur Systemlinie angetragen. Das ergibt bei M_1 ein Klaffen in der M-Fläche. Auf beiden Seiten dieses Klaffens, also links und rechts vom Träger-Knick, ist M_1 gleich groß. Bei M_2 ergibt sich eine Überschneidung der M-Flächen.

Die Momente an den Knicken sind:

$$M_1 = A \cdot a - \frac{q \cdot a^2}{2}$$

$$M_2 = B \cdot c - \frac{q \cdot c^2}{2}$$

Hier sei darauf hingewiesen, daß bei Treppen aus Beton die Neigung der Platte und das Gewicht der Stufen zu einer höheren Last auf der Schräge führen. Die Momente sind auch hier die gleichen wie an einem horizontalen Träger mit gleichen Maßen (horizontal gemessen) und gleichen vertikalen Lasten.

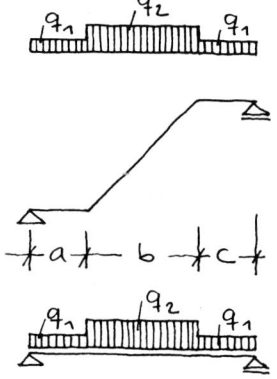

Beispiel 13.6

Hier ist ein horizontaler Kragarm mit einer vertikalen Stütze (auch »Stiel« genannt) biegesteif verbunden. Die Biegesteifigkeit der Ecke C kann wie in der nebenstehenden Skizze dargestellt werden.

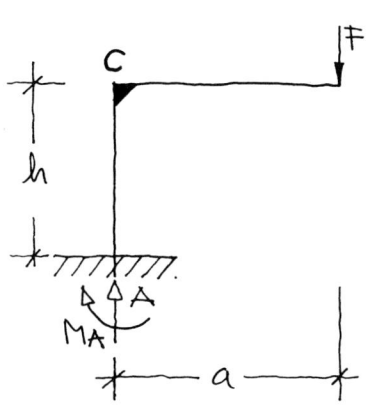

Zunächst die Auflager:

$\Sigma F_V = 0$:

$F - A_V = 0$

$A_V = F$

$\Sigma F_H = 0$

$A_H = 0$

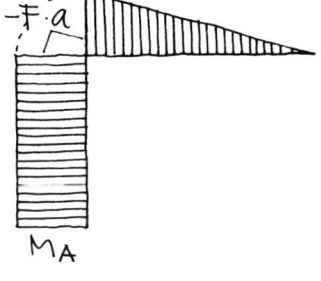

$$\circledG \quad \Sigma\, M_A = 0$$

$$F \cdot a + M_A = 0$$

$$M_A = - F \cdot a$$

Das größte (als Wert) Biegemoment im Kragarm ist

$$M_C = \min M = - F \cdot a$$

Dieses Moment läuft in gleicher Größe um die Ecke C. Über die Höhe der Stütze bleibt es unverändert, denn die vertikale Kraft F (bzw. deren Wirkungslinie) und die vertikale Stütze sind parallel, d. h. der Abstand zwischen ihnen (= Hebelarm der Kraft) bleibt gleich. So ist über die ganze Stütze von der Ecke bis zur Einspannstelle

$$M = - F \cdot a$$

Dies ist auch das Einspannmoment M_A.

Für die Stütze bilden wir uns die Vorzeichenregel so, daß das Kragmoment M_C mit gleichem Vorzeichen um die Ecke läuft, also auf beiden Ufern der Ecke (–) ist. Das heißt in diesem Fall: Zug auf der linken Seite der Stütze sei (–).

Beispiel 13.7

$$\Sigma\, F_V = 0$$

$$q \cdot a - A = 0$$

$$A = q \cdot a$$

$$\Sigma\, F_H = 0$$

$$A_H = 0$$

$$\Sigma\, M_A = 0$$

$$q \cdot a \cdot \frac{a}{2} + M_A = 0$$

$$M_A = - \frac{q \cdot a^2}{2}$$

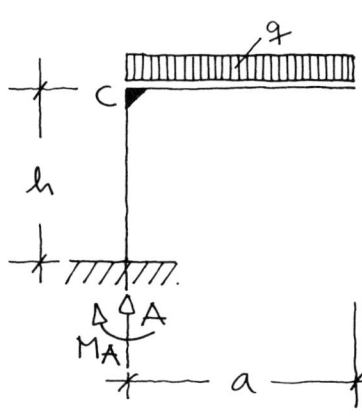

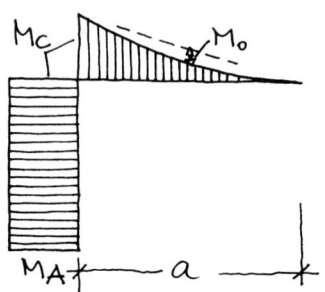

G Das Eckmoment M_C ist:

$$M_C = -\frac{q \cdot a^2}{2}$$

Auch hier geht das Moment in gleicher Größe um die Ecke und bleibt über die ganze Stielhöhe bis zur Einspannung gleich:

$$M = -\frac{q \cdot a^2}{2}$$

Zum Zeichnen der Momentenlinie über dem Kragarm brauchen wir auch hier wieder:

$$M_0 = \frac{q \cdot a^2}{8}$$

Beispiel 13.8

Die horizontale Windlast w belastet nicht den Kragarm, sondern nur die Stütze.

$$\Sigma\, F_V = 0$$

$$A_V = 0$$

$$\Sigma\, F_H = 0$$

$$w \cdot h - A_H = 0$$

$$A_H = w \cdot h$$

$$\Sigma\, M_A = 0$$

$$w \cdot h \cdot \frac{h}{2} + M_A = 0$$

$$M_A = -\frac{w \cdot h^2}{2}$$

$$M_C = 0$$

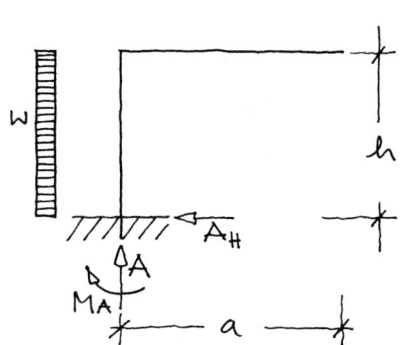

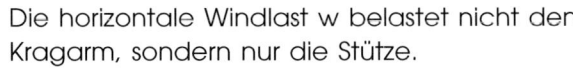

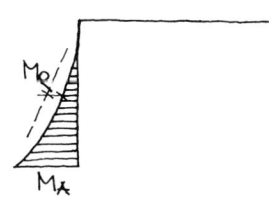

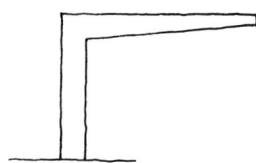

 Auch als Biegemoment ist:

$$M_A = -\frac{w \cdot h^2}{2}$$

Zum Zeichnen der Momentenlinie am Stiel brauchen wir:

$$M_0 = \frac{w \cdot h^2}{8}$$

Zu den Beispielen 13.6 . . . 13.8

Die Form eines solchen Gebildes kann etwa so wie hier skizziert der Momentenlinie angepaßt werden.

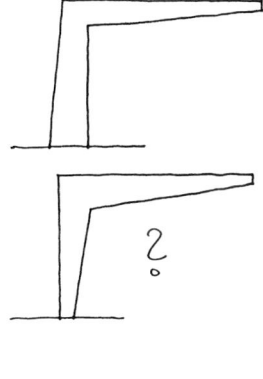

Bei großen Wind- oder anderen Horizontalkräften kann das nach unten größer werdende Moment in der Stütze zu einer solchen oder entsprechenden Form führen.

Keinesfalls aber ist diese Form richtig! Sie täuscht vor, das Moment würde zur Einspannstelle hin kleiner.

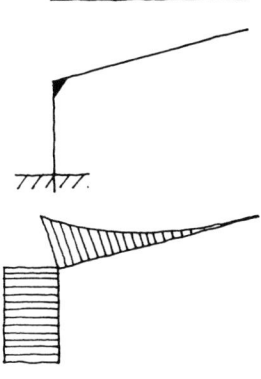

Die Neigung des Kragarms ändert nichts an Auflagerkräften und Momenten. Allerdings kann sich die Windlast auf dem Kragarm ändern, bei großer Neigung auch die Schneelast.

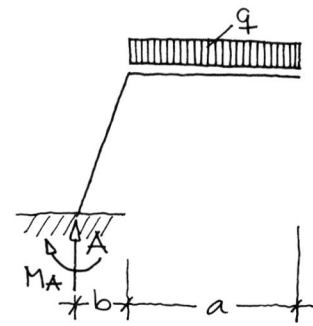

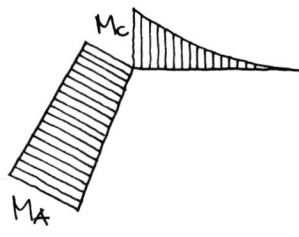

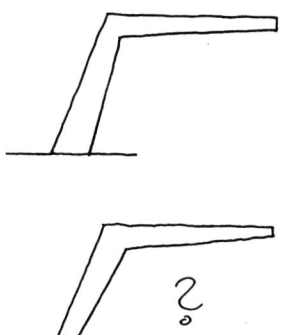

Beispiel 13.9

$\Sigma\ F_V = 0$

$q \cdot a - A_V = 0$

$A_V = q \cdot a$

$\Sigma\ F_H = 0$

$A_H = 0$

$\Sigma\ M_A = 0$

$q \cdot a \cdot \left(b + \dfrac{a}{2} \right) + M_A = 0$

$M_A = - q \cdot a \left(b + \dfrac{a}{2} \right)$

Das Biegemoment nimmt auf der schrägen Stütze nach unten weiter zu, weil der Hebelarm nach unten größer wird.

$M_C = - \dfrac{q \cdot a^2}{2}$

$M_A = - q \cdot a \cdot \left(b + \dfrac{a}{2} \right)$

Diese Form entspricht dem Momentenverlauf.

Diese Form – man sieht sie gelegentlich – mag ja vielleicht flott aussehen, aber sie ist falsch. Sie entspricht nicht dem Momentenverlauf. Während an der Einspannung A die Bemessung nur gewaltsam möglich wird, ist die Ecke C überflüssig dick ausgebildet.

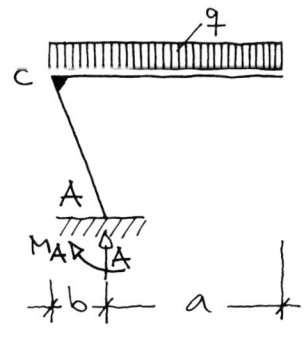

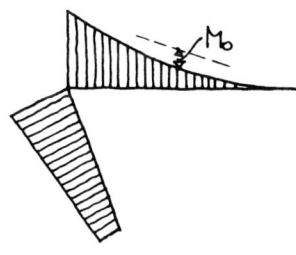

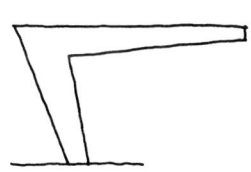

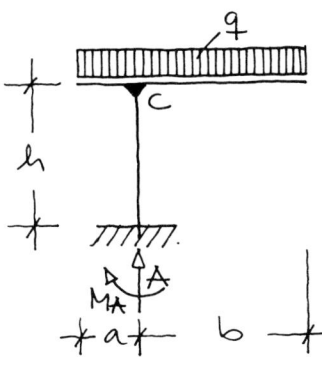

Beispiel 13.10

$\Sigma\, F_V = 0$

$q \cdot (a + b) - A_V = 0$

$A_V = q \cdot (a + b)$

$\Sigma\, F_H = 0$

$A_H = 0$

$\Sigma\, M_A = 0$

$q \cdot \dfrac{a^2}{2} - q \cdot \dfrac{b^2}{2} + M_A = 0$

$M_A = -q \cdot \dfrac{a^2 - b^2}{2}$

Das Biegemoment wird in der Stütze nach unten kleiner (als Wert), denn der Hebelarm zum Schwerpunkt der Last wird kleiner.

$M_C = -q \cdot \dfrac{(a + b)^2}{2}$

$M_0 = \dfrac{q(a + b)^2}{8}$

Hier ist eine solche Form gerechtfertigt!

Beispiel 13.11

$\Sigma\, F_V = 0$

$q\,(a + b) + A_V = 0$

$A_V = q\,(a + b)$

$\Sigma\, F_H = 0$

$A_H = 0$

$\Sigma\, M_A = 0$

$q \cdot a \cdot \dfrac{a}{2} - q \cdot b \cdot \dfrac{b}{2} + M_A = 0$

$M_A = -q \cdot \left(\dfrac{a^2 - b^2}{2} \right)$

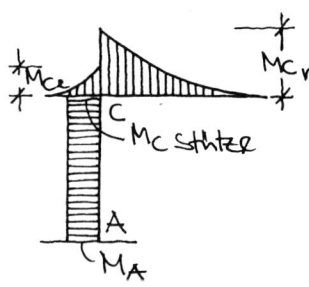

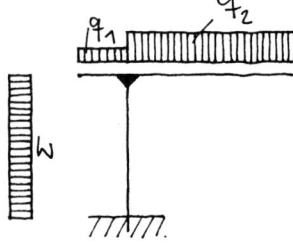

Die Biegemomente im Kragarm sind:

$$M_{Cl} = - \frac{q \cdot a^2}{2}$$

$$M_{Cr} = - \frac{q \cdot b^2}{2}$$

(Für die Biegemomente gilt immer die Vorzeichenregel: Zug oben = (–), anders als für das Drehmoment der Auflagerreaktion M_A.)

Welches Biegemoment wird in die Stütze übertragen? Die Momente vom linken und vom rechten Kragarm heben sich zum Teil auf. Nur die Differenz muß die Stütze aufnehmen:

$$M_{C\,Stütze} = M_{Cr} - M_{Cl}$$

$$= - \frac{q \cdot b^2}{2} - \left(- \frac{q \cdot a^2}{2} \right)$$

$$M_{C\,Stütze} = - q \left(\frac{b^2}{2} - \frac{a^2}{2} \right)$$

(Die Reihenfolge von M_{Cr} und M_{Cl} wurde hier – willkürlich – so gewählt, daß das Biegemoment in der Stütze ein negatives Vorzeichen erhält.)

Das Biegemoment bleibt über die Höhe h der Stütze unverändert:

$$M_A = M_{C\,Stütze}$$

Zu bedenken ist hier auch der Lastfall ungleichmäßiger Belastung – er kann zu größeren Momenten in der Stütze führen. Hinzu kommt der Wind.

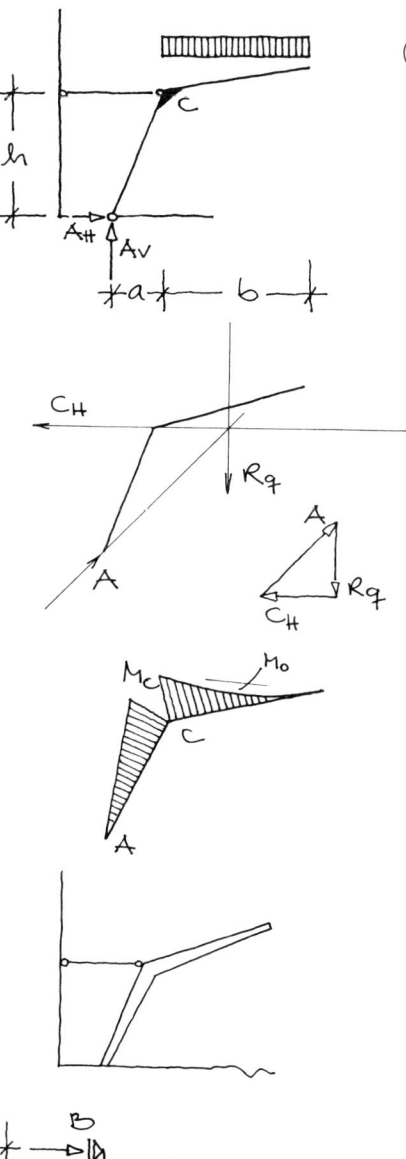

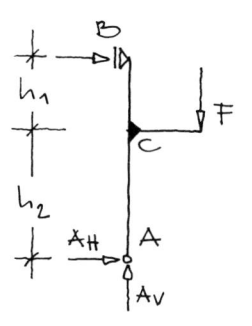

Beispiel 13.12

Dieses Vordach mit einer schrägen Stütze ist über einen »Pendelstab« an dem dahinterstehenden Gebäude verhängt. Der Fußpunkt A ist gelenkig.

Die Auflagerkräfte können wir graphisch ermitteln, dabei hilft uns die Richtung des Pendelstabes; nur in dieser Richtung kann er Kräfte übertragen (hier horizontal). Die Last q wird in ihrem Schwerpunkt zur Resultierenden R_q zusammengefaßt. Durch deren Schnittpunkt mit der Wirkungslinie des Pendelstabes muß auch die Auflagerkraft A führen.

$$R_q = q \cdot b$$

Das Biegemoment an der Ecke C ist

$$M_C = - \frac{q \cdot b^2}{2}$$

$$M_0 = \frac{q \cdot l^2}{8}$$

Das Moment am Auflager A muß $M_A = 0$ sein! (wegen des Gelenkes).

In diesem Fall ist es richtig, die Stütze nach unten schlanker werden zu lassen.

Beispiel 13.13

Eine Denksportaufgabe: Bitte versuchen Sie, zunächst die Auflagerkräfte zu ermitteln (graphisch oder rechnerisch) und dann die Momente.

Ein Hinweis: Stellen Sie sich die Biegelinie vor!

Lösung auf den nächsten Seiten.

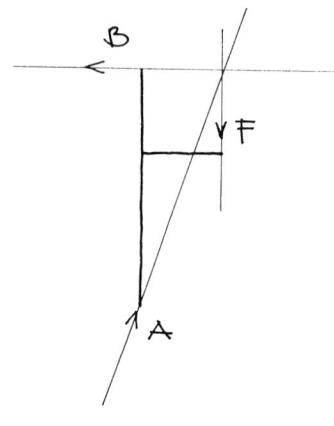

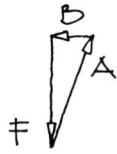

 Auflagerkräfte graphisch:

Im vertikal verschieblichen Auflager B kann nur eine horizontale Kraft wirken. Die Kräfte A, B und F müssen sich in einem Punkt schneiden. A läßt sich in A_H und A_V aufteilen. Daß $A_V = F$ und $A_H = |B|$ ist leicht zu erkennen.

Auflagerkräfte rechnerisch:

$\Sigma F_V = 0$

$F - A_V = 0$

$A_V = F$

$\Sigma M_A = 0$

$F \cdot a + B(h_1 + h_2) = 0$

$B = - \dfrac{F \cdot a}{h_1 + h_2}$

$\Sigma F_H = 0$

$A + B = 0$

$A = - B = + \dfrac{F \cdot a}{h_1 + h_2}$

Biegemomente:

$M_{C\,Krag} = - F \cdot a$

$M_{C\,oben} = |B| \cdot h_2 = + \dfrac{F \cdot a \cdot h_1}{h_1 + h_2}$

(d. h. Zugseite rechts)

$M_{C\,unten} = - A \cdot h_2 = - \dfrac{F \cdot a \cdot h_2}{h_1 + h_2}$

(d. h. Zugseite links)

Wir haben – willkürlich – Momente in der Stütze mit Zugseite links als (–), mit Zugseite rechts als (+) bezeichnet.

An den gelenkigen Auflagern ist das Moment selbstverständlich 0. Der Momentenverlauf ist immer geradlinig, weil nur eine Einzellast wirkt. Die Momente $\left|M_{C\,oben}\right| + \left|M_{C\,unten}\right|$ müssen $= \left|M_{C\,Krag}\right|$ sein, damit am Punkt C Gleichgewicht der Momente besteht.

In der nebenstehenden Skizze sind die Auflagerreaktionen mit ihren wirklichen Richtungen – also B nach links – eingetragen.

Wie könnte die Form eines solchen Gebildes aussehen?

14 Decken und Träger aus Stahlbeton

 ## 14.1 Allgemeines

»Beton ist ein künstlicher Stein, der aus einem Gemisch von Zement ..., Betonzuschlag und Wasser ... entsteht.« »Stahlbeton (bewehrter Beton) ist ein Verbundstoff aus Beton und Stahl.« Diese Definitionen aus DIN 1045 (1988) sind nach wie vor gültig, auch wenn sie in den neuen Normen, DIN 1045-1 und EC 2 nicht mehr aufgeführt sind.

Bei Normalbeton ist der Zuschlagstoff Kies oder Splitt, bei Leichtbeton (höhere Wärmedämmung) Blähton, Bims oder ähnliches.

Für Beton und Stahlbeton ist die Norm DIN 1045-1 maßgebend und EC 2 in Verbindung mit dem jeweiligen »Nationalen Anwendungsdokument NAD«. Nach letzterem sind manche Werte nach wie vor in den europäischen Ländern verschieden, z. T. klimatisch oder durch Traditionen bedingt. Z. Zt. darf auch noch nach der älteren DIN 1045 (1988) gearbeitet werden, jedoch muß die einmal getroffene Entscheidung – EC 2 und DIN 1045-1 oder DIN 1045 (1988) – für ein Gebäude konsequent durchgehalten werden. Es ist nicht zulässig, z. T. nach der alten Norm und z. T. nach den neuen Normen zu arbeiten (Mischungsverbot).

Eurocode 2 entspricht in den Bereichen Konstruktion und Bemessung weitgehend der DIN 1045-1.

Den folgenden Abschnitten dieses Buches liegen im wesentlichen DIN 1045-1 und Eurocode 2 zugrunde.

 Beton kann hohe Druckspannungen, jedoch nur geringe Zugspannungen aufnehmen. Ein Tragteil aus Beton allein würde deshalb in der Zugzone reißen und auf diese Weise brechen, lange bevor die *Druck*festigkeit des Betons voll ausgenutzt wäre. Deshalb werden in den Beton Stahlstäbe eingelegt. Im Stahlbeton nimmt der Stahl vorwiegend die Zugkräfte, der Beton die Druckkräfte auf.

Betonteile können am Bau an Ort und Stelle aus Beton hergestellt werden (Ortbeton) oder lassen sich auf der Baustelle oder in Fertigteilwerken auf Vorrat produzieren und werden dann auf der Baustelle – ähnlich wie Holz- und Stahlstützen – montiert (Stahlbetonfertigteile).

14.1.1 Beton

Die Qualität des Betons wird nach Festigkeits-klassen unterschieden. Diese sind nach EC 2 und DIN 1045-1: C 12/15, C 20/25, C 30/37... bis C 50/60 (C wie concrete, englisch für Beton). In der Tabelle auf Seite 290 wird das zusammenfassend dargestellt.

Diese Bezeichnungen geben an, welche Festigkeit der Beton nach einer Abbindezeit von 28 Tagen erreicht haben muß. Dies wird anhand von Würfeln mit 15 cm Seitenlänge und Zylindern mit 15 cm Durchmesser (nach DIN V ENV 206, einer weiteren Euro-Norm) von zugelassenen Prüfstellen überprüft. Die Doppelbezeichnung (z. B. 20/25) bedeutet, daß der erste Wert die erforderliche Zylinder-Druckfestigkeit, der zweite die erforderliche Würfel-Druckfestigkeit angibt.

Die erforderlichen Einrichtungen für die Herstellung und Verarbeitung der verschie-denen Betonsorten sind in DIN V ENV 206 beschrieben.

Bei der Bemessung wird nicht mit der vollen Nennfestigkeit (also den Werten dieser Dop-pel-Bezeichnungen) gerechnet, sondern mit einer verringerten Größe, dem *Grenzwert* der Betondruckfestigkeit. Außerdem werden auch bei Beton nach Eurocode die Lasten um den Teilsicherheitsbeiwert γ_F erhöht (vgl. Abschnitt 8.4 und Tabellenband, StB 1, Tabelle 1).

Die Betonklassen und die zugehörigen
Bemessungswerte αf_{cd} sind:

Betonfestigkeitsklassen C (f_{ck}/$f_{ck, cube}$)	C 12/15	C 20/25	C 30/37	C 40/50	C 50/60
charakteristischer Wert der Betondruckfestigkeit f_{ck}	1,2	2,0	3,0	4,0	5,0
Grenzwert der Betondruckfestigkeit $\alpha f_{cd} = \sigma_{Rd}$	0,68	1,13	1,70	2,27	2,86

Hinzu kommen nach EC 2 noch andere, seltener gebrauchte Zwischenstufen.

Die Zeichen bedeuten: α: Zeichen für Langzeiteinflüsse
                        f: allgemeiner Wert für Materialfestigkeit
                             (meist Zug- oder Druckfestigkeit)
                        c: concrete (Beton)
                        d: Bemessungswert
                        k: charakteristischer Wert

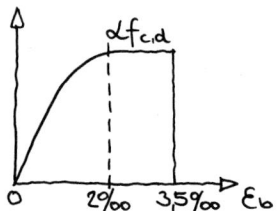

Beton folgt **nicht** dem Hookeschen Gesetz,
d. h. die Spannungen verhalten sich **nicht**
wie die Dehnungen. Vielmehr verläuft das
Spannungs-Dehnungs-Diagramm zunächst
parabolisch, ab einer Dehnung von 2‰
horizontal.

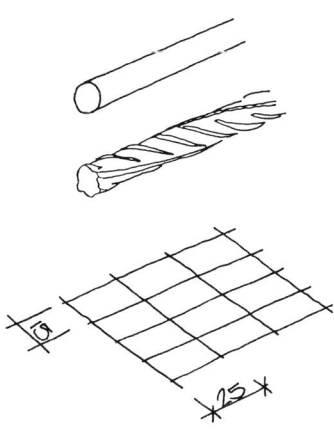

Tabellen StB 3

14.1.2 Stahl

Der Betonstahl wird meist in Form runder Stähle verwendet, Durchmesser 6 bis 28 mm, in manchen europäischen Ländern bis 40 mm. Diese Betonstähle können glatt oder gerippt sein. Gerippte Stähle erreichen bessere Haftung im Beton und werden deshalb heute ausschließlich verwendet. Die Stähle können zu Matten verschweißt sein, hierfür werden Stäbe von 4 bis 12 mm Durchmesser verwendet.

Der Beton muß den Stahl voll umhüllen, um ihn gegen Korrosion zu schützen und um einen guten Verbund der beiden Materialien zu gewährleisten. Je nach Art der Bauteile und Umweltbedingungen muß die Betondeckung der Stähle mindestens nom $c = 2,5$ cm bis 5 cm betragen (siehe Tabelle StB 3.1.1). Diese Werte sind der Bemessung zugrunde zu legen und in die Zeichnung einzutragen. Wegen der Ungenauigkeit der Baustelle werden dort Abweichungen bis zu 1 cm toleriert.

Es wird heute vorwiegend Betonstahl der Güte BSt 500 verwendet, mit den Kurzzeichen für statische Berechnungen und Zeichnungen:

BSt 500 S = BSt IV S für Betonstabstahl,

BSt 500 M = BSt IV M für Betonstahlmatten.

Hierbei gibt die Zahl 500 die Streckgrenze in N/mm² an.

14.1.3 Zusammenwirken von Stahl und Beton

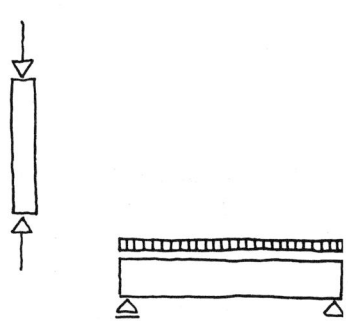

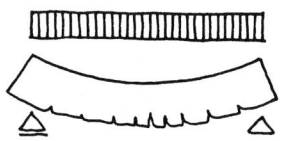

Der Stahl dehnt sich bei Zug. Da Stahl und Beton miteinander verbunden sind, muß sich auch der Beton der benachbarten Zonen mit dem Stahl dehnen, wird also auch auf Zug beansprucht. Diese Zugbeanspruchung kann jedoch die Zugfestigkeit des Betons übersteigen.

Folge: Der Beton reißt. Das ist aber unbedenklich, die Zugkräfte werden ja vom Stahl aufgenommen. Doch muß dafür gesorgt werden, daß nicht einzelne große Risse entstehen, sondern viele kleine Risse – die *Haarrisse*. Auch dies ist Aufgabe der Bewehrung.

Wir unterscheiden zwei Zustände des Stahlbetons während der Beanspruchung:

Zustand I: Der Beton ist nicht oder noch nicht gerissen. So z. B. bei druckbeanspruchten Stützen oder bei Biegeträgern, deren Tragfähigkeit erst zum kleinen Teil ausgenutzt wird, so daß die Zugspannungen sehr klein bleiben und noch nicht zum Reißen des Betons führen.

Zustand II: Der Beton ist in der Zugzone gerissen, die Zugspannungen werden allein von dem Stahl aufgenommen. Das ist der normale Zustand für Biegeträger, er wird der Bemessung zugrunde gelegt.

Nach DIN 1045 oder EC 2 wird Stahlbeton nach einem *Traglastverfahren* bemessen. Das bedeutet: Das zulässige Moment und die zulässige Längskraft werden ermittelt aus der rechnerischen Bruchlast, geteilt durch die Sicherheitsfaktoren.

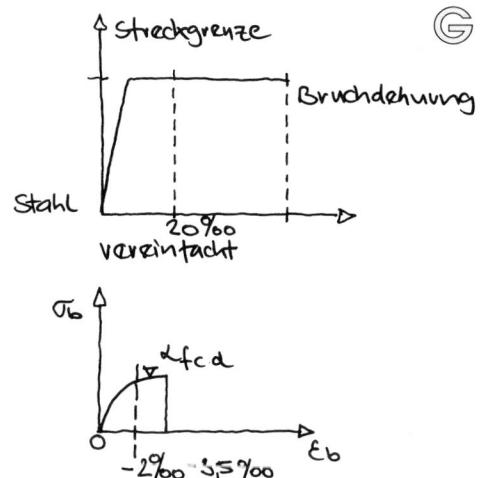

Ein theoretischer Grenzwert der Bemessung gilt nach EC 2 als erreicht, wenn die Beton-stauchung 3,5‰ und die Stahldehnung 20‰ betragen. Wie die Spannungs-Dehnungsdia-gramme erkennen lassen, haben hierbei beide Materialien die Elastizitätsgrenze bzw. Streckgrenze bereits überschritten. In der Pra-xis werden – u. a. dank den Sicherheitsfakto-ren – diese Werte so gut wie nie erreicht. Die tatsächliche Beanspruchung bleibt in beruhi-gendem Abstand von diesen rechnerischen Grenzwerten.

Die Materialien Stahl und Beton verformen sich plastisch. Durch die Anpassungsfähigkeit (auch »Schlauheit« genannt) des Materials stellt sich ein innerer Gleichgewichtszustand ein.

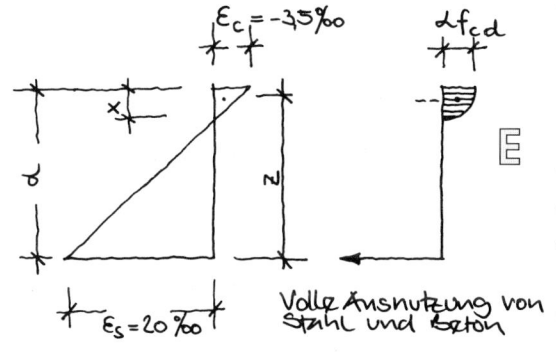

Die Lage der Null-Linie eines Querschnitts bei voller Ausnutzung der genannten Dehnun-gen von 3,5‰ für Beton und 20‰ für Stahl ergibt sich aus dem Dehnungs-Diagramm. Ihr Abstand vom gedrückten Rand wird mit x bezeichnet.

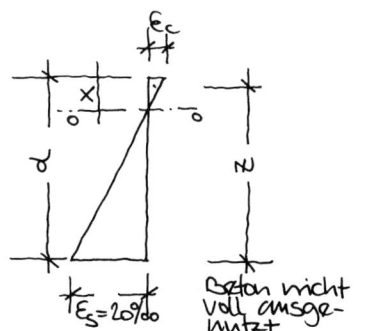

Ist ein Beton-Tragteil höher oder breiter als zum Tragen seiner Belastung notwendig, dann wird der Beton nicht voll ausgenutzt. Stahl wird jedoch nur in der notwendigen Menge eingelegt – die Stahldehnung also voll ausgeschöpft.

Das Dehnungs-Diagramm zeigt, daß die Null-Linie nach oben gerutscht ist. Damit wird auch der Hebelarm der inneren Kräfte größer. Die Stahleinlagen wirken also mit einem größeren inneren Hebelarm, es wird weniger Stahl benötigt.

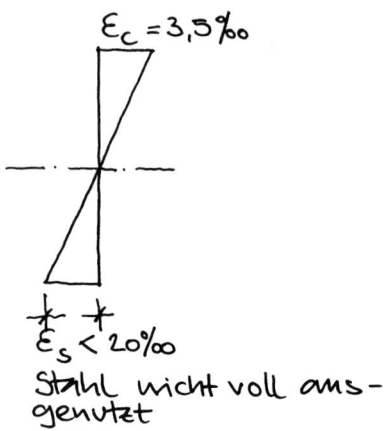

 $\varepsilon_c = 3{,}5\%$

 $\varepsilon_s < 20\%$

Stahl nicht voll aus-
genutzt

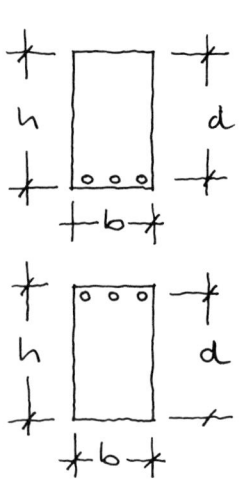

Ist es hingegen notwendig, das Betonteil sehr knapp zu dimensionieren, so daß der Beton überlastet würde, so bietet sich u. a. folgende Möglichkeit:

Es wird so viel Stahl eingelegt, daß er nicht voll ausgelastet, die zulässige Dehnung also nicht erreicht wird. Damit rutscht die Null-Linie nach unten, ein größerer Teil des Betons steht als Druckzone zur Verfügung, die Tragfähigkeit des Betontragteiles wird größer.

In Kapitel 14.2, Stahlbetonbalken, wird dies anhand von Beispielen näher erläutert.

Das k_d-Verfahren

Die Bemessung von biegebeanspruchten Bauteilen aus Stahlbeton wird für die Praxis sehr erleichtert durch Tabellen, in die all die beschriebenen Einflüsse eingearbeitet sind. Ein wichtiger Tabellenwert wird als k_d, die Bemessungsmethode daher als »k_d-Verfahren« bezeichnet.

Für dieses Verfahren brauchen wir die Tabelle aus Teil StB 3.1 der Tabellensammlung.

Gegeben: M_d [kN · m]   Achtung:
          b [m]   b ist in m, d in
          d [cm]   cm einzusetzen.
                                 Warum, das werden wir in Abschnitt »Platten« erkennen.

(M_d ist das Bemessungsmoment max $M \cdot \gamma_F$)

Hierbei ist d der Abstand vom gedrückten Rand bis zum Schwerpunkt der Stahleinlagen. Mit h wird die Gesamtdicke des Betonteiles, mit b die Breite des Betonteiles in seiner Druckzone bezeichnet.
Wir ermitteln:

$$k_d = \frac{d}{\sqrt{\dfrac{M_d}{b}}} = \frac{d}{\sqrt{M_d}}\sqrt{b}$$

Tabellen StB 3

k_d für Betonfestigkeitsklasse C ...					k_s	ζ
12/15	20/25	30/37	40/50	50/60		
15,75	12,20	9,96	8,62	7,71	2,32	0,991
8,50	6,58	5,37	4,65	4,16	2,34	0,983
6,16	4,77	3,89	3,37	3,02	2,36	0,975
5,06	3,92	3,20	2,77	2,48	2,38	0,966
4,45	3,44	2,81	2,44	2,18	2,40	0,958
4,04	3,13	2,56	2,21	1,98	2,42	0,950
3,63	2,81	2,29	1,99	1,78	2,45	0,939
3,35	2,60	2,12	1,84	1,64	2,48	0,927
3,14	2,43	1,99	1,72	1,54	2,51	0,916
2,97	2,30	1,88	1,63	1,46	2,54	0,906
2,85	2,21	1,80	1,56	1,40	2,57	0,896
2,72	2,11	1,72	1,49	1,33	2,60	0,885
2,62	2,03	1,66	1,44	1,29	2,63	0,875
2,54	1,97	1,61	1,39	1,24	2,66	0,865
2,47	1,91	1,56	1,35	1,21	2,69	0,854
2,41	1,86	1,52	1,32	1,18	2,72	0,846
2,35	1,82	1,49	1,29	1,15	2,75	0,836
2,28	1,77	1,44	1,25	1,12	2,79	0,824
2,23	1,73	1,41	1,22	1,09	2,83	0,813
2,18	1,69	1,38	1,19	1,07	2,87	0,801
2,14	1,65	1,35	1,17	1,05	2,91	0,790
2,10	1,62	1,33	1,15	1,03	2,95	0,780
2,06	1,60	1,30	1,13	1,01	2,99	0,769
2,03	1,57	1,28	1,11	0,99	3,04	0,757
1,99	1,54	1,26	1,09	0,98	3,09	0,743

Ausschnitt aus Tabelle StB 3.1.2

In der Zeile der Tabelle, in der wir den ermittelten k_d-Wert finden, steht der zugehörige Wert k_s in der Spalte k_s. Mit diesem Wert k_s ermitteln wir den erforderlichen Querschnitt A_s [cm²]:

$$erf\, A_s = k_s \cdot \frac{M_d}{d}$$

Das ist eine sehr verständliche Formel, denn A_s wächst mit dem Moment und verringert sich mit der Höhe d.

In den Wert k_s sind eingearbeitet:

– die Stahldehnung
– der Sicherheitsfaktor γ_M des Stahls
– der Faktor ζ, mit dem sich der Hebelarm der inneren Kräfte aus der Höhe d ergibt: $z = \zeta \cdot d$

Das müssen wir normalerweise nicht ermitteln, weil in k_s bereits berücksichtigt.

In den folgenden Abschnitten wird dies alles anhand von Zahlenbeispielen näher erläutert.

14.1.4 Sicherheitsbeiwerte

Auch bei der Bemessung von Stahlbeton
wird nach Eurocode ein Teil der Sicherheitsbeiwerte schon den Lasten zugeordnet, wie
in Abschnitt 7.7 beschrieben. Wir werden
also auch bei Stahlbeton entweder schon
die Lasten mit den Sicherheitsfaktoren γ_F
multiplizieren oder aber – vereinfachend
und in diesem Buch in den folgenden
Abschnitten 14.2 bis 14.5 geübt – zunächst
Lasten und Schnittgrößen (also Auflagerkräfte, Querkräfte und Momente) mit den
einfachen Werten ermitteln – d. h. Lasten als
Gebrauchslasten und Schnittgrößen als Basis-
schnittgrößen – und erst für die Bemessung
Querkräfte und Momente mit dem Faktor
$\gamma_F = 1{,}4$ multiplizieren. Die so ermittelten
erhöhten Bemessungswerte werden mit dem
Index d gekennzeichnet. (Dieser Index darf
nicht mit der inneren Höhe d verwechselt
werden.)

Hingegen sind die Sicherheitsfaktoren γ_M für
die Materialien – Stahl und Beton – auch hier
schon in die Materialwerte der Tabellen eingearbeitet, müssen von uns also nicht mehr
angesetzt werden.

14.2 Stahlbetonbalken

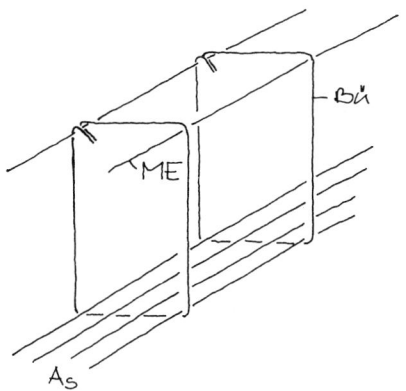

In einem Stahlbetonbalken werden nicht nur die im vorigen Abschnitt besprochenen Zugstähle angeordnet, sondern auch Bügel in Querrichtung und Montageeisen. Die Bügel dienen vor allem zur Aufnahme der Schubkräfte, mit Hilfe der Montageeisen werden die Bügel vor dem Einbringen und Abbinden des Betons in ihrer Lage gehalten.

Zugstähle (A_s), Bügel (Bü) und Montageeisen (ME) werden vor dem Betonieren zu »Körben« zusammengefügt, mit »Rödeldrähten« verbunden und in der Schalung unverrückbar befestigt.

Die Schalung ist die Gußform für den Beton. Soll sie nur einmal oder nur wenige Male verwendet werden, so wird sie aus Holz hergestellt, für Betonteile, die in hoher Stückzahl gefertigt werden, kommen Stahlschalungen in Frage. Alle Bewehrungsstähle müssen so angeordnet werden, daß sie ausreichend von Beton umgeben sind – sowohl gegen die Außenseiten des Betonteiles als auch gegen andere parallel-laufende Stähle. Nur kreuzende Stähle dürfen sich unmittelbar berühren, z. B. Bügel mit den Längsstählen, also den Zugstählen oder Montagestählen.

Näheres dazu in den folgenden Beispielen.

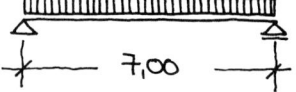

 Beispiel 14.2.1

(Dieses Beispiel wird unter »Zahlenbeispiele« in praxisüblicher Kurzschreibweise, jedoch mit anderen Abmessungen wiederholt.)

Ein Träger ist über die Spannweite l = 7,00 m gelegt. (Er »spannt« über 7,00 m.)

Gegeben seien die Lasten aus der den Träger belastenden Decke (Gebrauchslasten):

p = 20 kN/m

g_1 = 28 kN/m

Wir müssen zunächst die Abmessungen des Trägers schätzen, um eine Annahme für sein Eigengewicht treffen zu können. Wir schätzen die Dicke h des Trägers mit

$\frac{1}{10}$ der Spannweite und seine Breite b mit

etwas weniger als $\frac{1}{2}$ h:

h = 70 cm

b = 30 cm

Tabellen L

Den Tabellen in Teil L entnehmen wir das Gewicht des Stahlbetons mit 25 kN/m³ (Beton aus Kies mit Stahleinlagen). Damit ist das Eigengewicht des geschätzten Trägers je lfdm:

25 · 0,70 · 0,30 · 1,0 = 5,3 kN/m

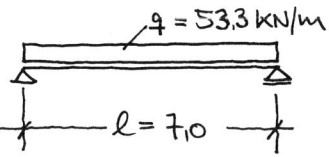

 Gebrauchslasten

$$p = 20{,}0 \text{ kN/m}$$
$$g_1 = 28{,}0 \text{ kN/m}$$
Eigengew. $\quad g_2 = \underline{5{,}3 \text{ kN/m}}$
$$q = 53{,}3 \text{ kN/m}$$

Basis-Schnittgrößen:

$$A = B = \frac{53{,}3 \cdot 7{,}00}{2} = \underline{186{,}6 \text{ kN}}$$

$$V_{Ar} = -V_{Bl} = 186{,}6 \text{ kN}$$

$$\text{max } M = \frac{53{,}3 \cdot 7{,}0^2}{8} - 326{,}5 \text{ kN} \cdot \text{m}$$

Bemessungs-Schnittgrößen:

$$V_d = V_{Ar} \cdot \gamma_F = 186{,}6 \cdot 1{,}4 = \underline{261{,}2 \text{ kN}}$$
(Bemessungsquerkraft)

$$\text{max } M_d = \text{max } M \cdot \gamma_F = 326{,}5 \cdot 1{,}4 = \underline{\underline{457{,}1 \text{ kN} \cdot \text{m}}}$$
(Bemessungsmoment)

ⓖ Bemessung

geschätzte Abmessungen   h = 70 cm
des Trägers: b = 30 cm

Materialien: C 20/25
                             BSt 500 S

Wie groß ist d? Um das zu ermitteln, müssen
wir die Umweltbedingungen unseres Trägers
kennen. Die *Betondeckung* der Stähle muß
in feuchter oder aggressiver Umgebung stärker sein als in trockener etc. Wir finden das
Maß für die erforderliche Betondeckung in
der Tabelle StB 3.1.1 unter »Betondeckung«.
Nehmen wir an, der Träger sei in einem
geschlossenen Raum und ständig trocken.
Dann gilt unter »Umweltbedingungen« (erste
Spalte) »Trockene Umgebung« und »Innenräume ...«: Betondeckung nom c = 2,5 cm.

Die Längsstähle sind von Bügeln umgeben.
Von diesen Bügeln – den am weitesten
außen liegenden Stählen – ist dieses nom c
in der Regel zu messen. Daraus ergibt sich
als Abstand a von der Außenkante des
Trägers bis zum Schwerpunkt der Längseisen:

Halber Durchmesser
der Längsstähle   1,0 cm
Bügel   1,2 cm
Betondeckung   2,5 cm
                         _____
                   a =   4,7 cm

Somit ist d = 70 cm – 4,7 cm ≈ 65 cm.

Anmerkung:

Bisher wurde und wird d für die Außenabmessung und h für den Abstand vom Schwerpunkt der Stahleinlagen zum gedrückten
Rand bezeichnet, also gegenüber Eurocode,
vertauscht. Vorsicht vor Verwechslungen
bei älteren Schriften!

Tabellen StB 3.1

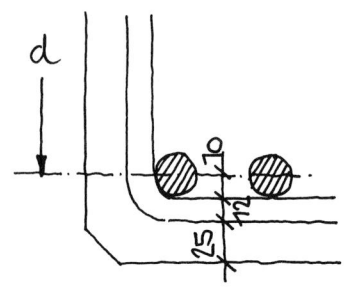

Gebräuchlich ist die Schreibweise:

h/d/b = 70/65/30

C 20/25

BSt 500 S

Jetzt können wir ermitteln:

$$k_d = \dfrac{d}{\sqrt{\dfrac{M_d}{b}}} \qquad \begin{array}{l} d\ [cm] \\ M\ [kN \cdot m] \\ b\ [m] \end{array}$$

$$k_d = \dfrac{65}{\sqrt{\dfrac{457,1}{0,30}}} = 1,67$$

Tabellen StB 3.1

Den zugehörigen k_s-Wert finden wir im Tabellenband in der k_d-Tabelle StB 3.1.1. Er steht in der gleichen Zeile wie $k_d = 1,67$, wobei k_d in der Spalte für C 20/25, k_s in der Spalte für BSt 500 (nur mit k_s überschrieben) zu finden ist.

k_d für ... C				k_s
	20/25			
...	...	...	...	
...	1,65	$\longrightarrow$		2,91

Wir finden dort: $k_s = 2,91$

Mit diesem $k_s = 2,91$ bestimmen wir den erforderlichen Querschnitt A_s der Zugstäbe:

$$A_s = k_s\ \dfrac{M_d\ [kN \cdot m]}{d\ [cm]}$$

$$\text{erf } A_s = 2,91 \cdot \dfrac{457,1}{65} = 20,46\ cm^2$$

Ⓖ Welche Stähle sollen wir wählen? Hierfür gibt
es keine festen Regeln. Allgemein kann man
nur sagen, daß man für größere Balken Stähle mit größerem Durchmesser – also etwa
20 mm –, für kleine Fensterstürze solche mit
kleinerem Durchmesser – also etwa 12 mm –
wählen wird. Versuchen wir es mit Durchmesser 20 mm.

Ein Rundstahl ⌀ 20 hat die Querschnittsfläche
$A_s = 3,14\ cm^2$. Wir benötigen hier also 7 Rundstähle ⌀ 20. In der Tabelle StB 2.1 finden
wir:

Tabellen StB 2

$7\ ⌀\ 20 = 21,99\ cm^2 > erf\ A_s$

Wie finden diese Rundstähle Platz in dem
Träger? Die Zwischenräume a zwischen den
Rundstählen müssen mindestens 20 mm
und mindestens gleich dem Stahldurchmesser sein:

$⌀ \leq a \geq 20\ mm$

In unserem Fall ist also der Mindestabstand
gleich dem Stahldurchmesser. Wenn die
Stähle in *einer* Lage angeordnet werden, so
muß der Träger mindestens breit sein:

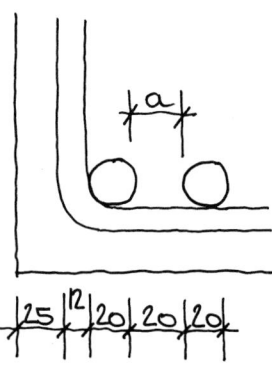

7 ⌀ 20	7 · 2,0 = 14,0 cm
6 Zwischenräume	6 · 2,0 = 12,0 cm
2 Bügel	2 · 1,2 = 2,4 cm
Betondeckung	2 · 2,5 = 5,0 cm
erf b	= 33,4 cm

Anmerkung:

Manchmal wird statt ⌀ das Zeichen d verwendet. Dies vermeiden wir jedoch hier, weil
d bereits für die statische Höhe vergeben ist.

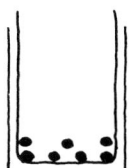

 Die Stähle passen also nicht in einer Lage in den Träger von b = 30 cm. Es gibt hier vier Möglichkeiten der Abhilfe:

1. Verbreiterung des Trägers auf 34 cm. Die geringe Erhöhung des Eigengewichtes kann dabei vernachlässigt werden.

2. Anordnung in zwei Lagen. Sie führt zu einer Verringerung von d, da der Schwerpunkt der Eisen vom gezogenen Rand weiter entfernt ist als bei nur einer Lage. Neubemessung wäre erforderlich. Bewehrung in zwei Lagen wird im nächsten Beispiel näher behandelt.

3. Wahl größerer Durchmesser. Sie führt zu einer kleineren Anzahl von Stäben und Abständen.

4. Vergrößerung der Höhe h des Trägers. Sie führt zu einem kleineren erf A_s.

Wählen wir Möglichkeit 3:

$\Rightarrow$ gewählt: 5 $\varnothing$ 25 = 24,5 cm^2

Gemessen ab Außenkante Bügel ergibt sich:

halber Durchmesser	1,25 cm
Bügel $\varnothing$ 12 mm	1,20 cm
Betondeckung ab Bügel	2,50 cm
	4,95 cm

Die statische Höhe d = 65 cm bleibt also unverändert.

Erforderliche Trägerbreite:

5 ⌀ 25	5 · 2,5 = 12,5 cm
Zwischenräume	4 · 2,5 = 10,0 cm
Bügel	2 · 1,2 = 2,4 cm
Betondeckung	2 · 2,5 = 5,0 cm
	erf b = 29,9 cm

siehe Bewehrungsplan Seite 347

Der Träger mit der Breite von 30 cm reicht aus, die Stähle in einer Lage anzuordnen.

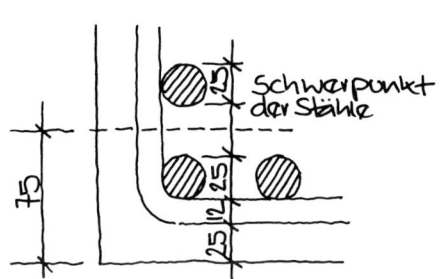

siehe Bewehrungsplan Seite 347

 Beispiel 14.2.2

Für den Träger mit $M_d = 457,1$ kN · m stehe nur eine begrenzte Höhe von 58 cm zur Verfügung:

h = 58 cm   b = 30 cm

Es ist zu erwarten, daß hier zwei Lagen erforderlich sind. Wir nehmen deshalb die Höhe d entsprechend an:

h = 58 – 7,5 = 50,5 cm   h/d/b = 58/50,5/30
                          C 20/25
                          BSt 500 S

$$k_d = \frac{50,5}{\sqrt{\dfrac{457,1}{0,30}}} = 1,29$$

Der Wert $k_d = 1,29$ ist in der Spalte für C 20/25 nicht mehr zu finden. Das bedeutet: Die Betonstauchung (Betondruckspannung) wäre zu groß. Wir wählen deshalb den höherwertigen Beton C 30/37. Für ihn finden wir:

$k_d = 1,28 \Rightarrow k_s = 3,04$

$$As = 3,04 \cdot \frac{457,1}{50,5} = 27,5 \text{ cm}^2$$

gewählt: 6 Ø 25 ≙ 29,45 cm²
           (angeordnet in zwei Lagen:
           untere Lage 4 Ø 25
           obere Lage 2 Ø 25)

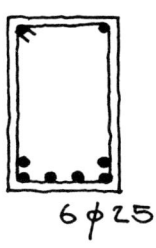

6 ϕ 25

Anstelle der Erhöhung der Betonqualität wäre die Anordnung von Druckbewehrung zur Verstärkung der Druckzone möglich. Dies wird jedoch hier nicht näher besprochen.

In Grenzfällen kann der Ingenieur auch durch Erhöhung der Zugbewehrung die Tragfähigkeit des Querschnitts erhöhen. Dies ist jedoch – ebenso wie die Druckbewehrung – unwirtschaftlich und sollte nur in Ausnahmefällen angewandt werden. Zudem sei davon abgeraten, schon in der Vorbemessung für den Entwurf diese letzten Reserven auszunutzen.

14.2.3 Schub

Die Querkraft erzeugt Schub.

Die Schubkraft im Balken muß durch Stähle im Zusammenwirken mit dem Beton aufgenommen werden.

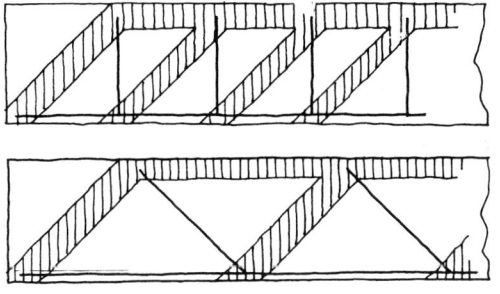

Man kann sich einen Betonbalken innerlich wie ein Fachwerk mit schrägen Druckstäben und schrägen oder vertikalen Zugstäben vorstellen. Während der Beton die Aufgabe der Druckstäbe übernimmt, fällt die der Zugstäbe den Stählen zu. (Fachwerkanalogie nach *Mörsch*.)[*]

In jedem Stahlbetonbalken sind immer Bügel anzuordnen, in der Regel mit 15, 20 oder 25 cm Abstand, je nach Größe der einwirkenden Querkraft V_{sd}.

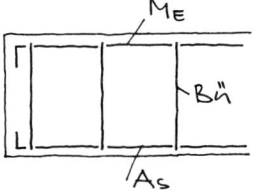

Der größtmögliche Abstand ist 30 cm. Hingegen werden schräg aufgebogene Stähle wegen des hohen Verlege-Arbeitsaufwandes nur noch selten angewandt, obwohl sie besonders wirksam sind.

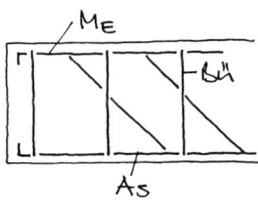

Die *einwirkende* Querkraft V_{Sd} (Bemessungsquerkraft) darf nicht größer sein als die *aufnehmbare* Querkraft V_{Rd}.

$$V_{Sd} \leqq V_{Rd}$$

[*] Mörsch, Emil 1872 bis 1959

Die genaue Ermittlung der aufnehmbaren Querkraft V_{Rd} im Stahlbeton nach Eurocode EC 2 bzw. DIN 1045 ist aufwendig. Wir erreichen jedoch eine gute Näherung, wenn wir die bereits vom Holz bekannte Formel

$$\tau = \frac{V}{b \cdot z}$$

auch für Stahlbeton anwenden. Hierbei können wir den Hebelarm z der inneren Kräfte annehmen mit:

$$z \approx 0,85 \, d$$

Die so ermittelte Schubspannung τ darf den zulässigen Grenzwert τ_{Rd2} aus der Tabelle StB 1.1 nicht überschreiten. Dieser Grenzwert der Schubspannung beträgt z. B. 0,45 kN/cm^2 für Beton C 20/25. Es muß also sein:

$$\tau \leqq \tau_{Rd2}$$

Ist diese Bedingung erfüllt, so kann die Schubkraft durch Bügel und evtl. Schrägeisen aufgenommen werden. Sie finden fast immer genügend Platz im Balkenquerschnitt, sind also fast nie maßgebend für dessen Außenabmessungen. Deshalb – und wegen des hohen Rechenaufwandes – wird die Ermittlung ihrer Stärke und Anzahl hier nicht weiter behandelt. Wir überlassen sie dem Ingenieur.

Der Abstand der Bügel beträgt meist 15 … 25 cm, manchmal weniger, höchstens 30 cm. Er darf nie größer sein, als die Breite des Balkens.

Tabellen StB 1

Wenn aber der zulässige Grenzwert τ_{Rd2} überschritten wird, droht der Beton zu versagen.
Die Druckstützen aus unserem Denkmodell,
der Fachwerkträger-Analogie, werden über-
fordert. Dann helfen auch keine Bügel und
Schrägeisen – es geht nicht mehr. Der Träger
muß neu bemessen oder ein höherwertiger
Beton gewählt werden. Diese Überschreitung
des Schubspannungs-Grenzwertes kann vor-
kommen bei kurzen, hochbelasteten Trägern
oder bei hohen Einzellasten nahe einem Auflager. Bedenklich sind vor allem Durchbrüche in der Nähe eines Auflagers, dort
also, wo die Querkraft V am größten ist.
(Vergleiche Seite 161).

In unserem Beispiel ist die Bemessungs-Quer-
kraft (siehe Seite 299):

$V_{Sd} = 261{,}2$ kN

Abmessungen und Material des Trägers:

h/d/b = 70/65/30
C 20/25
BSt 500 S

Damit ergibt sich:

$$\tau = \frac{261{,}2}{30 \cdot 0{,}85 \cdot 65} = 0{,}16 \text{ kN/cm}^2$$

Dieser Wert liegt unter dem zulässigen Grenzwert $\tau_{Rd2} = 0{,}45$ kN/cm^2 aus der Tabelle
StB 1.1 – also es geht. Als Bügel nehmen wir
vorläufig an:

$\varnothing$ 12,   Abstand e = 25 cm.

(Die genaue Ermittlung der Bügel wird, wie
schon erwähnt, der Ingenieur vornehmen.)

Zusammenfassung über Querkraft und Schub

Die aufnehmbare Querkraft muß größer oder gleich der Bemessungsquerkraft sein.

Die Schubbewehrung paßt fast immer in den Träger, ist also fast nie maßgebend für dessen Außenabmessungen.

Schub kann kritisch werden bei kurzen, hochbelasteten Trägern und bei hohen Einzellasten in der Nähe eines Auflagers.

Vorsicht ist geboten mit Durchbrüchen in der Nähe eines Auflagers, sie verringern die aufnehmbare Querkraft erheblich.

Für die Abmessungen eines Balkens können somit drei Kriterien maßgebend sein:

1. **Die Betonstauchung** ε_b
   Sie darf unter dem Bemessungsmoment M_d den Wert 3,5 ‰ nicht überschreiten. Wenn er auf der Tabelle für den gewählten Beton zu finden ist, bleibt die Betonstauchung und damit die Betondruckspannung im zulässigen Bereich. Ist k_d kleiner als die Tabellenwerte, so muß der Balken größer bemessen werden.

2. **Der Stahlquerschnitt** A_s
   Er muß in ein oder zwei Lagen mit den vorgeschriebenen Abständen in Balken angeordnet werden können. Ist dies nicht möglich, so muß der Balken breiter bemessen werden (oder höher, um so A_s zu verringern).

3. **Die Querkraft** V_d
   Sie kann in seltenen Fällen bei kurzen, hochbelasteten Trägern oder bei Einzellasten in Nähe der Auflager maßgebend sein. Durchbrüche in Nähe der Auflager sollten möglichst vermieden werden.

Erste Schätzwerte:

$$h \approx \frac{l}{15} \cdots \frac{l}{10}$$

$$b \approx \frac{h}{3} \cdots \frac{h}{2}$$

14.3 Stahlbetonplatten

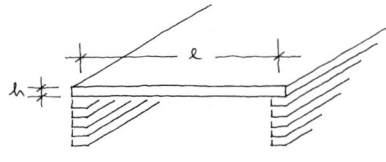

Platten sind ebene, flächenartige Tragwerke, die über ihre kleinste Abmessung auf Biegung beansprucht werden. Die Dicke h und mit ihr die statische Höhe d sind wesentlich kleiner als die Breite b und die Spannweite l.

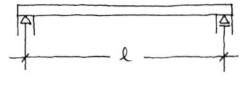

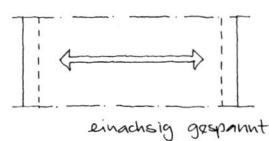

einachsig gespannt

Platten können auf zwei gegenüberliegenden Wänden oder Trägern aufliegen, sie werden dann als »einachsig gespannte Platten« bezeichnet.

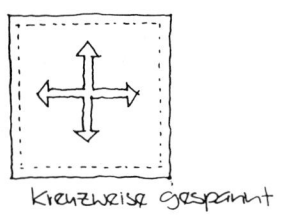

kreuzweise gespannt

Platten können auch auf vier Seiten einer etwa quadratischen Fläche aufliegen. Sie heißen dann »kreuzweise gespannt« oder »allseitig aufgelagert«.

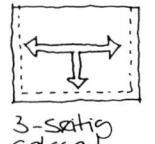
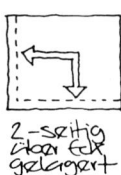

3-seitig gelagert

2-seitig über eck gelagert

In Sonderfällen sind Platten auf drei oder auf zwei Seiten über eck gelagert.

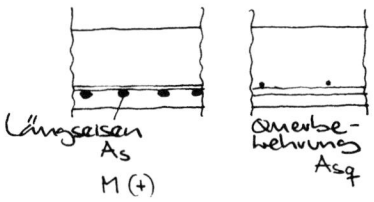

Längseisen
As
M (+)

Querbe-
wehrung
Asq

In diesem Band werden nur die einachsig-gespannten Platten behandelt. Sie wirken wie Balken mit kleiner Höhe und sehr großer Breite und werden auch so bemessen. Die Stähle werden aber nicht zu Körben verbunden, sondern zu Matten aus Längs- und Querstählen. Es gibt nur in seltenen Ausnahmefällen bei sehr großen Lasten Bügel oder schräge Aufbiegungen. Die Matten können vorgefertigt bezogen werden, sie sind unter Bezeichnungen wie »Baustahlgewebe BStG« oder »Betonstahlmatten« im Handel. Diese Matten werden so gelegt, daß ihre Längsstähle – also die Rundstähle in Tragrichtung – möglichst nahe dem gezogenen Rand liegen, denn dort wirken sie am günstigsten. Im Bereich der positiven Momente werden also die Matten mit den Längsstäben nach unten und den Querstäben nach oben gelegt.

Bei den gebräuchlichsten Baustahlmatten beträgt der Abstand der Längsstäbe 15 oder 10 cm, der der Querstäbe 25 cm. Diese Matten, deren Stähle Rechtecke bilden, werden als »R-Matten« bezeichnet. Sie werden vor allem für einachsig gespannte Platten verwendet. Andere Matten, deren Stäbe Quadrate bilden werden als »Q-Matten« bezeichnet. Der Stababstand beträgt dort meist 15 cm in jeder Richtung.

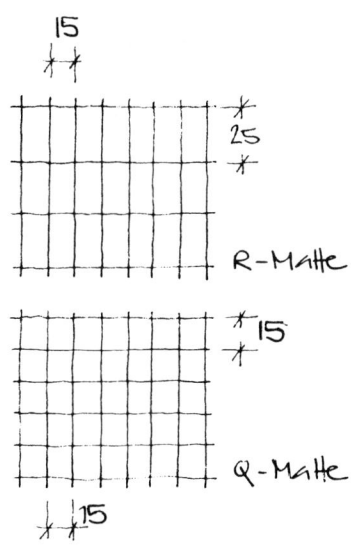

15

25

R-Matte

15

Q-Matte

15

Tabellen StB 3

Die erforderliche Betondeckung beträgt 2,5 cm, wenn die Platte an trockene Innenräume grenzt, 3,0 bis 4,5 cm, wenn die betroffene Plattenseite an Räume grenzt, die häufig der Außenluft ausgesetzt sind, bzw. wenn die Platte im Freien liegt (Näheres siehe Tabelle StB 3.1.1 »Betondeckung«).

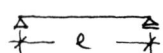

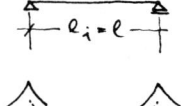

 Um die Durchbiegung zu begrenzen
(Gebrauchstauglichkeitsnachweis), sollte
eine Mindesthöhe von

$$d \geq \frac{l_i}{30}$$ eingehalten werden.

Hierbei ist l_i der Abstand der Momenten-Null-punkte. Bei Platten ohne Kragarme also ist $l_i = l$, bei Platten mit Kragarmen ist $l_i < l$.

Für Platten, die leichte Trennwände tragen,
gilt eine noch strengere Begrenzung der
Durchbiegung, denn hier soll verhindert werden, daß diese leichten Trennwände Risse
bekommen, wie dies infolge einer zu großen
Decken-Durchbiegung leicht geschehen
könnte. Deshalb gilt für Decken **mit** leichten
Trennwänden:

$$d \geq \frac{l_i^2}{150}$$

(Die Formel ist dimensionsecht, wenn d und l_i
in m eingesetzt werden.)

Die vorgeschlagenen Mindestmaße sind
Überschlagswerte für die Vorbemessung.

Nach Eurocode sind Ermittlungen der erforderlichen Deckenstärke in verschiedenen
Stufen möglich.

Sehr einfache Berechnungen führen zu
noch weit größeren Dicken, als hier vorge-
schlagen.

Bei genauerer Kenntnis der Randbedingun-
gen kann der Ingenieur kleinere Platten-
dicken nachweisen. Bei innenliegenden
Decken üblicher Hochbauten lassen sich
dabei die hier vorgeschlagenen Werte
immer erreichen, oft auch unterschreiten.
In diese Nachweise der Plattenschlankheit
gehen u. a. ein:

- die Betonqualität
- das Verhältnis ständiger zu nichtständiger
  Last
- der Zeitpunkt des Ausschalens.

Noch aufwendigere Berechnungsverfahren
können zu noch geringeren Plattenstärken
führen.

Hier sei vorweggenommen, daß bei Durch-
laufplatten mit ca. gleichen Feldern näherungsweise gilt:

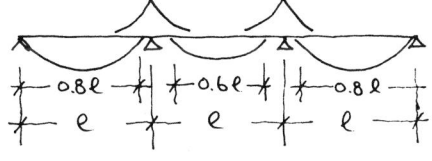

Endfeld: $l_i \approx 0,8\,l$
Mittelfelder: $l_i \approx 0,6\,l$

Unter den im Hochbau normalerweise vorkommenden Flächenlasten reicht dieses Maß $d \geq \dfrac{l_i}{30}$ bzw. $d \geq \dfrac{l_i^2}{150}$ immer für die Bestimmung der Plattendecke. Damit ist uns für Entwurf und Vorbemessung ein wichtiges und einfaches Hilfsmittel an die Hand gegeben:

Wir bestimmen die Dicke einer Platte über

$$d \geq \frac{l_i}{30} \quad \text{bzw.} \quad d \geq \frac{l_i^2}{150}$$

Daraus ergibt sich die Dicke h.

Nehmen wir den Durchmesser der Längseisen mit 1 cm an, so ergibt sich in trockenen Innenräumen

h = d + 3,0 cm

und im Freien

h = d + 3,5 cm ... d + 5,0 cm

Die Stahleinlagen lassen sich in der Deckenplatte immer unterbringen, A_s ist also nicht maßgebend für die Dicke.

Auch der Schub wird bei Platten so gut wie nie kritisch, ist also nicht maßgebend für die Dicke der Platte.

Soll auch die Bewehrung ermittelt werden, so gehen wir so vor, wie bei der Bemessung eines Balkens. Um die Rechnung zu vereinfachen, betrachten wir hier einen 1 m breiten Streifen der Platte. Da in der k_d-Formel

$$k_d = \frac{d}{\sqrt{\dfrac{M}{b}}}$$

b in [m] angegeben wird (jetzt erkennen wir auch, warum!), erscheint b jetzt nicht mehr in der Rechnung:

$$k_d = \frac{d}{\sqrt{\dfrac{M}{b}}} \quad \rightarrow \quad k_d = \frac{d}{\sqrt{M}}$$

Wie bei der Bemessung des Balkens ist

$$A_s = k_s \cdot \frac{M}{d}$$

Dabei ist M das Moment des 1 m breiten Streifens und A_s der Stahlquerschnitt, der über 1 m zu verteilen ist.

Wie schon erwähnt, wird Schub in Platten fast nie maßgebend. Bügel und Aufbiegungen sind nur selten notwendig, zudem wären sie schwer zu montieren. Wenn die Schubspannung

$$\tau \leqq \tau_{Rd1}$$

also kleiner als der Grenzwert in der untersten Zeile der Tabelle StB 1.1 ist, so kann auf Bügel oder Schrägeisen verzichtet werden. Dies ist in Platten fast immer der Fall.

Beispiel 14.3.1: Stahlbeton-Platte über Innenraum

(Auch dieses Beispiel wird unter »Zahlenbeispiele« in praxisüblicher Kurzschreibweise, jedoch mit anderen Abmessungen wiederholt.)

$l = 4,80$ m

$$d \geq \frac{480}{30} = 16 \text{ cm}$$

$h = 16 + 2,5 + 0,5 = 19$ cm

Für den Entwurf genügt dieses Maß.

Im folgenden wird auch die weitere Berechnung und Bemessung gezeigt.

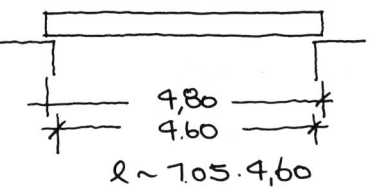

Gebrauchslasten:

Eigengewicht	$0,19 \cdot 1,00 \cdot 25 =$	$4,75$ kN/m²
Belag und Putz	$\approx$	$1,25$ kN/m²
	$\bar{g} =$	$6,00$ kN/m²
Nutzlast Wohnraum	$\bar{p} =$	$1,50$ kN/m²
	$\bar{q} =$	$7,50$ kN/m²

Basis-Schnittgrößen:
(für den 1,0 m breiten Streifen)

$$A = B = \frac{q \cdot l}{2} = \frac{7,50 \cdot 4,80}{2} = \underline{18,0 \text{ kN}}$$

$$V_{Ac} = -V_{Br} = 18,0 \text{ kN}$$

$$\max M = \frac{q \cdot l^2}{8} = \frac{7,50 \cdot 4,8^2}{8} = 21,6 \text{ kN} \cdot \text{m}$$

Bemessungsmoment:

$$\max M_d = \max M \cdot \gamma_F = 21,6 \cdot 1,4 = \underline{30,24 \text{ kN} \cdot \text{m}}$$

Ⓖ **Bemessung:**   h/d/b = 19/16/100

Die Bemessung wird wie bei einem StB-Balken durchgeführt. Baustahlgewebe besteht aus BSt 500. Wir schreiben also:

C 20/25
BSt 500 M

$$k_d = \frac{d}{\sqrt{M}} = \frac{16}{\sqrt{30,24}} = 2,91$$

Wir suchen diesen Wert auf der Tabelle 3.1.2 unter StB 3 in der Spalte für C 20/25. Dort erkennen wir, daß 2,91 (zwischen 2,81 und 3,13) im oberen Teil der Tabelle liegt. In der Spalte ε_{S1} läßt sich die Stahldehnung von 20 ‰, in Spalte ε_{C2} die Betonstauchung zwischen 2,83 ‰ und 3,46 ‰ ablesen. Der Querschnitt ist also nahezu optimal ausgenutzt.

Den k_s-Wert finden wir in seiner Spalte und der Zeile von $k_d = 2,81 : k_s = 2,45$

$$\text{erf } A_s = k_d \cdot \frac{M_d}{d} = 2,45 \cdot \frac{30,24}{16} = 4,63 \, \text{cm}^2$$

Auch dieses erforderliche A_s ist auf den 1 m breiten Streifen bezogen. Die gebräuchlichen Baustahlmatten sind so bezeichnet, daß aus der Bezeichnung der Stahlquerschnitt je Meter unmittelbar abgelesen werden kann.

Tabellen StB 3.1

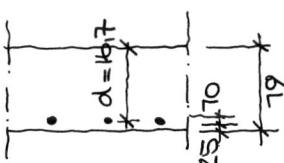

So hat z. B. die Matte R 317 einen Stahlquerschnitt von 3,17 cm²/m. Wir wählen hier die Matte R 513 mit $A_s = 5,13$ cm²/m > erf A_s und schreiben:

gew: R 513

Tabellen StB 2.2

Der Tabelle in StB 2.2 können wir Näheres über die Matte entnehmen: Die Längsstähle liegen im Abstand von 15 cm, es sind Doppelstäbe mit je 7,0 mm Durchmesser. Diese Doppelstäbe wurden gewählt, damit dort, wo sich die Matten an ihren Rändern überlappen, auch nur die gleiche Bewehrung vorhanden ist:

Jede Matte hat nämlich an den Rändern Einzelstäbe, durch die Überlappung kommen wieder jeweils zwei Stäbe zusammen.

Die Querstäbe Ø 6,0 liegen im Abstand von 25 cm. Dies führt zu $A_{sq} = 1,13$ cm² $= 0,2 \, A_s$.

Die Querbewehrung muß mindestens $^1/_5$ der Längsbewehrung betragen.

An den Rändern können durch darüberstehende Wände o. ä. unbeabsichtigte Einspannungen und damit negative Momente entstehen. Ihnen begegnen wir durch eine schwache obere Bewehrung entlang den Rändern, genannt »Randbewehrung« oder »Randeinspannungsmatten«.

Siehe Bewehrungsskizze Seite 348

Schub:
$$V_{Sd} = 18,0 \cdot 1,4 = 25,2 \text{ kN}$$

$$\tau = \frac{25,2}{100 \cdot 0,85 \cdot 16} = 0,019 \text{ kN/cm}^2$$
$$< \tau_{Rd1} = 0,048 \text{ kN/cm}^2$$

Es sind also weder Bügel noch Aufbiegungen erforderlich.

Z **Zusammenfassung**

Für die Bemessung von Stahlbetonplatten
merken wir uns:

Das maßgebende Kriterium ist immer

$$d \geq \frac{l_i}{30}$$

bzw.

$$d \geq \frac{l_i^2}{150}$$ (Decken mit leichten
Trennwänden)

Daraus ergibt sich die Dicke h.

Die erforderlichen Stähle – meist Baustahlmatten – lassen sich immer unterbringen,
sind also für die Plattendicke nicht maßgebend.

Betondruckspannung (-stauchung) oder
Schub werden fast nie kritisch.

14.4 Plattenbalken

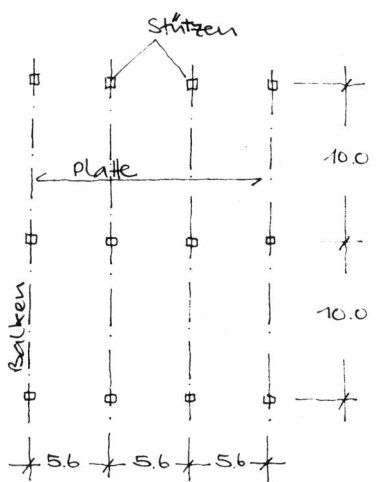

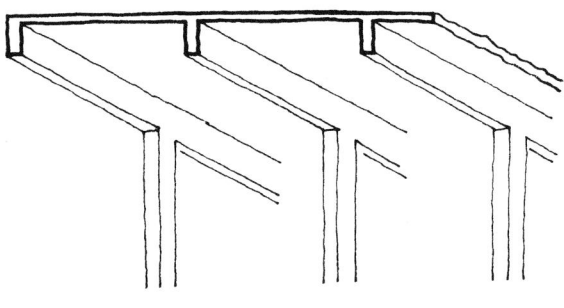

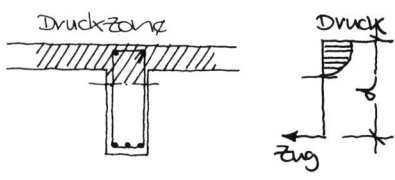

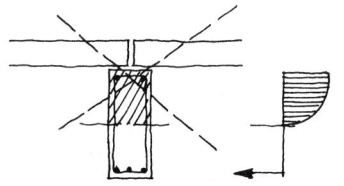

Fertigteilplatten auf Balken ergeben kleinen Plattenbalken

Eine Stb-Platte wird zwischen Stb-Balken gespannt. Die Spannweite der Balken ist wesentlich größer als die der Platte. (In unserem Beispiel nahezu doppelt so groß.) Die Platte erfüllt hier zwei Funktionen:

- Sie trägt als Platte von Balken zu Balken.
- Sie vergrößert die Druckzone jedes Balkens.

Wenn Balken und Platte eine Einheit bilden – also in einem Betoniervorgang gegossen wurden und durch die Armierung verbunden sind –, so breiten sich die Druckspannungen vom Balken her über den angrenzenden Bereich der Platte aus – der Druck verteilt sich über eine breite Druckzone, die Druckspannungen werden kleiner.

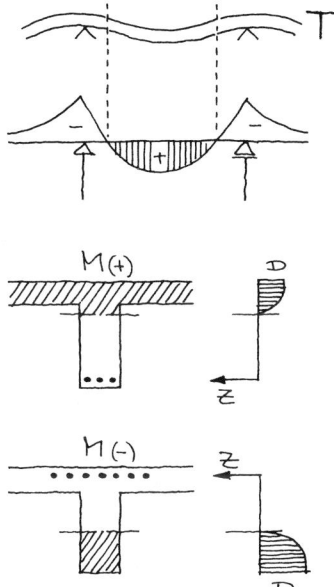

Das gilt im Bereich der positiven Momente (+), dort ist die Druckzone oben, sie kann sich über einen weiten Bereich der Platte ausdehnen.

Im Bereich der negativen Momente (–) hingegen ist die Druckzone unten im Balken. Hier ist keine Platte im Druckbereich – nur die Breite des Balkens selbst wirkt als Druckzone. Die Platte im Zugbereich ist aber von Nutzen für die Unterbringung der Stähle: Sie werden nicht nur in der Breite des Balkens selbst angeordnet, sondern zum Teil auch im angrenzenden Bereich der Platte, in den ja die Zugspannungen übergreifen. Wenn im Balken oben Zug herrscht, er also oben gedehnt wird, so wird auch der benachbarte Bereich der Platte gedehnt. Die Stähle, die hier Platz finden, tun also auch der Platte Gutes: Sie verhindern Risse oder verteilen sie zumindest auf viele kleine Haarrisse.

Beispiel 14.4.1

(wird im Anhang »Zahlenbeispiele« in praxisüblicher Schreibweise wiederholt.)

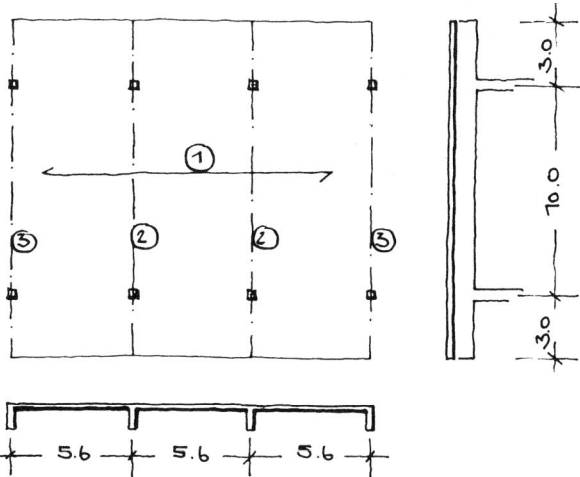

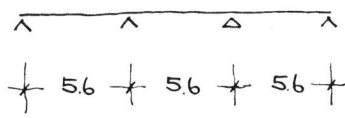

Position 1: Platte

Das ist eine Durchlaufplatte über drei Felder – also ein statisch unbestimmtes System. Wie schon erwähnt, können wir die Abstände der Momenten-Nullpunkte bei Durchlaufträgern annehmen:

für Endfelder: $l_i \approx 0,8\,l$
für Innenfelder: $l_i \approx 0,6\,l$

Wenn wir das Maß l_i kennen, können wir mit

$$d \geq \frac{l_i}{30} \quad \text{bzw.} \quad d \geq \frac{l_i^2}{150}$$

die Dicke der Platte bestimmen (vgl. Abschnitt 14.3).

Die Platte unseres Beispiels sei in allen Feldern gleich dick, maßgebend für die Dicke ist also das Endfeld mit $l_i = 0,8\,l$.

Es seien keine leichten Trennwände vorgesehen:

$$d \geq \frac{450}{30} = 15\ \text{cm}$$

erf $h = 15 + 2,5 + 0,5 = 18$ cm

gewählt: $\underline{h = 18\ \text{cm}}$

Gebrauchslasten

Eigengewicht der Platte:

$0,18\ \text{m} \cdot 25\ \text{kN/m}^3$		$= 4,50\ \text{kN/m}^2$
Belag, Unterdecke etc.	ca.	$1,50\ \text{kN/m}^2$
	$g =$	$6,00\ \text{kN/m}^2$
Verkehrslast	$p =$	$5,00\ \text{kN/m}^2$
	$q =$	$11,00\ \text{kN/m}^2$

Hier keine weitere Bemessung. Für den Entwurf genügt: $h = 18$ cm. Die Lastaufstellung brauchen wir für den Plattenbalken Position 2.

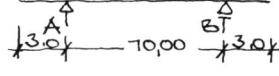

 Position 2: Plattenbalken

Wegen der Entlastung durch die Kragarme und der mitwirkenden Druckplatte kann die Gesamtdicke kleiner geschätzt werden als bei einem Balken ohne Kragarme. Wir schätzen:

$$\frac{1}{14} = \frac{1000}{14} \approx 70\,\text{cm}$$

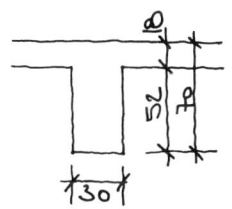

geschätzter Querschnitt

Gebrauchslasten

g aus Platte 6,0 kN/m² · 5,6 m	= 33,6 kN/m
Eigengewicht Balken (geschätzt) 0,30 m · 0,52 m · 25 kN/m³	= 3,9 kN/m

(Für die Lastaufstellung wird nur der Teil des Balkens berücksichtigt, der unterhalb der Platte liegt, denn die Dicke der Platte ist schon in Position 1 lastmäßig erfaßt.)

	g = 37,5 kN/m
Verkehrslast aus Platte, Position 1 5,0 kN/m² · 5,6 m =	p = 28,0 kN/m
	q = 65,5 kN/m

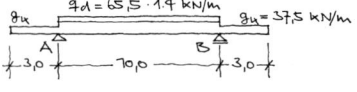

Basis-Schnittgrößen

Auflager, Querkräfte

$A = B = 3 \cdot 37{,}5 + 5 \cdot 65{,}5 = 440 \text{ kN}$

$$ = \underline{440{,}0 \text{ kN}}$$

$V_{Al} = -3{,}0 \cdot 37{,}5 = -112{,}5 \text{ kN}$

$V_{Ar} = 5 \cdot 65{,}5 = 327{,}5 \text{ kN}$

$V_{Bl} = -327{,}5 \text{ kN}$

$V_{Br} = 112{,}5 \text{ kN}$

Kragmomente:

$$\min M_A = \min M_B = -\frac{65{,}5 \cdot 3{,}0^2}{2} = -294{,}8 \text{ kN} \cdot \text{m}$$

Feldmoment:

$$\max M = \frac{q \cdot l^2}{8} - \frac{g \cdot a^2}{2}$$

$$= \frac{65{,}5 \cdot 10{,}0^2}{8} - \frac{37{,}5 \cdot 3{,}0^2}{2}$$

$$= 818{,}75 - 168{,}75 = 650 \text{ kN} \cdot \text{m}$$

Bemessungs-Schnittgrößen

$A_d = B_d = 503{,}2 \cdot 1{,}4 = \underline{704{,}5 \text{ kN}}$

$V_{Ard} = -V_{Bld} = 327{,}5 \cdot 1{,}4 = \underline{458{,}5 \text{ kN}}$

Ist das Bemessungsmoment
$M_d = 650 \cdot 1{,}4 = 910 \text{ kN} \cdot \text{m}$?

Das wäre ein erster, ziemlich grober Überschlagswert. Genauer ist es, nur die Last $q = g + p$ im Feld mit $\gamma_F = 1{,}4$ zu multiplizieren, nicht jedoch die Last g der beiden Kragarme, die das Feldmoment erheblich verringert. Deshalb ist anzusetzen:

im Feld: $\qquad\qquad\qquad q_d = 65{,}5 \cdot 1{,}4 = 91{,}7 \ \text{kN/m}$

auf den Kragarmen: $\quad g_k \qquad\qquad = 37{,}5 \ \text{kN/m}$

$$\max M_d = \frac{q_d \cdot l^2}{8} - \frac{g_k \cdot a^2}{2}$$

$$= \frac{91{,}7 \cdot 10{,}0^2}{8} - \frac{37{,}5 \cdot 3{,}0^2}{2} = \underline{\underline{977{,}5 \ \text{kN} \cdot \text{m}}}$$

$$\min M_A = \min M_B = -294{,}8 \cdot 1{,}4 \qquad = \underline{\underline{-412{,}7 \ \text{kN} \cdot \text{m}}}$$

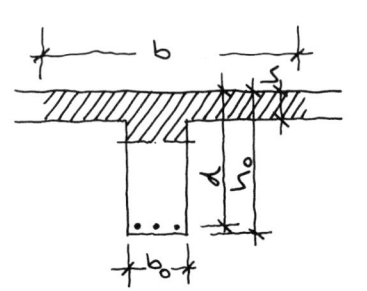

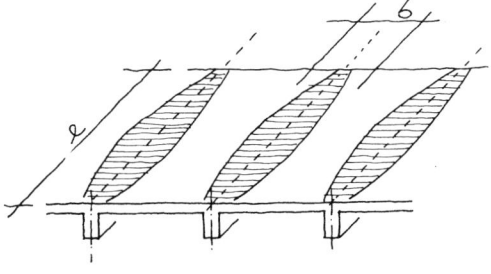

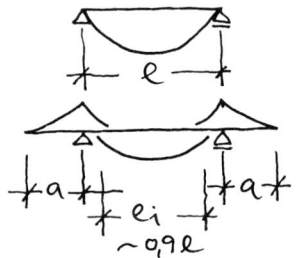

 Bemessung

Um Verwechslungen mit den Bezeichnungen der Platte Position 1 zu vermeiden, wird die Bezeichnung h für die Plattendicke auch hier beibehalten. Die Gesamtdicke des Balkens wird mit h_0 bezeichnet. Entsprechend wird die Breite des Balkens selbst mit b_0 und die mitwirkende Breite der Platte mit b benannt.

1. Bemessung im Feld

Wie groß ist die mitwirkende Breite b der Platte? Die Betondruckspannung verteilt sich allmählich über die fragliche Breite. Am Auflager ist die mittragende Breite kaum größer als der Balken selbst, in der Mitte der Feldlänge ist sie am größten. Je länger der Balken ist, um so weiter kann sich die Druckspannung über die Platte verteilen, um so breiter wird die mittragende Breite b sein.

Wir können mit brauchbarer Näherung die Breite b mit einem Viertel der Spannweite ansetzen bzw. bei Trägern mit Kragarm oder bei Durchlaufträgern mit einem Viertel der Nullpunktentfernung l_i. (Eine genauere Ermittlung ist in EC 2 angegeben, auf sie können wir hier verzichten.)

$$b \approx \frac{l_i}{4}$$

Selbstverständlich kann b in keinem Fall größer werden als die tatsächlich vorhandene Breite, in unserem Beispiel also keinesfalls größer als der Abstand 5,6 m von Balken zu Balken.

Jetzt sind also b und h bekannt. Die anderen
Maße müssen wir zunächst schätzen, bzw.
wir haben sie bereits für die Lastaufstellung
geschätzt.

$$\max M_d = \underline{\underline{977,5 \ kN \cdot m}}$$

$$b = \frac{900}{4} = 225 \ cm$$

C 20/25
BSt 500 S

b_0 = 30 cm
h = 18 cm
h_0 = 70 cm

Voraussichtlich zwei Lagen, daher

d = 70 – 8 = 62 cm

$$k_d = \frac{d}{\sqrt{\dfrac{M}{b}}} = \frac{62}{\sqrt{\dfrac{977,5}{2,25}}} = 2,97 \quad \Rightarrow k_s = 2,43$$

Wir erkennen auch hier die geringe Betondruckspannung. Sie resultiert aus der großen
mittragenden Plattenbreite, auf die sich der
Druck verteilt.

$$A_s = 2,43 \cdot \frac{977,5}{62} = 38,3 \ cm^2$$

$\Rightarrow$ gew.: 8 $\varnothing$ 25 = 39,28 cm^2 (zwei Lagen)

erf Breite:
erste Lage 5 $\varnothing$ 25   = 12,5 cm
4 Zwischenräume 4 · 2,5   = 10,0 cm
Bügel 2 $\varnothing$ 12   = 2,4 cm
Betondeckung 2 · 2,5   = 5,0 cm
                                                                    _____
                                                                    29,9 cm

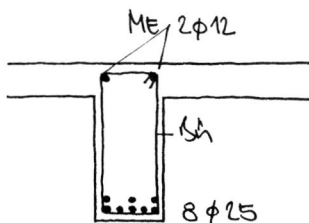

Wir können also bei der
geschätzten Breite bleiben: b_0 = 30   cm

2. Bemessung über der Stütze

Hier steht als Breite nur $b_0 = 30$ cm
zur Verfügung. $h_0 = 70$ cm

Voraussichtlich eine Lage.

Weil über den Längsstählen und Bügeln des Balkens die Matten der Platte (negative Momente) angeordnet werden, ziehen wir für h weitere 2 cm ab.

Tabellen StB 1.3

$$h_0 = 70 \text{ cm}$$

Betondeckung	– 2,5 cm
Matten	– 2,0 cm
Bügel	– 1,2 cm
1/2 $\varnothing$	– 1,0 cm

$$62,3 \text{ cm}$$
$$d \approx 62 \text{ cm}$$

$$M_d = -412,7 \text{ kN} \cdot \text{m}$$

$$k_d = \frac{62}{\sqrt{\dfrac{412,7}{0,30}}} = 1,67 \quad \Rightarrow k_s = 2,89$$

$$A_s = 2,89 \cdot \frac{412,7}{62} = 19,24 \text{ cm}^2$$

gewählt: $4 \varnothing 20 \cong 12,57 \text{ cm}^2$
                        $+4 \varnothing 12 \cong 4,52 \text{ cm}^2$
Montageeisen $2 \varnothing 12 \cong 2,26 \text{ cm}^2$

$$19,35 \text{ cm}^2$$

Die Stähle $\varnothing$ 12 und die Montageeisen $\varnothing$ 12 liegen innerhalb der Bügel, je 2 $\varnothing$ 12 auf jeder Seite in der Platte.

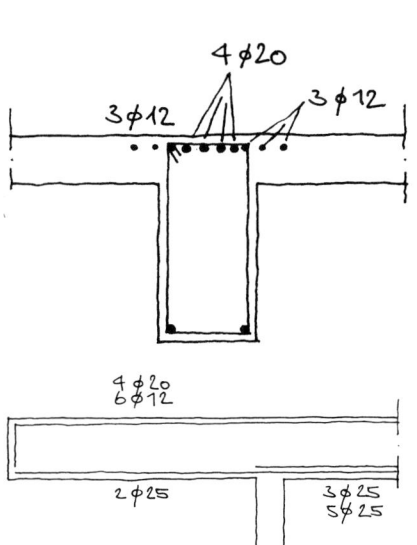

Siehe Bewehrungsplan Seite 349

E   ### 3. Bemessung auf Schub

$V_{Sd} = 458,5$ kN

Tabellen StB 1.1

$$\tau = \frac{458,5}{30 \cdot 0,85 \cdot 62} = 0,29 \text{ kN/cm}^2$$
$$< \tau_{Rd2} = 0,45 \text{ kN/cm}^2$$

Wir nehmen vorläufig an:

Bügel $\varnothing$ 12
Abstand e = 20 cm.

Siehe Bewehrungsplan Seite 349

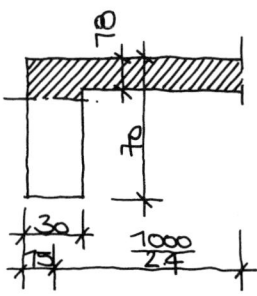

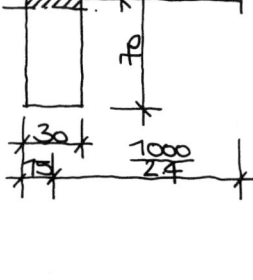

 Position 3: Randbalken

Aus konstruktiven Gründen werden für den Randbalken dieselben Abmessungen gewählt wie für die anderen Plattenbalken. Die Breite b ist hier kleiner, weil nur auf der einen Seite die mitwirkende Platte vorhanden ist.

Daher setzt sich b zusammen:

$$\text{rechts:} \quad \frac{1}{2} \cdot \frac{l_i}{4} = \frac{900}{2 \cdot 4} = 112 \text{ cm}$$

$$\text{links:} \quad \frac{b_0}{2} = \frac{30}{2} \qquad\qquad = \underline{\quad 15 \text{ cm}}$$

$$b = 127 \text{ cm}$$

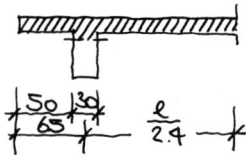

Für den hier skizzierten Fall würde gelten:

$$b = \frac{l_i}{2 \cdot 4} + 65 \text{ cm}$$

Die übrige Bemessung verläuft wie bei Position 2.

Zusammenfassung

Im Plattenbalken verteilt sich im Bereich der *positiven Momente* der Druck über eine große mitwirkende Breite der Platte, die Druckspannungen bleiben deshalb klein. Die zulässige Betonspannung (-stauchung) wird fast nie ausgenützt. Maßgebend ist, ob der Platz für die Stähle in der Breite b_0 des Balkens ausreicht.

Im Bereich der *negativen Momente,* also über der Stütze, wirkt als Druckzone nur die Balkenbreite b_0. Hier kann die Betondruckspannung kritisch werden. Hingegen ist immer reichlich Platz für Stähle vorhanden, denn sie können auch in der angrenzenden Platte angeordnet werden.

Die *Schubspannung* kann insbesondere für kurze, hochbelastete Plattenbalken maßgebend sein.

Erste Schätzwerte:

$$h_0 \approx \frac{1}{15} \cdots \frac{1}{10}$$

$$b_0 \approx \frac{d_0}{3} \cdots \frac{d_0}{2}$$

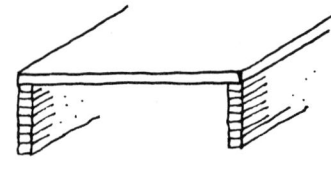

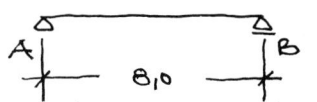

14.5 Rippendecke und deckengleiche Träger

Eine Decke soll über 8,00 m gespannt werden. Für eine Platte ergäbe sich die erforderliche Mindestdicke aus:

$$d \geq \frac{800}{30} = 26{,}7 \text{ cm} \Rightarrow h \geq 30 \text{ cm}$$

bzw.

$$d \geq \frac{8{,}0^2}{150} = 0{,}427 \text{ m} \Rightarrow h = 47 \text{ cm}$$

Eine Massivplatte mit 30 oder gar 47 cm Dicke wäre in den meisten Fällen des Hochbaues unwirtschaftlich. Allein das Eigengewicht einer solchen Platte beträgt

0,30 · 25 = 7,5 kN/m² bzw.
0,47 · 25 = 11,75 kN/m².

Weniger als die halbe Dicke der Platte würde als Betondruckzone wirksam, der Rest hätte nur die Aufgabe, die Verbindung zu den Zugstählen herzustellen und diese Zugstähle zu umhüllen. Diese Aufgabe aber können auch einzelne Rippen erfüllen, der restliche, überflüssige Beton kann wegfallen. Es ist dabei nicht einmal notwendig, die gesamte Druckzone mit Beton auszufüllen, in der Nähe der Null-Linie ist die Wirkung des Betondrucks ohnehin gering, weil Druckspannung und innerer Hebelarm klein sind. Deshalb kann man beruhigt auch diesen wenig wirksamen Beton weglassen. Nur im obersten, wirksamsten Bereich wird die Platte angeordnet.

Diese Konstruktion heißt »Stahlbeton-Rippen-
decke«, kurz »Rippendecke«. Eine solche Rippendecke ist gleichsam eine kleine Platten-
balkendecke. Auch bei der Rippendecke
werden die Betondruckspannungen von der
Platte aufgenommen, die Stähle liegen in
verkleinerten Balken – den »Rippen«.

Tabellen 3.1

Stahlbetonrippendecken sind kleine Plattenbalken. Der Achsabstand der Rippen darf bis
zu 1,50 m betragen. Die Dicke h der Platten
muß mindestens 1/10 des lichten Rippen-
abstandes sein, darf jedoch nicht unter 5 cm
liegen (vgl. Tabellen 3.1.10).

Aus Gründen der Feuersicherheit sind jedoch
bei Zwischendecken 8 cm Plattendicke erforderlich, falls nicht andere Feuerschutzmaß-
nahmen – z. B. eine feuerhemmende Unterdecke – vorgesehen sind.

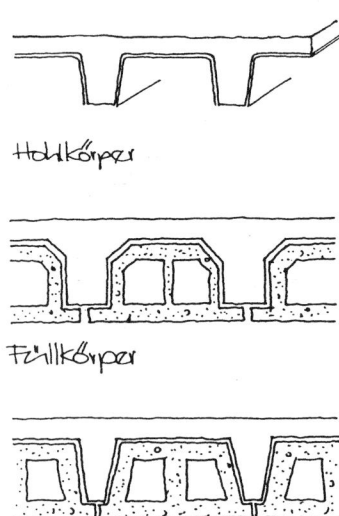

Hohlkörper

Füllkörper

Tabellen StB 4

 Arten der Rippendecke

Die Räume zwischen den Rippen können gebildet werden

– durch **Hohlkörper**, die nach dem Abbinden des Betons wieder entfernt oder die als verlorene Schalung belassen werden,

– durch **Füllkörper**, d. h. statisch nicht wirksame Zwischenbauteile, die während des Betonierens als Schalung dienen und später eine ebene Untersicht bilden und außerdem die Wärmedämmung der Decke verbessern.

Es gibt auch statisch mitwirkende Füllkörper.

Sowohl Hohlkörper als auch Füllkörper sind genormt. Häufig werden Bleche als wieder zu entfernende Hohlkörper verwendet. Ihre Maße sind in einer Tabelle zusammengestellt. Vor der endgültigen Festlegung der Abmessungen einer Rippendecke sollte man erkunden, mit welchen Hohl- oder Füllkörpern die in Frage kommenden Baufirmen arbeiten.

Diese Hohl- oder Füllkörper sind nicht in jeder beliebigen Höhe zu haben, sondern ihre Maße steigen in Sprüngen von meist 5 cm. Folglich kann man für die Rippendecke nur solche Höhen wählen, die sich aus Hohl- oder Füllkörpern ergeben (siehe Beispiel 14.5.1).

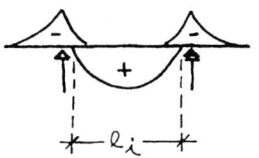

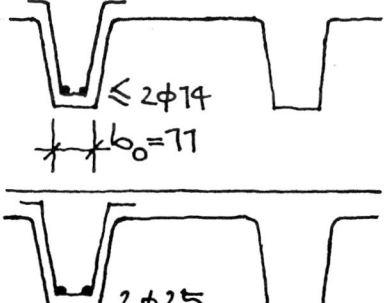

Auch für Rippendecken gilt – wie für Stahlbetonplatten:

$$d \geq \frac{l_i}{30} \quad \text{bzw.} \quad d \geq \frac{l_i^2}{150}$$

(Überschlagswerte)
Aus diesem Wert folgt die erforderliche Dicke. Die wirklich zu wählende Dicke – vorh h – ergibt sich aus der Höhe der nächstgrößeren Hohlkörper oder Füllkörper.

Die Breite der Rippen wird so gewählt, daß sie für die Rundstähle mit der erforderlichen Betondeckung genügend Platz bieten. Gebräuchlich ist die Anordnung von zwei Stählen je Rippe – von ihnen darf einer im Bereich der Auflager aufgebogen werden. Im allgemeinen ergeben sich Rippenbreiten von 11 bis 14 cm.

In den Rippen werden Bügel (meist ⌀ 5 oder ⌀ 6) angeordnet.

Im Bereich der *positiven* Momente (im Feld) kann die Platte – oben – über ihre ganze Breite den Druck aufnehmen. Hier ist die Rippendecke sehr leistungsfähig. Die zulässige Betondruckspannung wird bei den im Hochbau gebräuchlichen Belastungen nie überschritten. Auch die Zugstähle lassen sich immer unterbringen, weil die Rippenbreite entsprechend gewählt werden kann.

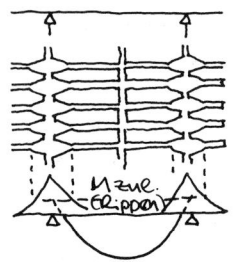

verbreiterte Rippen
im Bereich der
negativen Momente

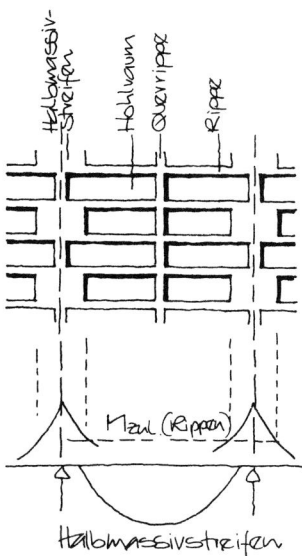

Halbmassivstreifen

Im Bereich der *negativen* Momente (Stützen-momente bzw. Kragmomente) steht hingegen nur die Breite der Rippen für die Aufnahme des Drucks (unten!) zur Verfügung. Hier kann die zulässige Betondruckspannung leicht überschritten werden. Was tun?

Es bietet sich die Möglichkeit, die Rippen gegen die Auflager so zu verbreitern, daß der Druck aufgenommen werden kann.

Hierfür sind allerdings besondere Hohl- oder Füllkörper notwendig (Sonderanfertigungen); diese Methode ist also aufwendig. Einfacher ist es, Halbmassivstreifen anzuordnen, d. h. abwechselnd einen Hohlraum im Bereich des Stützenmomentes durchzuführen, den anderen jedoch mit Beton auszufüllen und auf diese Weise eine Verbreiterung der Rippen zu schaffen. Selbstverständlich ist dies nur dort notwendig, wo die Rippen allein nicht mehr in der Lage sind, den Druck aus den negativen Momenten aufzunehmen.

Damit ungleichmäßige Lasten – z. B. hohe Einzellasten – gleichmäßig auf mehrere Rippen verteilt werden, sind Querrippen anzuordnen. Außerdem ist in der Platte eine Querbewehrung erforderlich; sie sorgt nicht nur dafür, daß die Platte von Rippe zu Rippe zu spannen vermag, sondern sie vermeidet auch größere Risse zwischen den Rippen.

Sollte in einer Rippendecke die Querkraft so
groß sein, daß in den Rippen die zulässige
Schubspannung überschritten wird, so ist
auch dem durch Anordnung von Halbmassivstreifen leicht abzuhelfen, denn diese
vergrößern die für Schub kritische Breite.
Halbmassivstreifen sind also nicht nur für
die Aufnahme von negativen Momenten
notwendig, sondern in seltenen Fällen auch
zur Aufnahme der Querkraft.

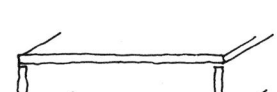

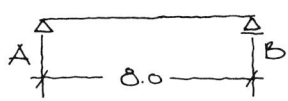

Tabellen StB 4

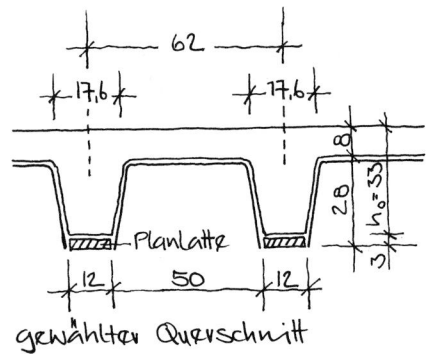

gewählter Querschnitt

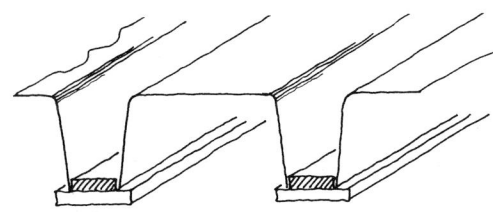

Planlatte

Beispiel 14.5.1
(vgl. auch »Zahlenbeispiele«)

Wie für Platten gilt auch für Rippendecken:

$$d \geq \frac{l_i}{30} \quad \text{bzw.} \quad d \geq \frac{l_i^2}{150}$$

In unserem Beispiel ist:

$$d \geq \frac{800}{30} = 26{,}7 \text{ cm}$$

Die Gesamtdicke ergibt sich aus den
Schalblechen (siehe Tabelle StB 4.6)
⇒ gewählt: Blechhöhe 280 mm
                        Blechbreite 500 mm

Die Seiten der Bleche sind im Verhältnis 1:10
geneigt. Auf die Höhe von 28 cm ergibt das
je Seite 2,8 cm. Daraus folgt die Verbreiterung der Rippen von unten 12 cm auf oben
17,6 cm.

Zwischen den Schalblechen liegt die »Planlatte«. Sie ist notwendig, um die Bleche
während des Betonierens auf der Schalung
unverschieblich festzuhalten.

Wenn die Rippendecke als Raumdecke
sichtbar bleiben soll, so wird diese Planlatte
nach dem Betonieren mit der Schalung entfernt. Soll die Rippendecke aber verkleidet
werden, so kann die Planlatte bleiben und
zur späteren Befestigung einer Unterdecke
dienen. In diesem Fall können auch Ankerschienen an die Stelle der Planlatte treten.

Die Dicke h_0 des Betonquerschnittes ergibt sich mit:

– Platte	= 8,0 cm
– Blechhöhe	= 28,0 cm
– Planlatte	= –3,0 cm
h_0 =	33,0 cm

Daraus ergibt sich d

– Betondeckung	= –2,5 cm
– Bügel	= –0,5 cm
– halber $\varnothing$ (geschätzt)	= –1,3 cm
d =	28,7 cm

Mit diesen Maßen können wir das Eigengewicht der Rippendecke ermitteln.

Gebrauchslasten

$$\frac{0,12 + 0,176}{2 \cdot 0,62} \cdot 0,28 \cdot 25 \qquad = 1,7 \ kN/m^2$$

⇑

(Rippenabstand)

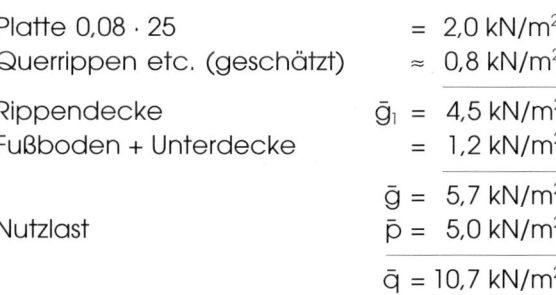

Platte 0,08 · 25		= 2,0 kN/m²
Querrippen etc. (geschätzt)		≈ 0,8 kN/m²
Rippendecke	$\bar{g}_1$ =	4,5 kN/m²
Fußboden + Unterdecke		= 1,2 kN/m²
	$\bar{g}$ =	5,7 kN/m²
Nutzlast	$\bar{p}$ =	5,0 kN/m²
	$\bar{q}$ =	10,7 kN/m²

Überschläglich läßt sich das Eigengewicht kleinerer Rippendecken gleich dem von Platten mit h = 18 … 20 cm annehmen:

$$\bar{g}_1 \approx 25 \cdot 0,18 = 4,5 \ kN/m^2$$

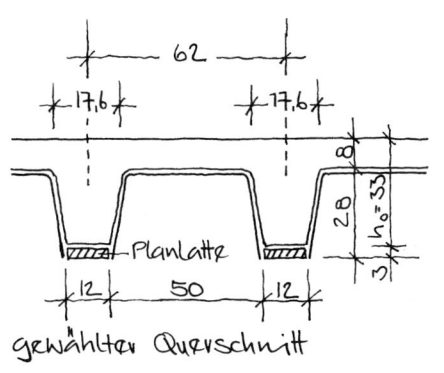

gewählter Querschnitt

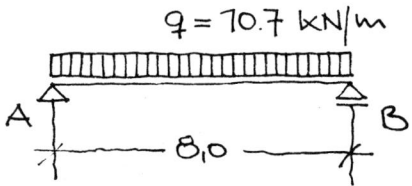

Die Lasten werden auch bei der Rippen-decke zunächst auf m^2 bezogen. Das Gewicht der Rippen wird auf m^2 umgerech-net, d. h. durch den Rippenabstand (hier 0,62 m) geteilt. Querrippen, eventuell Halb-massivstreifen etc., werden vereinfacht durch einen gleichmäßigen Zuschlag über die ganze Fläche berücksichtigt. Er wurde hier mit dem halben Rippengewicht geschätzt.

Basis-Schnittgrößen:

$$A = B = \frac{10,7 \cdot 8,0}{2} = 42,8 \text{ kN}$$

$$V_{Ar} = -V_{Bl} = A = 42,8 \text{ kN}$$

je 1 m breite Streifen

$$\max M = \frac{10,7 \cdot 8,0^2}{8} = 85,6 \text{ kN} \cdot \text{m}$$

Bemessungs-Schnittgrößen:

$$V_d = V_{Ar} \cdot \gamma_F = 42,8 \cdot 1,4 = \underline{60,0 \text{ kN}}$$
$$\max M_d = \max M \cdot \gamma_F = 85,6 \cdot 1,4 = \underline{120,0 \text{ kN} \cdot \text{m}}$$

Bemessung:
C 20/25
BSt 500
h   = 8,0 cm
h_0 = 33,0 cm
d   = 28,7 cm

$$b_0 = \frac{12}{0,62} = 19,4 \text{ cm}$$

(bezogen auf 1 m Breite)

$$k_d = \frac{28,7}{\sqrt{120,0}} = 2,62 \qquad \Rightarrow k_s = 2,48$$

$$\text{erf } A_s = 2,48 \cdot \frac{120}{28,7} = 10,37 \text{ cm}^2 \text{ je 1 m Breite}$$

$$= 10,37 \cdot 0,62 = 6,23 \text{ cm}^2 \text{ je Rippe}$$

gewählt: $\boxed{2 \varnothing 20 \text{ je Rippe}}$ $\hat{=} 6,28 \text{ cm}^2$

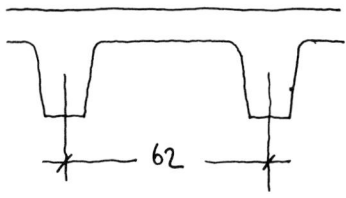

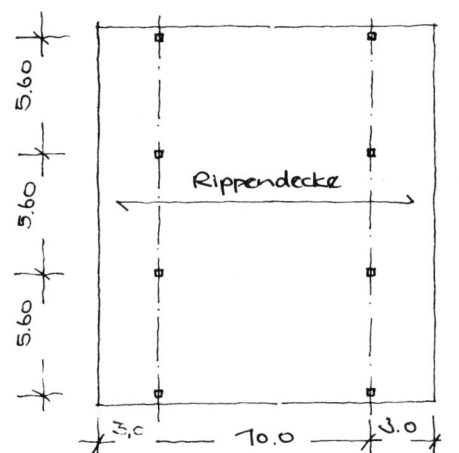

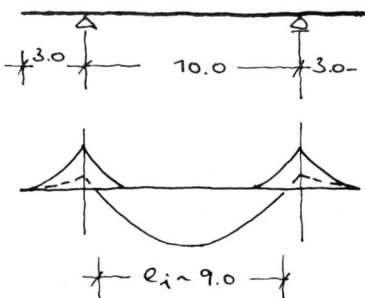

Siehe Schalplan Seite 350

Beispiel 14.5.2
(vgl. auch »Zahlenbeispiele«)

Rippendecke mit deckengleichen Trägern

Dieser Grundriß wurde im Abschnitt 14.4 mit einer Platte über die kleine Spannweite (3 × 5,6 m) und einen Plattenbalken über die große Spannweite (10,0 m mit 3,0 m Auskragung) überdeckt. Denselben Grundriß können wir auch mit einer *Rippendecke* über die große Spannweite und *deckengleichen Trägern* über die kleine Spannweite überdecken.

Position 1: Rippendecke

Wir schätzen l_i zunächst mit
0,9 · 10,0 m = 9,0 m. Daraus ergibt sich

$$d \geq \frac{900}{30} = 30 \text{ cm}$$

Dies führt zu $h_0 \geq 34$ cm.

Aus der nächsthöheren Hohlkörperform ergibt sich

$h_0 = 38$ cm $\Rightarrow d = 34$ cm.

Dieses Maß genügt für den Entwurf.

Eine genaue Berechnung finden wir unter »Zahlenbeispiele«, Position 3b, Seite 361.

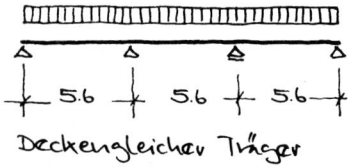

Deckengleicher Träger

Siehe Schalplan Seite 350

 Position 2: Deckengleicher Träger

Über die kleine Spannweite von 3 × 5,6 m kann der Unterzug »in die Decke gedrückt« werden, d. h. auch hier wird nur h = 38 cm gewählt. Um auch für diesen hochbelasteten Träger die relativ geringe Dicke zu ermöglichen, ist eine große Breite erforderlich. Dieser Träger wird breiter als hoch. Wir verstoßen damit gegen die Regel, Träger wesentlich höher als breit zu planen, aber der Vorteil der ebenen Untersicht, d. h. der gleichen Höhe von Decke und Träger, kann diesen Regelverstoß rechtfertigen. Diese Rippendecke mit deckengleichen Trägern ist im Schalplan dargestellt.

Die überschlägliche Berechnung eines ähnlichen Trägers finden wir unter »Zahlenbeispiele«, Position 4b, Seiten 365 und 366.

Hinweis:

Deckengleiche Träger sind auch in Platten möglich. Die lichte Weite darf dort jedoch die 15fache statische Höhe d nicht überschreiten.

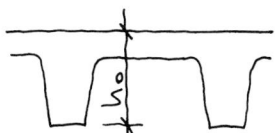

  Zusammenfassung

Rippendecken können mit Hohlkörpern oder Füllkörpern hergestellt werden. Rippendecken wirken ähnlich den Plattenbalken. Die Platte ist mindestens $^1/_{10}$ des Rippen-Achsabstandes und mindestens 5 cm, meist jedoch ≥ 8 cm dick, der Abstand der Rippen ist höchstens 150 cm Achsmaß. Im Bereich der positiven Momente nimmt die Platte den Druck auf, die Stähle (meist zwei Rundstähle) liegen in den Rippen. Wenn im Bereich von negativen Momenten die Rippen den Druck nicht mehr allein aufnehmen können, hilft eine Verbreitung der Rippen (aufwendig!) oder die Anordnung von Halbmassivstreifen. Zur gleichmäßigeren Verteilung der Lasten werden Querrippen angeordnet.

Die Dicke d_0 der Rippendecke ergibt sich aus:

$$d \geq \frac{l_i}{30} \quad \text{bzw.} \quad d \geq \frac{l_i^2}{150}$$

Betondruckspannung (-stauchung) und Schubspannung sind für die Gesamtdicke fast nie maßgebend. Die Stähle lassen sich immer unterbringen.

Ist die Rippendecke wesentlich weiter gespannt als die Querträger, so können die Querträger gleich dick ausgebildet werden wie die Rippendecke (deckengleiche Träger). Dies ist fast immer möglich, wenn l des Querträgers $\leq {}^2/_3$ l der Rippendecke ist.

Vergleich

Oft hat der Architekt zu entscheiden, welche der beiden Varianten – Platte mit Plattenbalken oder Rippendecke mit deckengleichen Unterzügen – sich besser in die Gesamtplanung einfügt:

Variante a: Platte mit Plattenbalken

ist einfacher zu schalen und zu bewehren als die Variante b, dadurch ist sie billiger.

Aber der Plattenbalken kann den Raumeindruck empfindlich stören, sofern er nicht von einer abgehängten Decke verdeckt wird. Durchbrüche für Installationen sollten nur im mittleren Bereich des Trägersteges angeordnet werden, wo die Querkraft klein ist.

Variante b: Rippendecke mit deckengleichen Unterzügen

erfordert mehr Arbeitsaufwand für Schalung und Bewehrung. Der deckengleiche Unterzug erfordert wegen der geringen Konstruktionshöhe viel Stahl. Diese Variante ist also teurer. Doch kann sie entweder unverkleidet als Deckenkonstruktion gezeigt werden oder verkleidet eine ebene Deckenuntersicht bilden.

Installationen können freier geführt werden.

Beispiel 14.2.1: Stahlbetonbalken – Bewehrungsplan C 20/25 BSt 500

C 30/37 BSt 500

Beispiel 14.2.2:

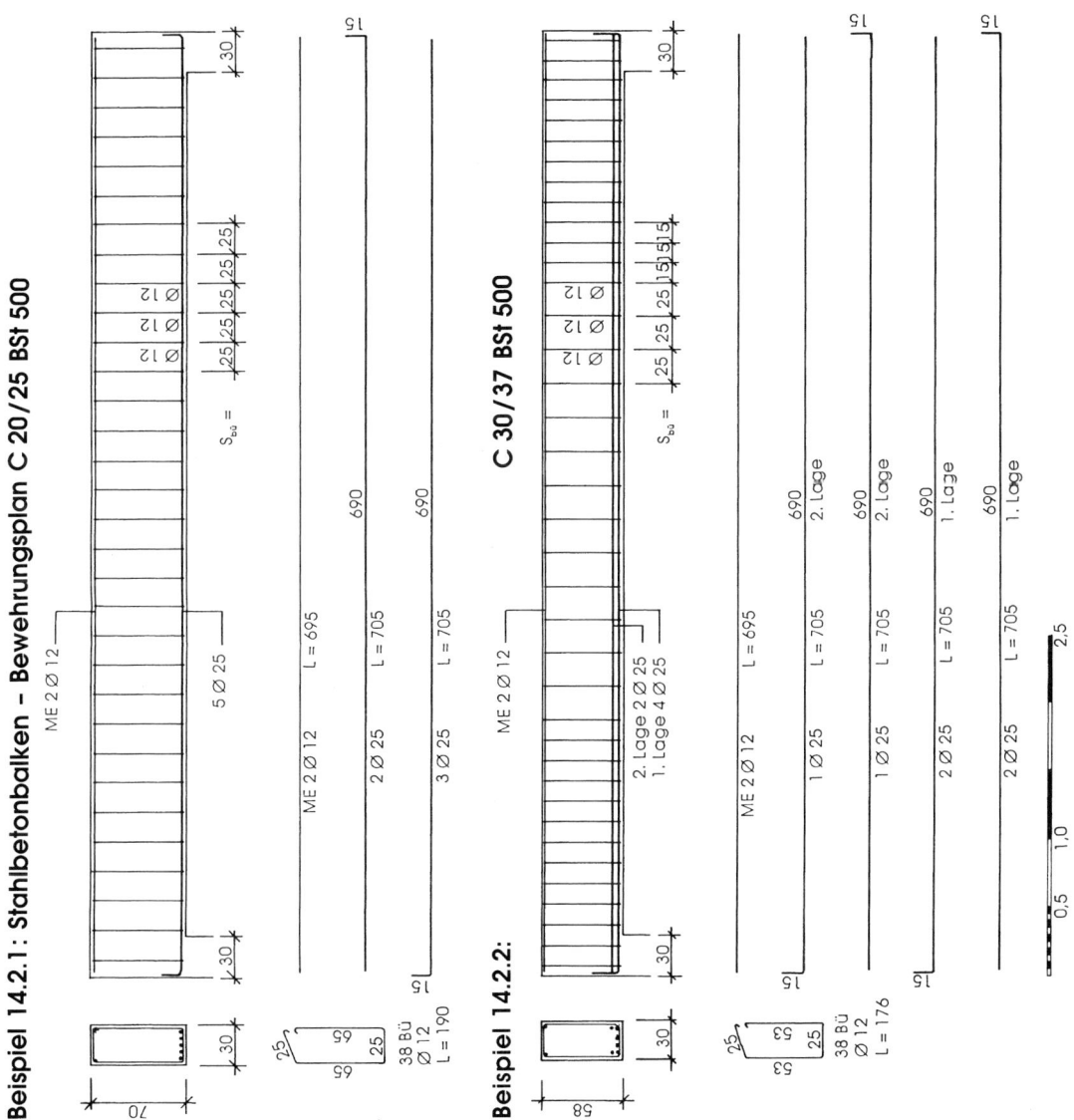

Beispiel 14.3.1: Stahlbetonplatte
Bewehrungsplan

C 20/25 BSt 500

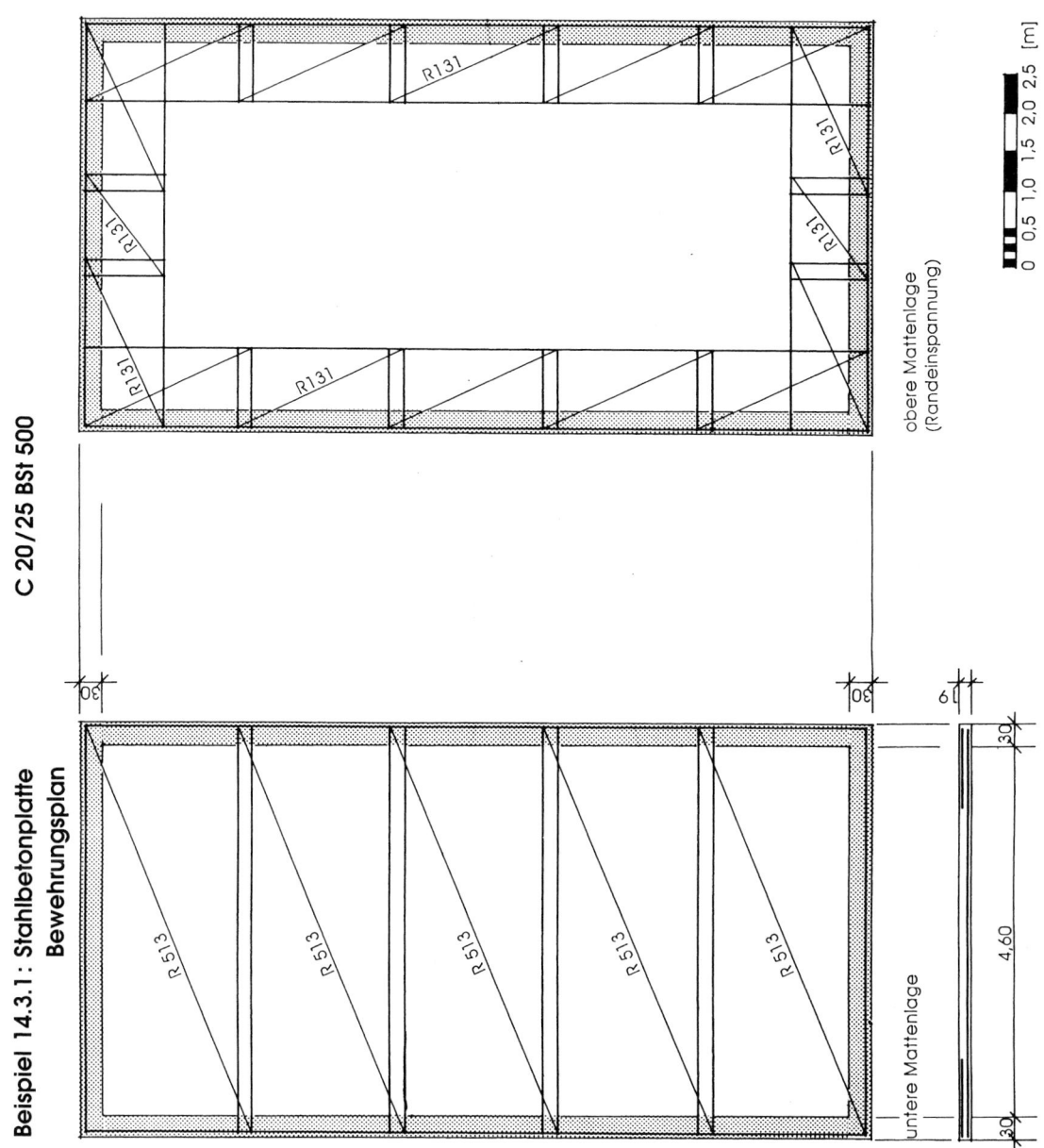

Beispiel 14.4: Plattenbalken – Bewehrungsplan   C 20/25 BSt 500

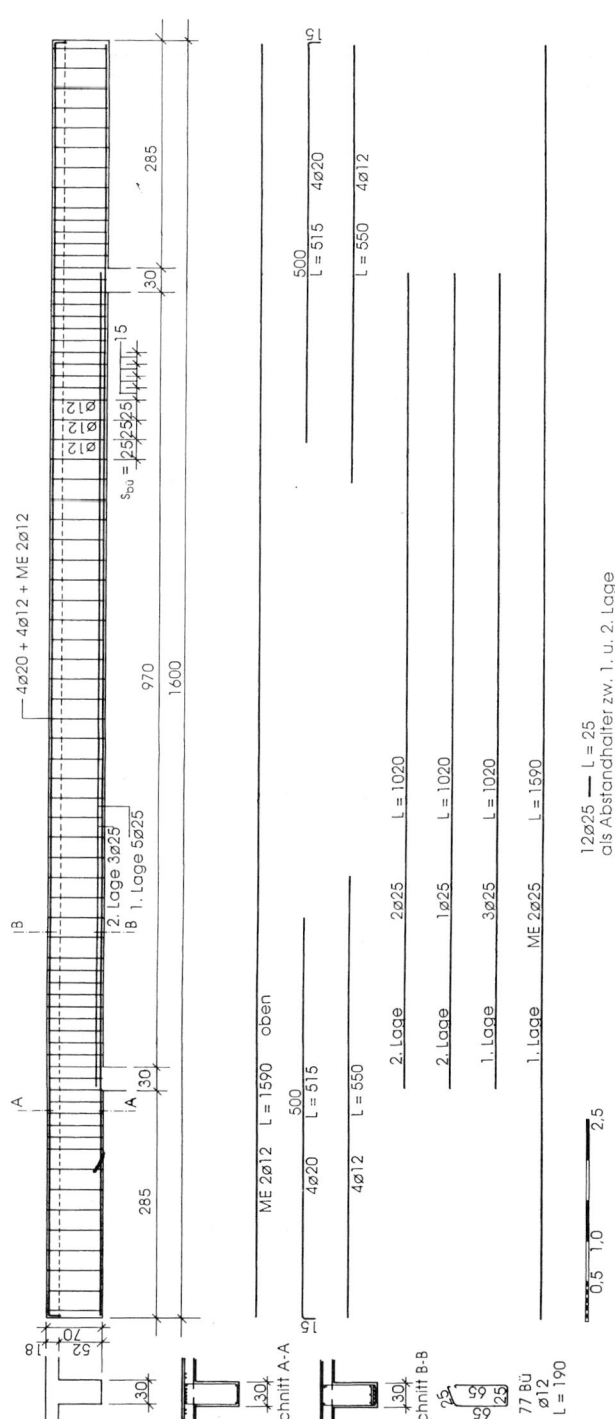

Beispiel 14.5.2: Rippendecke mit deckengleichen Balken   C 20/25 BSt 500
Schalplan

Positionsplan

Zahlenbeispiel

AUSSTELLUNG

③ + ④
PLATTENBALKEN
RIPPENDECKE

GRUNDRISS

AUFENTHALT

① BALKEN

BILDER
② PLATTE

2 85   30   9 70   30   2 85

30

5 30

30

5 30

30

5 00

30

30   4 01   24 100   4 24   30

3 00

2 55

45

3 00

①

②

12

2 86

14

2 86

14

2 86

SCHNITT

0 1 2 3 4 5 m

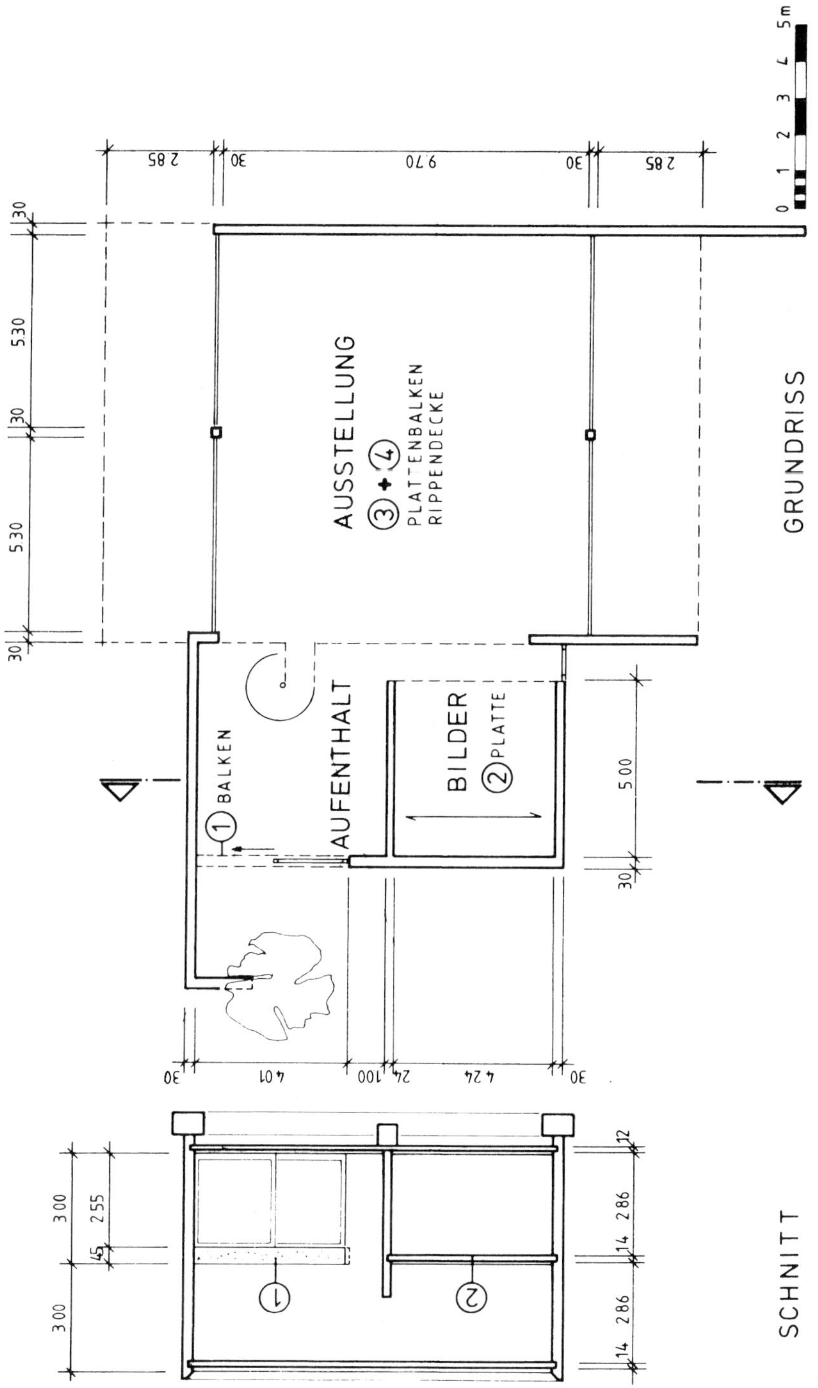

Z   Zahlenbeispiele

Kleine Ausstellungshalle

Siehe auch Seite 298

Dieses Beispiel wird – anders als die bisherigen Beispiele im Text – in praxisüblicher Kurzschreibweise gezeigt. Lasten und Maße wurden denen der Textbeispiele in Kapitel 14 ähnlich oder gleich gewählt, um Rückgriffe auf den Text zu erleichtern.

Bei der Ermittlung der Schnittkräfte werden wir anders vorgehen, als in den bisherigen Beispielen: Wir werden schon die Lasten mit dem Teil-Sicherheitsbeiwert γ_F multiplizieren und so unmittelbar die Bemessungs-Schnittgrößen ermitteln.

Position 1: Stahlbetonbalken
(vgl. Beispiel 14.2.1)

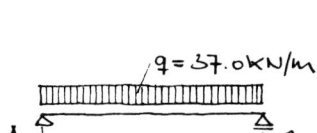

Die Spannweite l nehmen wir an mit
$l \approx 1{,}05 \cdot 4{,}01 \approx 4{,}20$ m.

Lasten

aus Mauerwerk und Decke über 1. OG (angenommen)	20,0 kN/m
Eigengewicht $0{,}24 \cdot 0{,}45 \cdot 25$	2,7 kN/m
	g = 22,7 kN/m
aus Decke über 1. OG (angenommen)	p = 14,3 kN/m
	q = 37,0 kN/m

Z **Bemessungs-Schnittgrößen:**

$$A_d = B_d = \frac{37,0 \cdot 1,4 \cdot 4,2}{2} = \underline{108,8 \text{ kN}}$$

$$V_{Ard} = -V_{Bld} = \underline{108,8 \text{ kN}}$$

$$\max M_d = \frac{37,0 \cdot 1,4 \cdot 4,2^2}{8} = \underline{\underline{114,2 \text{ kN} \cdot \text{m}}}$$

Bemessung:

h/d/b = 45/40/24
C 20/25
BSt 500

Tabellen StB 3.1.1

$$k_d = \frac{40}{\sqrt{\dfrac{114,2}{0,24}}} = 1,83 \qquad \Rightarrow k_s = 2,75$$

$$A_s = 2,75 \cdot \frac{114,2}{40} = 7,85 \text{ cm}^2$$

gew: $\boxed{4 \varnothing 16}$ $\,\hat{=}\, 8,04 \text{ cm}^2 > 7,85 \text{ cm}^2$

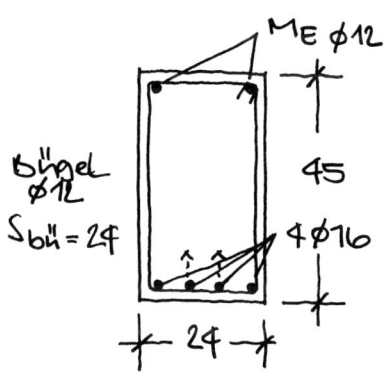

Tabellen StB 1.1

Schub:

$$\tau = \frac{V_d}{b \cdot z} = \frac{108,8}{24 \cdot 0,85 \cdot 40} = 0,13 \text{ kN/cm}^2$$

$$< \tau_{Rd2} = 0,45$$

vorläufig gewählt:

Bügel $\varnothing$ 12, Abstand e = 24 cm

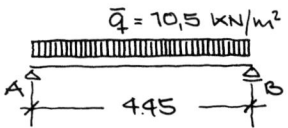

Position 2: Stahlbetonplatte
(vgl. Beispiel 14.3.1)

$l = 1,05 \cdot 4,24 = 4,45$ m

$d = \dfrac{445}{30} = 14,8$ cm

$\Rightarrow h = 18$ cm

Lasten

Eigengewicht $0,18 \cdot 25$	$= 4,50$ kN/m
Putz und Belag	$\approx 1,00$ kN/m
	$\bar{g} = 5,50$ kN/m
Verkehrslast	$\bar{p} = 5,00$ kN/m
	$\bar{q} = 10,50$ kN/m

Bemessungs-Schnittgrößen:
(bezogen auf 1 m Breite)

$$A_d = B_d = \frac{10,5 \cdot 1,4 \cdot 4,45}{2} = \underline{32,7 \text{ kN}}$$

$$V_{Ard} = -V_{Bld} \qquad\qquad = \underline{32,7 \text{ kN}}$$

$$\max M_d = \frac{10,5 \cdot 1,4 \cdot 4,45^2}{8} = \underline{\underline{36,4 \text{ kN} \cdot \text{m}}}$$

Z **Bemessung:**

C 20/25
BSt 500 M
h/d/b = 18/15/100

$$k_d = \frac{15}{\sqrt{36,4}} = 2,48 \quad \Rightarrow \quad k_s = 2,51$$

$$\text{erf } A_s = 2,51 \cdot \frac{36,4}{15} = 6,1\,cm^2$$

gew: Betonstahlmatte $\boxed{K\,664}$

Tabellen StB 2.2

vorh. $A_s = 6{,}64$ cm^2 > erf A_s

$$\tau = \frac{32,7}{100 \cdot 0,85 \cdot 15} = 0{,}026 \text{ kN/cm}^2$$

$$< \tau_{Rd1} = 0{,}048 \text{ kN/cm}^2$$

Deshalb weder Bügel noch Aufbiegungen.

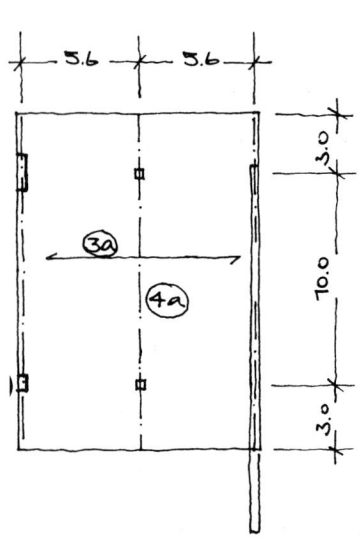

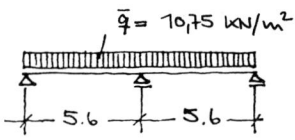

Tabellen StB 3.1.3

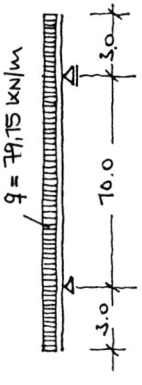

Z Position 3 und 4: Decke mit Träger

Variante a: Platte mit Plattenbalken

Position 3a: Stahlbetonplatte
(vgl. Beispiel 14.3.1)

$l = 1,05 \cdot 5,30 = 5,60 \text{ m}$
$l_i = 0,8 \cdot 5,60 = 4,48 \text{ m}$

$$\text{erf } d = \frac{448}{30} = 15 \text{ cm} \Rightarrow h = 18 \text{ cm}$$

Lasten

Eigengewicht: $0,18 \cdot 25$	$=$	$4,50 \text{ kN/m}^2$
Belag, Unterdecke:		$1,25 \text{ kN/m}^2$
	$\bar{g} =$	$5,75 \text{ kN/m}^2$
Verkehrslast:	$\bar{p} =$	$5,00 \text{ kN/m}^2$
	$\bar{q} =$	$10,75 \text{ kN/m}^2$

Z Auflager
(Basiswerte)

(Näheres über Durchlaufdecken in Band 2)

Hier werden Basiswerte ermittelt, weil sie für die Lastaufstellung einer anderen Position gebraucht werden.

$$A = C = 0,4 \cdot 5,6 \cdot 10,75 \quad \underline{= 24,08 \text{ kN}}$$

$$B_g \quad = 1,25 \cdot 5,6 \cdot 5,75 \quad \underline{= 40,25 \text{ kN}}$$
$$B_p \quad = 1,25 \cdot 5,6 \cdot 5,00 \quad \underline{= 35,00 \text{ kN}}$$

$$\underline{B = 75,25 \text{ kN}}$$

(Querkräfte, Momente und Bemessung werden hier nicht ausgeführt. Für den Entwurf und den nachfolgenden Träger genügen h = 18 cm und die Ermittlung der Auflagerkraft B.)

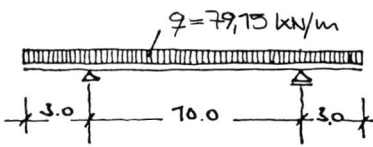

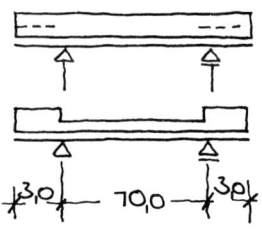

Tabellen TS 1

Lastfall min M_A

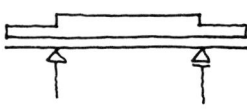

Lastfall max M

Z **Position 4a: Plattenbalken**
(vgl. Beispiel 14.4.1)

Lastaufstellung:

Bei der Übernahme von Lasten aus anderen
Positionen (hier der Auflagerkräfte aus
Position 3a) ist darauf zu achten, ob dies
Basiswerte (ohne γ_F) oder Bemessungswerte
(also schon mit γ_F multipliziert) sind.

aus Platte Position 3a, Aufl. B_g	40,25 kN/m
Eigengew., geschätzt	
$0,52 \cdot 0,30 \cdot 25$	= 3,90 kN/m
	g = 44,15 kN/m
aus Platte Position 3a, Aufl. B_p	35,00 kN/m
	q = 79,15 kN/m

Bemessungs-Schnittgrößen:

$$A_d = B_d = 79,15 \cdot 1,4 \cdot \left(3,0 + \frac{10,0}{2}\right) = \underline{886,5 \text{ kN}}$$

$$V_{Aed} = -V_{Brd} = 79,15 \cdot 1,4 \cdot 3,0 = \underline{332,3 \text{ kN}}$$

$$V_{Ard} = -V_{Bld} = 886,5 - 332,3 = \underline{554,2 \text{ kN}}$$

$$\min M_{dA} = \min M_{dB} = -\frac{79,15 \cdot 1,4 \cdot 3,0^2}{2}$$

$$= \underline{-498,7 \text{ kN} \cdot \text{m}}$$

$$\max M_d = \frac{79,15 \cdot 1,4 \cdot 10,0^2}{8} - \frac{44,15 \cdot 3,0^2}{2}$$

$$= \underline{\underline{1186,5 \text{ kN} \cdot \text{m}}}$$

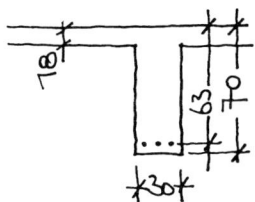

Z **Bemessung:**

C 20/25
BSt 500

$$b = \frac{0,9 \cdot 10,00}{4} = 225 \text{ cm}$$

b_0	=	30 cm
h	=	18 cm
h_0	=	70 cm
d_{Feld}	=	63 cm (2 Lagen)
$d_{Stütze}$	=	63 cm

Tabellen StB 3.1.5

1. Feldmoment

$$k_d = \frac{63}{\sqrt{\dfrac{1186,5}{2,25}}} = 2,74 \quad \Rightarrow \quad k_s = 2,46$$

$$\text{erf } A_s = 2,46 \cdot \frac{1186,5}{63} = 46,33 \text{ cm}^2$$

gew: $\boxed{10 \varnothing 25}$ ≏ 49,10 cm

erf Breite: $5 \cdot 2,5 = 12,5$ cm
$4 \cdot 2,5 = 10,0$ cm
Bü $2 \cdot 1,2 = 2,4$ cm
$2 \cdot 2,5 = 5,0$ cm
_____
$29,9$ cm $<$ vorh b_0

2. Stützenmoment

$$k_d = \frac{63}{\sqrt{\dfrac{498,7}{0,30}}} = 1,545 \quad \Rightarrow \quad k_s = 3,09$$

$$\text{erf } A_s = 3,09 \cdot \frac{498,7}{63} = 24,46 \text{ cm}^2$$

gew: $\boxed{\begin{array}{c} 4 \varnothing 25 \\ 2 \varnothing 20 \end{array}}$ ≏ 19,64 cm²
6,28 cm²
_____
25,92 cm² $>$ erf A_s

Schub:

$$\tau = \frac{554{,}2}{30 \cdot 0{,}85 \cdot 63} = 0{,}34 \text{ kN/cm}^2$$

$$< \tau_{Rd2} = 0{,}45 \text{ kN/cm}^2$$

Vorläufig gewählt: Bügel Ø 12

$$e = 20 \text{ cm}$$

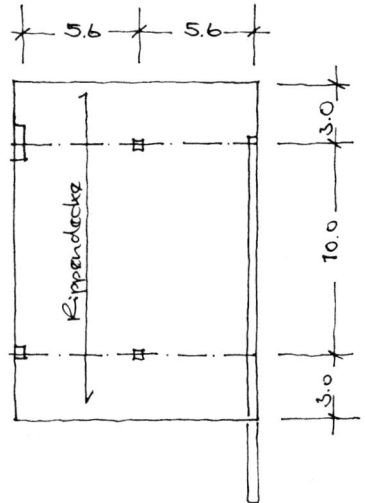

Im folgenden wird als Variante zu Platte Position 3a und Plattenbalken Position 4a eine deckengleiche Konstruktion untersucht: Rippendecke Position 3b über die große und deckengleiche Träger Position 4b über die kleine Spannweite.

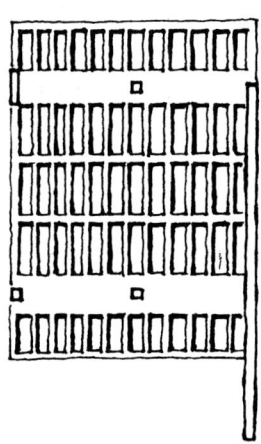

Variante b: Rippendecke mit deckengleichen Trägern

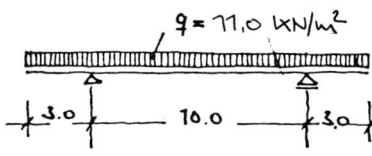

Position 3b: Rippendecke

$l_i \approx 0,9 \cdot 10,0 = 9,0\,\text{m}$

$\text{erf } d = \dfrac{900}{30} = 30\,\text{cm}$

gew: Blechhöhe 330 mm
Blechbreite 500 mm

$h = 8\,\text{cm}$
$h_0 = 38\,\text{cm}$

Tabellen StB 3.1.10

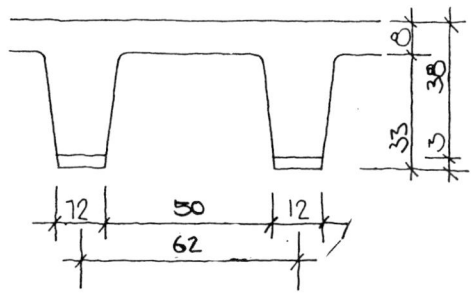

Für den Entwurf genügt es in den meisten Fällen, die Dicke der Deckenkonstruktion zu kennen, hier $h_0 = 38\,\text{cm}$.

Lastaufstellung

Eigengewicht, Rippendecke		
$\approx 0,19 \cdot 25$	=	$4,8\,\text{kN/m}^2$
Fußboden + Unterdecke:	$\approx$	$1,2\,\text{kN/m}^2$
	$g =$	$6,0\,\text{kN/m}^2$
Verkehrslast	$p =$	$5,0\,\text{kN/m}^2$
	$q =$	$11,0\,\text{kN/m}^2$

Z   **Auflager, Querkräfte, Momente**
(bezogen auf 1 m Breite)

Basis-Auflagerkräfte
(bezogen auf 1 m Breite)

Lastfall 1 (Vollast)

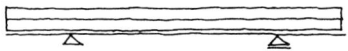

$$A = B = 11,0 \left(3,0 + \frac{10,0}{2} \right) \qquad = \quad 88,0 \text{ kN}$$

(Hier werden die Basis-Auflagerkräfte ermittelt, weil sie für die Lastaufstellung der folgenden Position gebraucht werden.)

Bemessungs-Schnittgrößen:

Lastfall 1 (Vollast)

$$A_d = B_d = 88,0 \cdot 1,4 \qquad\qquad = 123,2 \text{ kN}$$
$$V_{Ald} = -V_{Brd} = 11,0 \cdot 1,4 \cdot 3,0 \qquad = \quad 46,2 \text{ kN}$$
$$V_{Ard} = -V_{Bld} = 132,2 - 46,2 \qquad = \quad 77,0 \text{ kN}$$

$$\min M_{dA} = \min M_{dB} = - \frac{11,0 \cdot 1,4 \cdot 3,0^2}{2}$$
$$= -69,3 \text{ kN} \cdot \text{m}$$

Lastfall 2

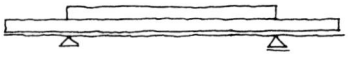

$$\max M_d = \frac{11,0 \cdot 1,4 \cdot 10,0^2}{8} - \frac{6,0 \cdot 3,0^2}{2}$$
$$= 165,5 \text{ kN} \cdot \text{m}$$

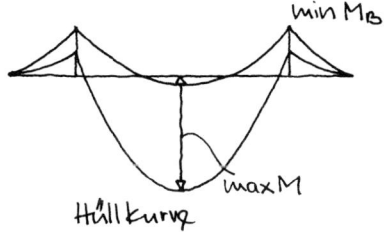

min M_B

max M

Hüllkurve

Lastfall 3

Dieser Lastfall ist erforderlich für das Zeichnen der Hüllkurve. Aus ihr ist zu ersehen, wie weit das negative Moment in das Feld ragt. So weit – verlängert um die Haftlänge – müssen die oberen Stähle in das Feld geführt werden.

$$M_{0g} = \frac{g \cdot l^2}{8} = \frac{6,0 \cdot 10^2}{8} = 75 \quad kN \cdot m$$

$$min\ M_{Feld} = 75 - 69,3 \qquad = \quad 5,7\ kN \cdot m$$

Die negativen Momente ragen so weit in das Feld, daß es sinnvoll ist, einen Teil der oberen Bewehrung über das Feld durchzuführen.

Bemessung:

C 20/25; BSt 500

$h = 8 \text{ cm}$

$h_0 = 38 \text{ cm}$

$d = 34 \text{ cm}$

$b_0 = \dfrac{12}{0,62} = 19,4 \text{ cm}$

1. Feldmoment $\max M_d = 165,5 \text{ kN} \cdot \text{m}$

$k_d = \dfrac{34}{\sqrt{165,5}} = 2,64 \Rightarrow k_s = 2,47$

$\text{erf } A_s = 2,47 \cdot \dfrac{165,5}{34} = 12,02 \text{ cm}^2 \text{ je 1 m Breite}$

$= 12,02 \cdot 0,62 = 7,45 \text{ cm}^2 \text{ je Rippe}$

gew: $\boxed{1 \oslash 20 + 1 \oslash 25}$ $\,\widehat{=}\, 8,05 \text{ cm}^2 \text{ je Rippe}$

2. Stützenmoment $M_{Ad} = -69,3 \text{ kN} \cdot \text{m}$

Wegen Matte über Längsstählen: $d = 33 \text{ cm}$

$k_d = \dfrac{33}{\sqrt{\dfrac{69,3}{0,194}}} = 1,75 \Rightarrow k_s = 2,81$

$\text{erf } A = 2,81 \cdot \dfrac{69,3}{33} = 5,90 \text{ cm}^2 \text{ je 1 m Breite}$

$= 5,90 \cdot 0,62 = 3,66 \text{ cm}^2 \text{ je Rippe}$

gew: $\boxed{2 \oslash 16}$ $= 4,02 \text{ cm}^2 \text{ je Rippe}$

$\tau = \dfrac{77,0}{19,4 \cdot 0,85 \cdot 34} = 0,14 \text{ kN/cm}^2$

$< \tau_{Rd2} = 0,45 \text{ kN/cm}^2$

Halbmassivstreifen sind nicht erforderlich. Sowohl für die Beton-Druckspannung aus den Stützenmomenten als auch für den Schub reicht die Dicke der Rippen.

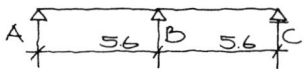

Position 4b: Deckengleicher Träger

Die Spannweiten $l = 5{,}60$ m dieses Trägers sind wesentlich kleiner als die der Rippendecke ($5{,}60 < \frac{2}{3} \cdot 10{,}00$). Der Träger läßt sich deshalb deckengleich ausbilden.

Die exakte Berechnung dieses Durchlaufträgers übersteigt unsere bisher erworbenen Kenntnisse. Wir können aber den Träger an der am stärksten beanspruchten Stelle bemessen, wenn wir wissen, daß am Zweifeldträger das Stützenmoment ist:

$$M_B = -\frac{q \cdot l^2}{8}$$

(Näheres in Band 2)

Da wir hierfür nur q brauchen, verzichten wir in der Lastaufstellung auf die Trennung von g und p, wie sie für die exakte Berechnung eines Durchlaufträgers erforderlich wäre.

$q = 98{,}5$ kN/m

Lastaufstellung

aus Position 3b:	A = 88,0 kN/m
zusätzliches Eigengewicht des deckengleichen Trägers:	
1,40 m · 0,30 m · 25 kN/m³	10,5 kN/m
⇑	
geschätzte Breite	q = 98,5 kN/m

Bemessungs-Stützenmoment:

$$\min M_B = - \frac{98{,}5 \cdot 1{,}4 \cdot 5{,}6^2}{8} = \underline{\underline{540{,}5 \text{ kN} \cdot \text{m}}}$$

Bemessung:

C 20/25
BSt 500
h = 38 cm

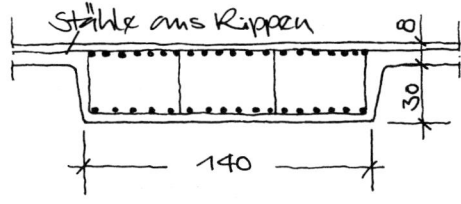

Die Stähle dieses Trägers liegen unter denen der Rippe (beide für negative Momente, also oben).

deshalb: d = 31 cm
geschätzt: b = 140 cm

$$k_d = \frac{31}{\sqrt{\dfrac{540{,}5}{1{,}40}}} = 1{,}57 \quad \Rightarrow \quad k_s = 3{,}04$$

$$\text{erf } A_s = 3{,}04 \cdot \frac{540{,}5}{31} = 53{,}0 \text{ cm}^2$$

gewählt: $\boxed{17 \; \varnothing \; 20}$ $\cong 53{,}4 \text{ cm}^2$

15 Stützen und Wände aus Beton und Stahlbeton

 15.1 Allgemeines

Betondruckteile – Stützen oder Wände – werden entweder ohne Stahleinlagen (unbewehrter Beton) oder meist mit Stahlbewehrung (Stahlbeton) ausgebildet.

Das Material Beton ist von seinen Eigenschaften her – nicht vom Herstellungsvorgang – dem Mauerwerk ähnlich (z. B. fast keine Zugfestigkeit, mäßige Druckspannungen etc.). Deshalb kann unbewehrter Beton etwa in den Grenzen des Mauerwerksbaues (zulässige Spannungen, Geschoßzahlen, Wandlängen, Geschoßhöhen etc.) angewandt werden.

Bei Skelettbauten oder allgemein bei höheren Beanspruchungen oder ungewöhnlicheren und kühneren Bauwerksabmessungen kommt in der Regel nur Stahlbeton – wenn nicht Stahl oder verleimtes Holz – in Frage.

Wie alle druckbeanspruchten Bauglieder unterteilen wir auch die Beton- und Stahlbetondruckglieder in *gedrungene* (ohne Knickgefahr) und *schlanke* (mit Knick- bzw. Beulgefahr).

Die Tragfähigkeit der gedrungenen Stützen oder Wände hängt nur vom Material und der Querschnittsfläche, die der schlankeren Druckglieder von wesentlich mehr Einflußgrößen ab (siehe Abschnitt 9.2.2 und Kapitel 10).

Die Verfasser streben an, die notwendigen Berechnungsmethoden so einfach und einheitlich wie möglich zu halten. Deshalb wurde anstelle der verschiedenen in der DIN oder in EC 2 vorgesehenen, teils komplizierten Methoden hier ein Näherungsverfahren entwickelt.

Mit der europäischen Norm Eurocode 2 »Bemessung von Betonbauten« (1992) wurde ein neues einheitliches Sicherheitskonzept eingeführt. Mit Erscheinen des Eurocode 1 »Einwirkungen auf Bauwerke« wird dann zukünftig ein bauartübergreifendes Sicherheitskonzept vorliegen. Die folgenden Entwurfs- und Bemessungsverfahren basieren daher auf der demnächst gültigen Fassung des EC 2. Es wurde den Verfahren für Stahl und Holz soweit angeglichen, wie die Unterschiedlichkeit der Materialien dies erlaubt.*)

---

*) Herleitung dieses Verfahrens siehe Führer: Überschlägliche Dimensionierung für das Entwerfen von Druckgliedern. Werner Verlag.

15.2 Gedrungene Beton- und Stahlbetonstützen

1. Tragfähigkeit der gedrungenen unbewehrten Betonstütze

Der Nachweis ausreichender Tragfähigkeit einer gedrungenen Betonstütze erfolgt mit Querschnittsfläche und Grenzspannung. Der Widerstand der Tragfähigkeit muß größer oder gleich dem Bemessungswert der Einwirkungen sein:

$$N_{Rd} = \sigma_{Rd} \cdot A \geq N_d$$

Entsprechend muß die Spannung kleiner oder gleich der Grenzspannung sein:

$$\sigma = \frac{N_d}{A} \leq \sigma_{Rd}$$

Die Querschnittsfläche ist die meist rechteckige Grundrißfläche der Stütze oder eines 1 m langen Wandstückes (ähnlich Mauerwerk). Aus der Rechenfestigkeit des Betons f_{ck} und dem Teilsicherheitsfaktor $\gamma_M = 1,8$ nach EC 2 Teil 1 bis 6 ergeben sich die nebenstehenden Grenzspannungen σ_{Rd}.

Tabelle BM 1

Grenzdruckspannungen

Beton C	f_{ck} (kN/cm^2)	σ_{Rd} (kN/cm^2)
12/15	1,2	0,57
20/25	2,0	0,94
30/37	3,0	1,42
35/45	3,5	1,65

von unbewehrtem Beton

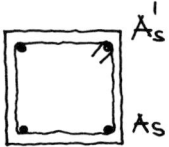

Die Gesamtbewehrung tot A_s wird unterteilt in A_s (eine Seite) und A_s' (andere Seite).

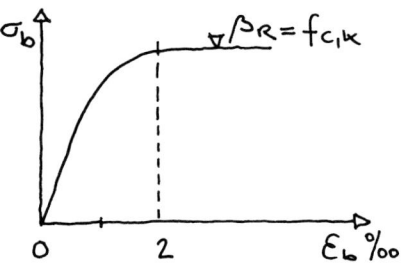

2. Tragfähigkeit der gedrungenen Stahlbetonstützen

Beim Stahlbeton haben wir es mit zwei Materialien – Beton und Stahl – zu tun, die miteinander fest verbunden sind.

Aufgrund von Versuchen ist in den Stahlbetonvorschriften (DIN 1045 und EC 2) festgelegt worden, daß der Grenzzustand der Tragfähigkeit der Stahlbetonstützen bei Längsdruck theoretisch dann eintritt, wenn die Stauchung der Stütze 2 ‰ (2 mm bei einer Stützenlänge von 1 m = 1000 mm) erreicht. Beton und Stahllängsbewehrung haben bei 2 ‰ Stauchung ganz bestimmte Spannungen, die sich aus den Spannungs-Dehnungs-Diagrammen ablesen lassen.

Bei Stahlbetondruckgliedern werden ebenfalls die nach EC 2 üblichen Teilsicherheitsbeiwerte γ_M der Materialien Beton und Betonstahl gefordert.

Sie betragen $\gamma_c = 1{,}5$ für Beton und $\gamma_s = 1{,}15$ für Stahl.

Damit werden aus den Festigkeitswerten f_{ck} und f_{yk} die Bemessungswerte für Beton

$$\alpha f_{cd} = \frac{0{,}85 \cdot f_{ck}}{1{,}5}$$

(α für Langzeitwirkung)

und Stahl $f_{yd} = \dfrac{f_{yk}}{1{,}15}$.

Da für den üblichen Betonstahl BSt 500 S

$$f_{yd} = \frac{50}{1{,}15} = 43{,}5 \text{ kN/cm}^2 \text{ einen größeren Wert}$$

ergibt als $\varepsilon_s \cdot E_s = 2 ‰ \cdot 20000 = 40 \text{ kN/cm}^2$ muß mit dem kleineren Wert von $\sigma_s = 40 \text{ kN/cm}^2$ gerechnet werden.

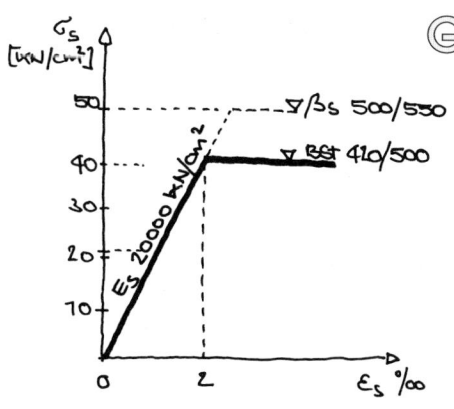

Im Grenzzustand der Tragfähigkeit (2 ‰ Stauchung) ist das Tragvermögen der Materialien daher:

Beton: $N_c = A_c \cdot \alpha f_{cd}$ | N_c: Tragfähigkeit des Betons
|
| A_c: Querschnitt des Betons
|
Stahl: $N_s = \text{tot } A_s \cdot \sigma_s$ | N_s: Tragfähigkeit des Stahls

---

$$N_{Rd} = A_c \cdot \alpha f_{cd} + \text{tot } A_s \cdot \sigma_s$$

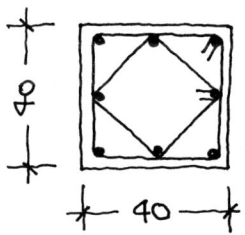

Tabellen StB 2

Tabellen StB 1

Beispiel 15.2.1

Stütze ohne Knickgefahr; **Nachweis** der Bemessungslängskraft (Traglast).

geg: h/b = 40/40; 8 Ø 20

C 20/25

BSt 500 S

A_c $= 40 \cdot 40 = 1600 \text{ cm}^2$

$\text{tot } A_s = 8 \cdot 3,14 = 25,1 \text{ cm}^2$

αf_{cd} $= 1,133 \text{ kN/cm}^2$ (Beton C 20/25)

Stahl: $\sigma_s = 40 \text{ kN/cm}^2$ (BSt 420 S oder BSt 500 S)

N_{Rd} $= 1600 \cdot 1,133 + 25,1 \cdot 40$

N_{Rd} $= 1813 + 1004 = 2817 \text{ kN}$

Bei der umgekehrten Aufgabenstellung – **Bemessung**, d. h. Finden der erforderlichen Beton- und Stahlquerschnitte bei gegebener Belastung – ist es oft zweckmäßig, den Stahlquerschnitt als dimensionslosen Anteil (%) am Gesamtquerschnitt A_c auszudrücken. Hierzu wird aus Betonqualität, Stahlqualität und Bewehrungsgrad eine ideelle Grenzspannung σ_{Ri} gebildet:

Ⱶ Bewehrungsgrad $\rho = \dfrac{tot\ A_s}{A_c}$ [%]

Damit wird die Bemessungslängskraft zu

$$N_{Rd} = A_c \cdot \alpha f_{cd} + \rho A_c \cdot \sigma_s \qquad \left|\begin{array}{l} tot\ A_s = \\ \rho \cdot A_c \end{array}\right.$$

$$N_{Rd} = A_c\,(\alpha f_{cd} + \rho \cdot \sigma_s)$$

und abgekürzt:

$$N_{Rd} = A_c \cdot \sigma_{Ri}$$

σ_{Ri} ist eine ideelle Grenzspannung, entstehend aus der zulässigen Betongrenzspannung αf_{cd} plus dem auf die gesamte Fläche verteilt gedachten, gleichsam »verschmierten« Traganteil der Stahlstäbe

$$\sigma_{Ri} = \frac{N_{Rd}}{A_c} =$$

$$\sigma_{Ri} = \alpha f_{cd} + \rho \cdot \sigma_s$$

Tabellen StB 3.2

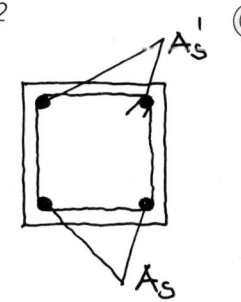

tot A$_s$ = A$_s$ + A$'_s$
≥ 0,003 A$_b$ (0,3 %)
≤ 0,08 A$_b$ (8 %)

Die ideellen Spannungen σ_{Ri} werden in Abhängigkeit von Bewehrungsgrad, Stahlgüte und Betongüte ausgedrückt.

Wird das vorige Beispiel mittels σ_{Ri} nachgerechnet, so ergibt sich:

$$\rho = \frac{\text{tot } A_s}{A_c} = \frac{25,1 \text{ cm}^2}{1600 \text{ cm}^2} = 0,0157 = 1,57\%$$

und aus der Tabelle $\sigma_{Ri} = 1,76$ kN/cm^2

$N_{Rd} = 1600 \cdot 1,76 = 2816$ kN   (wie vorher).

Die EC-Vorschriften legen einen Mindestbewehrungsgehalt von $\rho = 0,3\%$ und einen Höchstbewehrungsgrad von 8 % von A$_c$ fest.

Zusätzlich wird gefordert, daß 15% der Längskraft durch den Stahl aufgenommen wird, was je nach Betongüte zu 0,45 bis 1,0 % Bewehrung führt.

Weil das Einbringen und Verdichten des Betons bei viel Bewehrung schwierig wird, sollten 5 % Bewehrung möglichst nicht überschritten werden.

Tabellen StB 3.2

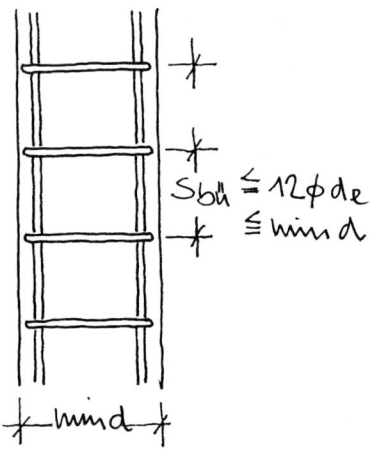

  Man sieht an der σ_{Ri}-Tabelle, daß die Tragfähigkeit der Stütze (bei konstantem Querschnitt ausgedrückt durch die Spannung σ_{Ri}) vom Grundtragvermögen (bei Mindestbewehrung) durch Stahleinlagen auf das ca. 2fache bei 5 % Bewehrung und auf das 2,5fache bei Höchstbewehrung angehoben werden kann.

Auf jeden Stahlstab entfällt ein Anteil der Längsdruckkraft. Deshalb muß der Stab durch Bügel am Ausknicken gehindert werden. Der Bügelabstand muß gleich oder kleiner dem 12fachen Durchmesser des Längsstabes sein (weitere Anordnung siehe Beispiele für die Bewehrung im Tabellenband).

Ⓖ   **Beispiel 15.2.2**

Stütze ohne Knickgefahr; Bemessung

geg: mittige Längskraft $N_d = -3300$ kN
C 20/25   BSt 500

ges: bügelbewehrte quadratische
Stütze mit Mindestbewehrung:
($\rho = 0,5\,\%$)

Tabellen StB 2

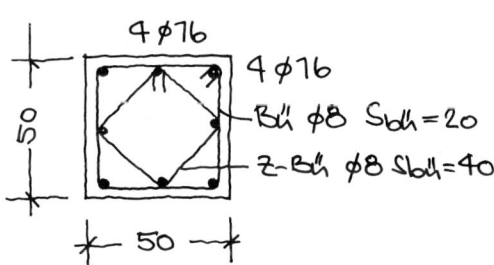

σ_{Ri} $= 1,333$ cm^2

erf $A_c = 3300/1,333$ $= 2475$ cm^2

$= 49,7 \cdot 49,7$ cm

$\Rightarrow$ gewählt $50 \cdot 50$ cm

erf $A_s = 0,005 \cdot 2475$ $= 12,4$ cm^2

$\Rightarrow$ gewählt 4 Ø 16 + 4 Ø 16 (16,08 cm^2)

Bügel Ø 8, $s_{b\ddot{u}} = 20$ cm $\approx 12 \cdot 1,6$

Zwischenbügel Ø 8, $s_{b\ddot{u}} = 40$ cm

(Die Zwischenbügel sind hier unter 45° zu
den anderen Bügeln gelegt, sie halten hier
die vier mittleren Längseisen.)

Der Wert $\sigma_{Ri} \approx 1,3$ kN/cm^2 für Mindestbewehrung bei C 20/25 und BSt 420 S oder
BSt 500 S ist leicht zu merken. Entsprechend
ist der Wert bei hoher Bewehrung ($\rho = 5\,\%$)
$\sigma_{Ri} = 3,1$ kN/cm^2.

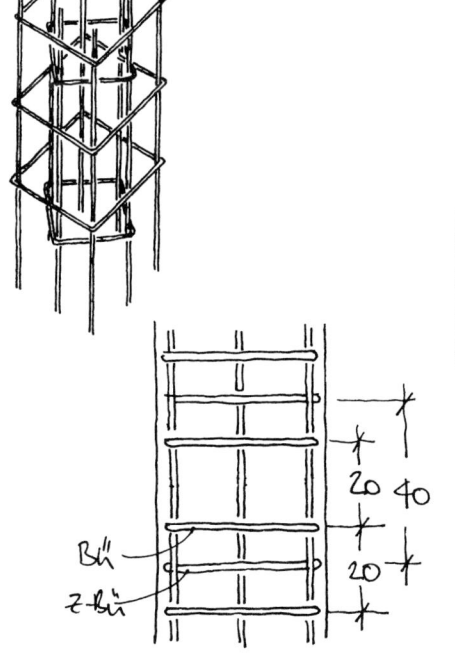

15.3 Schlanke Beton- und Stahlbetonstützen

Die Knickgefahr sehr schlanker Stützen hängt – wie wir wissen (siehe Abschnitt 9.2.2 und Kapitel 10) – unter Annahme der idealen Eulerschen Voraussetzungen – von der Schlankheit und dem Elastizitätsmodul ab.

 Nach Euler ist $\sigma_K = \dfrac{\pi^2 E}{\lambda^2}$

Bei weniger schlanken Stützen ist auch die Bruchfestigkeit β von Bedeutung (siehe Seite 180). Die Kurve der Knickspannung verläßt im σ – λ-Diagramm bei kleineren Schlankheiten die Euler-Hyperbel und läuft horizontal auf die Bruchspannung des Materials β zu. Auf diesen Knickspannungskurven beruht das k-Verfahren.

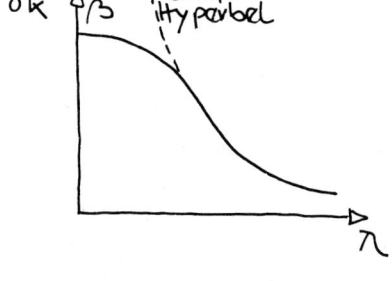

Die Knickberechnung von Beton- und Stahlbetonstützen soll möglichst einfach und ähnlich der bei Stahl und Holz durchgeführt werden können. Weil die idealen Eulerschen Voraussetzungen bei Stahlbeton noch weit weniger gegeben sind als bei den genannten anderen Materialien, kann diese Knickberechnung nur ein Näherungsverfahren darstellen.

Als geometrische und strukturelle Unzulänglichkeiten (Imperfektionen) sind zu nennen:

- unvermeidbare Abweichung vom geraden Stützenverlauf (krummes Einschalen),
- ungewollte Ausmittigkeit der Krafteinleitung in der Stütze (z. B. infolge Verdrehung der Balken aus Durchbiegung),

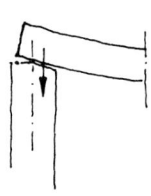

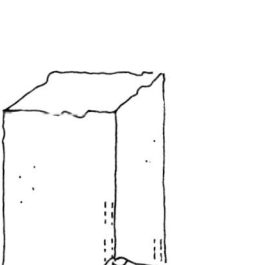

 – ungleiche Festigkeit und inkonstanter
    E-Modul über die Querschnittsfläche
    (z. B. Kiesnester, schlechte Verdichtung bei
    enger Bewehrung),
  – unterschiedliche Austrocknung (Schwinden
    des Betons) und Stauchung im Laufe der
    Zeit (Kriechen).

Infolge der Längskraft und der verschiedenen Imperfektionen entstehen Verkrümmun-
gen der Stütze und damit Biegemomente,
die um so größer sind, je schlanker die Stütze
und je höher die Last ist.

Bei einer bestimmten Schlankheit und wach-
sender Längskraft würde – falls man es so
weit kommen lassen würde – der Querschnitt
irgendwann brechen, oder er würde nicht
mehr genügend Widerstand gegen weitere
Verbiegungen aufbringen können, und die
Stütze würde so wegen der immer größer
werdenden Verformungen zerstört werden.

Wie schon erwähnt, sind die Versagens-
ursachen bei schlanken Beton- und besonders bei Stahlbetonstützen erheblich
anders als bei idealgeraden Stahlstützen.
Trotzdem kann zum Überschlagen von Querschnittsabmessungen ein **k-Verfahren** wie bei
Stahl und Holz angewendet werden.

Kiesnest

Bei der endgültigen Berechnung der Konstruktion durch den Ingenieur mit den Verfahren nach EC wird sich der Betonquerschnitt nicht mehr ändern; der erforderliche Stahlquerschnitt der Längsstäbe in Stahlbetonstützen kann geringfügig anders werden als nach dem hier gezeigten k-Verfahren.

Bei Stahl und Holz wurde der Nachweis der Tragfähigkeit und die Bemessung mit den Formeln durchgeführt (siehe Seiten 181 f.).

$$\sigma_K = \frac{N_d}{A} \le \sigma_{Rd} \cdot k$$

bzw.

$$N_{Rd} = k \cdot \sigma_{Rd} \cdot A; \qquad \text{erf } A = \frac{N_d}{k \cdot \sigma_{Rd}}$$

Ähnlich können wir nach dem hier gezeigten Näherungsverfahren auch für Stahlbeton vorgehen.

Zum Näherungsverfahren

Der k-Wert bei Stahl und Holz ist nur von der Schlankheit $\left(l = \dfrac{s_k}{i} \right)$ und dem gewählten Material abhängig.

Was bedeutet bei Stahlbeton $\lambda = \dfrac{s_k}{i}$?

- **Stablänge** und **Auflagerung**
  (Eulerfälle) ergeben auch im Stahlbeton-bau näherungsweise die Knicklänge s_k.

- Der Trägheitsradius $i = \sqrt{\dfrac{I}{A}}$ ist ein Maß

  für das auf die Querschnittsfläche bezo-gene Trägheitsmoment. Neben den Ab-messungen der Betonfläche geht bei Stahlbeton auch die Bewehrung in das Trägheitsmoment ein.

  In unserem Näherungsverfahren wurden sämtliche Einflüsse der Stahleinlagen (Menge, Anordnung und Stahlgüte der Bewehrung) auf Trägheitsmoment und Schlankheit mit »mittleren« Werten berück-sichtigt. Die Aufstellung der k-Tabelle erfolgte für den üblichen Beton C 20/25 und Stahl BSt 420 S oder BSt 500 S und einen Bewehrungsgrad von 2 ... 2,5 %. (Genau genommen bedeutet das, daß bei Mindestbewehrung die Steifigkeit als zu hoch, bei hoher Bewehrung die Steifigkeit als zu niedrig angenommen wurde.)

- Statt der Schlankheit $\dfrac{s_k}{i}$ kann bei

  Rechteck- und Rundstützen auch die **Außenabmessung** verwandt werden in den Formen:

  $$\lambda = 3{,}46 \, \frac{s_k}{\min h} \quad \text{(rechteckig)}$$

  $$\lambda = 4{,}00 \, \frac{s_k}{\varnothing} \quad \text{(rund)}$$

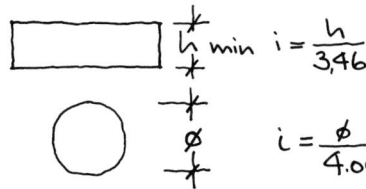

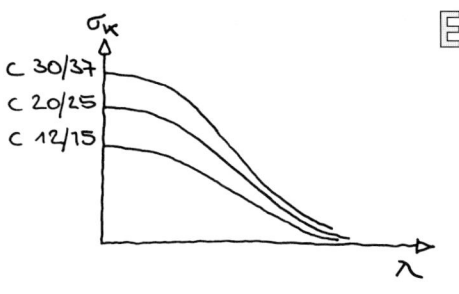

E – Im Stahlbau gibt es für die Stahlarten St 37 und St 52 – wie wir gesehen haben – unterschiedliche k-Reihen. Der Grund ist darin zu suchen, daß für alle Stahlsorten zwar der E-Modul gleich, aber die Bruchspannungen ungleich sind.

Für die Betongüten wird hier das Verhältnis $\dfrac{E_c}{f_{ck}}$ als annähernd konstant angesehen. Die Knickspannungskurven sind sich dadurch alle ähnlich (was nicht ganz exakt ist).

Es ist somit für alle Betongüten nur eine k-Reihe zur Erfassung der Knickgefahr ausreichend.

Die Schlankheit bleibt der einzige unabhängige Parameter für den Knickwert, alle anderen Einflüsse sind mit Mittelwerten in die k-Tabellen eingegangen.

Mittig belastete
Pfeiler

$\dfrac{h_s}{h}$	Knick-zahl k
4	1,000
6	0,986
8	0,934
10	0,883
12	0,832
14	0,780
16	0,729
18	0,677
20	0,626
22	0,575
25	0,498

Tabellen BM

1. Knicknachweis der unbewehrten Betonstütze und -wand

Unbewehrte Betonstützen und zweiseitig gehaltene Betonwände sind nach EC 2 zulässig bis:

$$\frac{h_s}{h} = 25 \text{ (Eulerfall 2)}$$

Der Nachweis bzw. die Bemessung wird – wie besprochen – im hier gezeigten Verfahren ähnlich wie bei Holz und Stahl und Mauerwerk vorgenommen.

$$\sigma = \frac{N_d}{A_c} \leq \sigma_{Rd} \cdot k$$

oder

$$N_{Rd} = k \cdot \sigma_{Rd} \cdot \text{vorh } A_c$$

oder

$$\text{erf } A = \frac{N_d}{\sigma_{Rd} \cdot k}$$

Bei den unbewehrten Betonwänden wirkt sich neben der Lagerung oben und unten die Aussteifung der Querwände aus.

Dreiseitig gehaltene Wände (mit einer Querwand) und vierseitig gehaltene Wände (mit zwei Querwänden) werden analog zu den Mauerwerkswänden in Kapitel 10 berechnet. Die Knickzahlen k hängen von der Schlankheit h_s/h und der Proportion b/h_s der Wand ab und sind den Abbildungen im Tabellenbuch zu entnehmen (BM).

2. Knickberechnung der rechteckigen Stahlbetonstütze

Das angegebene k-Verfahren wird wegen der Ungenauigkeit bei sehr schlanken Stützen auf

$$l = 140 \left(\frac{s_k}{h} \approx 40 \right) \quad \text{beschränkt.}$$

Die Mindestdicken der Stützen sind je nach Querschnittsform und Herstellungsvorgang:

Mindestdicken bügelbewehrter, stabförmiger Druckglieder		
Querschnittsform	stehend hergestellte Druckglieder aus Ortbeton cm	Fertigteile und liegend hergestellte Druck- glieder cm
1 Vollquerschnitt, Dicke Aufgelöster Querschnitt	≥20	≥14
2 z. B. I-, T- und L-förmig (Flansch- und Stegdicke)	≥14	≥ 7
3 Hohlquerschnitt (Wanddicke)	≥10	≥ 5

In jedem Querschnitt müssen mindestens vier Stäbe mit einem Mindestdurchmesser nach folgender Tabelle angeordnet werden, und die gesamte Längsbewehrung muß mehr als 0,45 bis 1,0 % von A_c betragen.

Mindestdurchmesser d_L der Längsbewehrung	
Kleinste Querschnittsdicke der Druckglieder cm	Mindestdurchmesser d_L in mm bei BSt 420 S (III) BSt 500 S (IV)
<20	8
≥10 bis <20	10
≥20	12

Weitere Konstruktionshinweise siehe Tabellen.

Tabellen StB 3.2

Mittig belastete Pfeiler

	λ	k
	25	1,000
	30	0,898
	35	0,861
	40	0,824
	45	0,786
	50	0,749
	55	0,712
	60	0,675
	65	0,640
	70	0,603
	75	0,568
	80	0,535
	85	0,503
	90	0,474
	95	0,447
	100	0,421
	105	0,398
	110	0,376
	115	0,355
	120	0,336
	125	0,318
	130	0,301
	135	0,286
	140	0,271

Schlankheit $\quad \lambda = s_k/i$

Unter Verwendung des k-Verfahrens wird der **Nachweis** ausreichender Tragfähigkeit in der Form geführt:

geg: Knicklänge s_k; Querschnitt h, b; Bewehrungsgrad ρ oder tot A_S

errechnet: Schlankheit λ

abgelesen: Knickbeiwert k

errechnet: $N_{Rd} = (A_c \cdot \alpha f_{cd} + \text{tot } A_s \cdot \sigma_s) \cdot k$

oder

abgelesen: σ_{Ri}

errechnet: $N_{Rd} = \sigma_{Ri} \cdot A_c \cdot k \geq N_d$

Beispiel 15.3.1: Stütze mit Knickgefahr

wie bei gedrungener Stahlbetonstütze 15.2.1, jedoch

$s_k = 4,0$ m

geg: h/b = 40/40; 8 $\varnothing$ 20
      C 20/25 BSt 420 S bzw. BSt 500 S

$$\lambda = 3,46 \cdot \frac{s_k}{\min h} = 3,46 \cdot \frac{400}{40} \approx 35$$

k = 0,861

$N_{Rd} = 2817 \cdot 0,861 = 2425$ kN

Bei der **Bemessung** wird die Querschnittsaußenabmessung und die Stahllängsbewehrung gesucht. Zweckmäßigerweise wird eine Vorentscheidung getroffen, ob es sich um eine Stütze mit geringer oder mittlerer Bewehrung handeln soll oder ob die Querschnittsabmessungen (bedingt durch irgendwelche Zwänge) so klein wie möglich werden sollen, d. h. eine hohe Bewehrung erforderlich ist.

Beispiel 15.3.2: Stütze mit Knickgefahr

geg: mittige Längsdruckkraft N_d = 1600 kN
Knicklänge s_k = 3,0 m

ges: bügelbewehrte quadratische Stütze
geschätzt 30 · 30 cm

Tabellen StB 3.2

$$\lambda = \frac{300}{0,289 \cdot 30} = 34,5$$

$$\Rightarrow k = 0,861$$

$$\text{erf } \sigma_{Ri} = \frac{N_d}{A_c \cdot k} = \frac{1600}{30 \cdot 30 \cdot 0,861} = 2,06 \text{ kN/cm}^2$$

Tabellen StB 3.2

nach der σ_{Ri} Tabelle ist dafür erforderlich:

$\Rightarrow$ erf ρ = 1,0% bei C 30/37
erf A_s = 0,010 · 900 = 9,0 cm^2

$\Rightarrow$ gew: 30 · 30
4 $\varnothing$ 20 (12,6 cm^2)
Bügel $\varnothing$ 8, $s_{bü}$ = 24 cm = 12 · 2,0

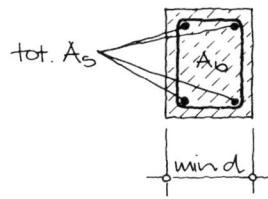

	Bügelbewehrung in Druckgliedern Mindest-Bügeldurchmesser $d_{bü}$	$\varnothing$ mm
1	Einzelbügel, Bügelwendel	5
2	Betonstahlmatten als Bügel	4
3	bei Längsstäben mit $\varnothing$ d_L > 20 mm	8

Schätzwerte

Es erhebt sich die Frage, wie man einen Stützenquerschnitt schätzt.

Beim Festlegen der Außenabmessungen von Stahlbetonstützen ist man relativ frei, weil durch die Ermittlung des Bewehrungsgrades eine exakte Anpassung an die erforderliche Tragfähigkeit möglich ist.

Man kann also entweder

- die Außenabmessungen (in vernünftigen Grenzen) annehmen und den Bewehrungsgrad ermitteln oder
- den Bewehrungsgrad festlegen und danach die Außenabmessungen ermitteln.

Um einen Anhaltspunkt zum ersten Festlegen von Querschnittsabmessungen zu haben, werden folgende weitergehenden Vereinfachungen vorgenommen:

Es wird von den Gebrauchslasten statt von den Bemessungslasten ausgegangen.

Statt der Beton-Rechenfestigkeit αf_{cd} wird die Betongüte C (erster Wert der Festigkeitsklasse f_{ck} in kN/cm^2, z.B. 2,0 bei C 20/25, 3,0 bei C 30/37) verwandt. Der Knickbeiwert und zum Teil der Bewehrungsgrad werden zusammen in einem Beiwert erfaßt, mit dem sich der erforderliche Querschnitt der Stahlbetonstütze grob angeben läßt.

$$\text{erf } A_c = \frac{\text{vorh N (Gebrauchslast)}}{n \cdot C \dots}$$

Diese Form eignet sich besonders zum Überschlagen bzw. Abschätzen, weil nur die Betongüte C ... und ein Beiwert n verwandt werden, der sich um 0,5 bewegt.

Kommt es dem Entwerfenden nicht auf die Einhaltung eines bestimmten – niedrigen – Bewehrungsgrades an, so kann der Stützenquerschnitt mit:

$$\text{erf } A_c \approx \frac{\text{vorh N (Gebrauchslast kN)}}{0,5 \cdot C \ldots (kN/cm^2)}$$

ermittelt werden (cm^2).

Die Knickgefahr wird durch den Bewehrungsgrad ausgeglichen.

Für C 20/25 wird daraus die einfache Merkregel ($f_{ck} = 2,0$ kN/cm²):

$$\text{erf } A_c \ (cm^2) \approx \text{vorh N (kN) (Gebrauchslast)}.$$

Die erforderliche Querschnittsfläche in cm^2 ist ungefähr der Stützenlast in kN gleich.

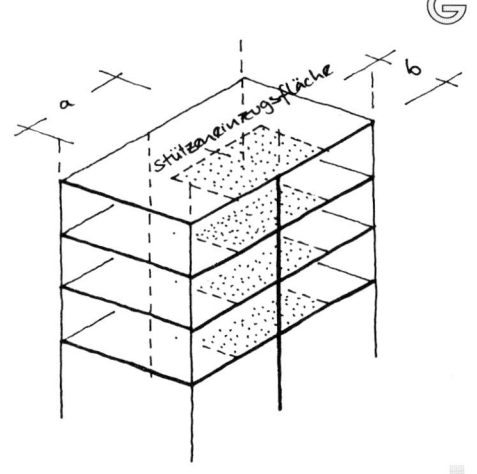

Ⓖ Man kann ferner davon ausgehen, daß bei üblichen Hochbauten die Gebrauchslast je m² Decken- und Dachfläche

aus Eigengewicht
plus Verkehrslast
plus Sonstiges

ungefähr 10 kN/m² beträgt, was einer Bemessungslast von 14 kN/m² entspricht.

Die zu tragenden Decken- bzw. Dachflächen werden errechnet aus Stützeneinzugsfläche · Deckenanzahl.

Je 1 m² Decken- bzw. Dachfläche werden ungefähr benötigt

bei C 20/25   10 cm²   Stützenquerschnitt
bei C 30/37   7 cm²   Stützenquerschnitt
bei C 40/50   5 cm²   Stützenquerschnitt

Mit diesen einfachen Werten kann der Stützenquerschnitt überschlagen und danach – wenn erforderlich – der Nachweis mit dem k-Verfahren geführt werden.

Der entwerfende Architekt wird mit

je m² Deckenfläche ⇒ 10 cm² Stützenquerschnitt

die Stützenquerschnitte hinreichend genau ermitteln.

Literaturverzeichnis

Allgemein

* Ackermann, K.   Tragwerke in der konstruktiven Architektur
DVA, Stuttgart

Angerer, F.   Bauen mit tragenden Flächen
Callwey-Verlag

* Schunck, Finke, Jenisch, Oster   Dach-Atlas, Geneigte Dächer
Institut für internationale Architektur-
Dokumentation
Verlagsgesellschaft Rudolf Müller, Köln

Büttner/Hampe   Bauwerk, Tragwerk, Tragstruktur
Hatje-Verlag

Domke, H.   Grundlagen konstruktiver Gestaltung
Bauverlag

Engel, H.   Tragsysteme
Deutsche Verlagsanstalt

Faber, C.   Candela und seine Schalen
Callwey-Verlag

Graefe, R.   Zur Geschichte des Konstruierens
DVA, Stuttgart

Herget, W.   Tragwerklehre
B. G. Teubner, Stuttgart, 1993

Joedicke   Schalenbau
Krämer Verlag

* Krauss, Führer, Jürges   Tabellen zur Tragwerklehre
Verlagsgesellschaft Rudolf Müller, Köln

* Krauss, Führer, Willems   Grundlagen der Tragwerklehre 2
Verlagsgesellschaft Rudolf Müller, Köln

Koncz, T.   Handbuch der Fertigbauteilbauweise
Band 1 bis 3
Bauverlag

* Mann, W.   Entwerfen tragender Konstruktionen
                        DBZ 10/1975

   Mann, W.   Tragwerklehre in Anschauungsmodellen
                        B. G. Teubner Verlag, Stuttgart

   Minke, G.   Zur Effizienz von Tragwerken
                        Krämer Verlag

   Otto, Frei   Natürliche Konstruktionen
                        DVA, Stuttgart

   Otto, Frei   Zugbeanspruchte Konstruktionen,
                        Band 1 und 2
                        Ullstein-Verlag

   Polonyi, S.   Bauwelt Fundamente: Mit zaghafter
                        Konzequenz
                        Friedr. Vieweg & Sohn Verlag,
                        Braunschweig

* Salvadori/Heller   Tragwerk und Architektur/Structure in
                        Architecture
                        Friedr. Vieweg & Sohn Verlag,
                        Braunschweig

   Seegy, R   Beitrag zur Didaktik auf dem Gebiet der
                        Tragwerkslehre für Architekturstudenten
                        (Windaussteifung). Forschungsarbeit aus
                        dem Institut für Tragkonstruktionen und
                        konstruktives Entwerfen, Uni Stuttgart, 1977

* Siegel, C.   Strukturformen der modernen Architektur
                        Callwey-Verlag

   Straub, H.   Zur Geschichte der Bauingenieurkunst
                        Birkhäuser Verlag, Basel

* Torroja, E.   Logik der Form
                        Callwey-Verlag

* Wormuth   Grundlagen der Hochbaukonstruktion
                        Werner Verlag

Bestimmungen

Gottsch-Hasenjäger   Technische Baubestimmungen
                                   Verlagsgesellschaft Rudolf Müller, Köln

Zur Statik

Gerhardt, R.   Experimentelle Momenten-Darstellung
                                   Aachen, 1989

Rybicki, R.   Faustformeln und Faustwerte
                                   Werner Verlag

Schreyer/Wagner   Praktische Baustatik
                                   B. G. Teubner Verlag, Stuttgart

Werner, E.   Tragwerklehre, Baustatik für Architekten,
                                   Teile 1 und 2
                                   Werner Verlag

Zum Stahlbau

* Hart, Henn, Sontag   Stahlbau-Atlas
                                   Institut für internationale Architektur-
                                   Dokumentation
                                   Birkhäuser Verlag, Basel

Mengeringhausen, M.   Raumfachwerke
                                   Bauverlag

Schmiedel, K.   Bauen mit Stahl
                                   Entwerfen, Konstruieren, Gestalten
                                   Expert Verlag, Grafenau

                                   Stahl im Hochbau
                                   Verlag Stahleisen

*   Merkblätter der Beratungsstelle für Stahl-
                                   verwendung

*   Stahlbau-Taschenkalender
                                   darin Vorschriften, Normen und Profile
                                   Stahlbau-Verlag

Zum Holzbau

* Götz, Hoor, Möhler, Natterer	Holzbau-Atlas Institut für internationale Architektur- Dokumentation
* Herzog, Natterer, Volz	Holzbau-Atlas (zweite Auflage) Institut für internationale Architektur- Dokumentation Birkhäuser Verlag, Basel
Hempel, G.	Holzkonstruktionen unserer Zeit Bruderverlag
Hempel, G.	100 Knotenpunkte Bruderverlag
Halasz, R. v.	Holzbautaschenbuch Verlag Wilhelm Ernst & Sohn
Krauss, F.	Hyperbolisch paraboloide Schalen aus Holz Krämer Verlag
Mönck, W.	Holzbau Verlag für Bauwesen, Berlin
* Arbeitsgemeinschaft Holz e. V.	Informationsdienst Holz Holzbau Kalender Bruderverlag

Zum Mauerwerksbau

* Belz, Gösele, Jenisch Pohl, Reichert	Mauerwerk-Atlas Institut für internationale Architektur- Dokumentation Birkhäuser Verlag, Basel
	Mauerwerkskalender Verlag Wilhelm Ernst & Sohn
* Reichert	Konstruktiver Mauerwerksbau Verlagsgesellschaft Rudolf Müller, Köln
	Planungsunterlagen, Dokumentationen z. B. der Kalksandsteinindustrie, der Ziegelindustrie

Zum Stahlbetonbau

*	Bundesverband der Deutschen Zementindustrie	Beton-Atlas Beton-Verlag GmbH
		Beton-Kalender Verlag Wilhelm Ernst & Sohn
	Führer, W.	Überschlägliche Dimensionierung für das Entwerfen von Druckgliedern Werner Verlag
	Hake, P.	Tragkonstruktionen DBZ 9/1980
	Wommelsdorf	Stahlbetonbau, Bemessung und Konstruktion Teil 1 und 2, Werner Verlag
		Informationsmaterial, z. B. der Baustahlgewerbe
	Institut für Stahlbetonbewehrung	Betonstähle für den Stahlbetonbau Bauverlag
		Informationsmaterial, z. B. des Betonstahlinstituts, Düsseldorf, des Betonverbandes

---

*   Empfohlene Werke, die nach Lesen dieses Buches im wesentlichen verstanden werden können.

Stichwortverzeichnis

A

Abbindezeit 289
Abminderung für Pfeiler 220
Abminderungsfaktor 219
Abstand der Rippen 345
Achsabstand 335
Achse 140, 150
affine Figur 245
Aktion 38 ff.
Ankerschienen 340
Anprallasten 15
Auflager 43 ff., 61, 190 ff.
–, einspannende 43 ff.
– kraft 238 ff.
– kräfte 28 ff., 46 ff., 99 ff.
– reaktionen 46 ff., 104 ff., 252
–, unverschieblich gelenkige 43 ff.
–, verschiebliche 43 ff.
Auflagerung 379
Außenabmessung 379
Außenwände 222
äußere Kräfte 252
Aussteifung 213, 272 ff.

B

Balken 26, 32, 135, 196
–, Platten- 333, 358 ff.
– querschnitt 135
–, Rand- 332
Basis-
– moment 163
– Schnittgrößen 125, 190 ff., 299, 318, 326, 342
Bau-Material 113 ff.
–, biegefest 113
–, druckfest 113
–, scherfest 113
–, zugfest 113

Baustahlmatten 319 ff.
Beanspruchbarkeit 13, 129
Beanspruchung 13, 129
Bemessung 129 ff., 192 ff., 300 ff., 319 ff., 328, 342
Bemessungs-
– längskraft 371
– Last 195, 388
– moment 318
– Schnittgrößen 192 ff., 299, 326, 342
– wert der Einwirkungen 369
Bernoulli 130
Beton 117, 287, 289
– deckung 300 ff., 313
– druckglieder 367
– druckspannung 305 ff., 311, 329, 338
– druckteile 367
– klassen 290
–, Leicht- 287
–, Rechenfestigkeit 369
– stabstahl 291
– stahl 291, 370
– stahlmatten 291, 313 ff.
– stauchung 293, 311, 319
– stütze, unbewehrte 369
– und Stahlbetonstützen, gedrungene 369
– und Stahlbetonstützen, schlanke 376
Betonwände 381
–, unbewehrte 381
Betonzuschlag 287
Beulen 212
Bewehrung 317
Bewehrungsgrad 372
Biege-
– moment 80 ff., 134 ff., 144
– träger 129 ff., 166 ff.
Bims 287
Blähton 287
Bleche 336

Bogenlinie 269
Breite 298 ff., 328
Breitflanschprofile 186
Bremskräfte 14, 15
Bruch 114
Bügel 297 ff., 300 ff., 307 ff., 337, 374
– abstand 374

C

Cremona 254
– plan 252 ff.

D

Dachdecke 26
Dachneigung 23 ff.
Dauer 14
Decken 287 ff., 334, 356 ff.
– auflager 214
– gleicher Träger 365 ff.
–, kreuzweise gespannte 221
–, Rippen- 334 ff., 361 ff.
– stützweiten 221
Dehnung, Temperatur- 62
Dehnungen 118, 121
Dehnungs-Diagramm 293
Dehnungskoeffizient 118
Denksportaufgabe 283
Diagonale 226
Diagonalstäbe 249 ff., 268 ff.
Diagramm 83
Dicke 298 ff., 316
Differentialquotient 86 ff.
Differenzenquotient 87
DIN
– 1045 287, 292, 308
– 1045-1 289
– 1053 215
– 1055 22, 23
– 1080 14, 145
– V ENV 206 289

Drehmoment 40, 47, 263 ff.
Drehpunkt 263 ff.
Dreiecke 249 ff.
Dreigelenkrahmen 63, 65
Druck-
– bewehrung 306
– festigkeit 288
– gurt 272 ff.
– kraft 262 ff.
– kräfte 69, 288
– spannung 334
– spannung, Beton- 305 ff., 329
– spannungen 114, 288
– stäbe 171 ff., 253 ff.
– stützen 184
– zone 323
Dübel 152, 194
Dünnbettmörtel 211
Durchbiegung 99, 129, 140, 148, 161 ff,
    314
Durchbrüche 167, 309
Durchhang 245
Durchlaufplatte 315, 324
Durchlaufträger 61 ff.
Durchmesser 302 ff.

E

EC 1 126
EC 2 287, 289, 290, 292 f., 308
EC 6 Teil 1-1 215
Eckmoment 278
Eigengewicht 14, 298 ff.
einachsig gespannte Platten 312 ff.
Einfeldträger 90, 95
Einspannmoment 277
Einspannung 58 ff.
Einwirkungen 129, 13 ff.
–, Bemessungswert 369
–, direkte 13
–, ständige 14
–, vorübergehende 15
Einzellasten 18 ff., 30 ff., 46 ff., 202, 241

Elastische Linie, Wendepunkt 99
Elastizitätsgrenze 122, 180
Elastizitätsmodul 118 ff., 161, 180
Endfeld 315
Erdbeben 15
Erddruck 15, 211
Euler-Hyperbel 180, 376
Eulerfälle 175 ff.
Eurocode 124, 315
- (EC) 1 19, 22
- 2 368
- 6 Teil 3 215

F

Fachwerk 247 ff., 307
Fasern 185
Feldmoment, maximales 100, 103
Festigkeit 113 ff.
Festigkeitsklassen 289
Feuersicherheit 335
Flächenlasten 17 ff.
Flächenmoment 134
- ersten Grades 155
- zweiten Grades 139
Flanschen 167
Fließgrenze 121 ff.
Form 279 ff.
Füllkörper 336, 345
Fußplatte 187
Fußpunkte 186

G

Gebrauchsfähigkeitsnachweis 161
Gebrauchslasten 125, 190 ff., 298 ff., 318, 324 f., 341
Gebrauchstauglichkeitsnachweis 314
Geländerholm 109
Gelenke 250
Geradlinigkeitshypothese 130
Gerberträger 64

Geschoßhöhe 215, 222
Gestalt 166 ff.
Gleichgewicht 252
Gleichgewichtsbedingungen 41, 46 ff., 61, 261 ff.
Graf, Otto 120
graphische Methode 274
graphische Statik 225 ff.
Grenz-Materialwerte 127
Grenzspannung 114, 129, 134, 137, 161, 211, 369, 372
-, ideelle 372
Grenzwert 289
Größe 225 ff.

H

Haarrisse 292
Halbmassivstreifen 338, 345
Hebelarm 40, 80 ff., 153, 244
Hirnholz 186
Hohlkörper 336, 345
Holz 117, 120, 129 ff., 137
-, Brettschicht- 137
- stütze 181 ff., 185, 204
- träger 168
Hookesches Gesetz 118 ff., 130, 180, 290
Horizontal-
- druck 109
- kraft 39 ff., 56, 244
- projektion 273 f.
Höchstbewehrungsgrad 373
Hüllkurve 99 ff., 101 ff., 107 ff., 112

I

Innenwände 222
Integral 143, 156

K

k-Verfahren 181, 376, 388
Kapillarwirkung 186
kd-Verfahren 294
Kellerwände 211
Kies 287
Kippen 54
Kippmoment 54
Kippsicherheit 102
Knicken 140, 172 ff., 212
Knick-
− beiwert 383
− berechnung 376
− berechnung der rechteckigen Stahl-
  betonstütze 382 ff.
− gefahr 376
− länge 175 ff., 272
− länge, wirksame 216
− längen 187
− last 176 ff.
− nachweis der unbewehrten Beton-
  stütze und -wand 381
− spannungskurven 376, 380
− spannungslinie 184
Knoten 250 ff.
Komponenten 227ff.
Kopfplatten 187
Korrosion 291
Körbe 297
Kraft 225 ff., 251 ff.
−, Auflager- 99 ff., 238 ff.
− diagramm, Quer- 79
−, Druck- 69, 262 ff., 288
−, innere 67 ff.
−, Horizontal- 39 ff., 244
−, Längs- 68 ff.
−, Normal- 68, 250
−, Quer- 68, 71 ff., 90 ff., 98, 103, 190 ff.
−, Scher- 71
−, Schnitt- 68 ff.
−, Seil- 237
−, Stab- 261 ff.
−, Vertikal- 39 ff.
−, Zug- 69, 262 ff., 288

Kräfte, Parallelogramm 226 ff.
Kräftegleichgewicht 37 ff.
Kräfteplan 229 ff.
Krafteck 232 ff.
Kraftpfeil 232 ff.
Kragarm 53 ff., 93, 200
Kragmomente 338
Kriechen 116
Kurzschreibweise 352

L

Lage 302 ff.
Lageplan 229 ff.
Längskräfte 68 ff.
Längsstäbe 313
Längstähle 300 ff.
Last 125
− annahmen 22, 124
− aufstellungen 25 ff., 125
−, charakteristische 163
− einleitung, ausmittige 220
− einwirkungen 125
−, Einzel- 241
−, Knick- 176 ff.
−, Schnee- 23
−, Strecken- 50 ff.
−, Verkehrs- 32 ff.
−, Voll- 54 ff., 191 ff.
Lasten 13 ff., 129
−, charakteristische 24 ff., 125
−, dynamische 15
−, Einzel- 18 ff., 30 ff., 202
−, Flächen- 17 ff., 26
−, Gebrauchs- 125, 190 ff., 298 ff., 318,
  324 f., 341
−, horizontale 16
−, Linien- 17 ff.
−, nichtständige 15, 54
−, ständige 14, 26 ff., 54
−, Strecken- 17 ff., 27 ff.
−, vertikale 16
−, Wind- 23 ff.

Lastfälle 54 ff., 99 ff.
Leeseite 23 ff.
Leichtbeton 287
Leichtmörtel 211
Leim 152
Leiter 238
Linie
–, Momenten- 244 ff.
–, Seil- 244 ff.
Linienlasten 17 ff.
Luvseite 23 ff.

M

Material 124, 126
Matten 291, 313 ff.
Mauermörtel 211
Mauerwerk 211, 222
Mauerwerksfestigkeit 209
Mauerwerkspfeiler 212
Maximalmoment 92
Maximum 89
Methode, graphische 274
Mindestbewehrungsgehalt 373
Mindestdicke 382
Minimum 89
Mischungsverbot 287
Mittelfelder 315
Momente 67 ff., 80 ff., 89 ff., 98ff., 190 ff.
–, Basis- 163
–, Bemessungs- 318
–, Biege- 80 ff., 134 ff., 144
–, Dreh- 40, 47, 263 ff.
–, Eck- 278
–, Einspann- 277
–, Flächen- 134, 139, 155
–, gleichgewicht 37 ff.
–, inneres 132 ff.
–, Kipp- 54
–, Krag- 338
–, Maximal- 92, 107
–, maximales 83, 86
–, Nullpunkte 99
–, Stand- 54

–, statisches ersten Grades 155
–, Stützen- 338
–, Trägheits- 130 ff., 139 ff.
–, Widerstands- 130 ff., 134 ff., 139 ff., 161
Momentenlinie 89 ff., 244 ff.
Montageeisen 297 ff.
Mörsch 307

N

Nadelholz 192 ff.
Näherungsverfahren 379
Navier 131
Nennfestigkeit 289
Normalkräfte 68, 250
Normalmörtel 211
Null-Linie 133, 140 ff., 155, 294
Nullpunkt, Querkraft- 103
Nullpunkte, Momenten- 99
Nullstab 256 ff., 263

O

Obergurtstäbe 249 ff., 267
Ortbeton 288

P

Parabel 84 f., 91, 94 f.
parallel 229 ff.
Pendelstab 283
Pfeil 225 ff., 228 ff., 253 ff.
Pfeiler 219 f.
–, Mauerwerk 209
Pfetten 28
Planlatte 340
Platten 312 ff., 323 ff.
–, allseitig aufgelagert 312 ff.
– balken 322 ff., 325, 333, 358 ff.
–, einachsig gespannt 312 ff.
–, kreuzweise gespannt 312

Pol 235 ff.
Poleck 233 ff.
Polonceau 271
Polstrahlen 235 ff.
Position 26 ff.
Positionsplan 26

Q

Q-Matten 313
Querbewehrung 320, 338
Querkraft 89 ff., 98, 109, 157, 307 ff., 310, 311
- diagramm 79
- Nullpunkt 103
Querkräfte 68, 71 ff., 90 ff., 190 ff.
Querrippen 338, 341, 345
Querschnitt 135
Querschnitte, zusammengesetzte 149 ff.
Querschnittsfläche 132, 302 ff.
Querstäbe 313
Querträger 345
Querverteilung 22

R

R-Matten 313
Rahmen 63 ff.
-, Dreigelenk- 63, 65
-, Zweigelenk- 63, 65
Rand-
- balken 332
- bewehrung 320
- einspannungsmatten 320
- spannung 134
Reaktion 38 ff., 226 ff.
Reaktionskraft 38 ff.
Rechteckquerschnitt 132 ff., 147, 158 ff., 161
Resonanzerscheinungen 15
Resultierende 226 ff.
- Teil- 231 ff.
Richtung 14, 16, 225 ff.

Rippen, Abstand der 345
- abstand 335
- decke 334 ff., 361 ff.
Risse 338
Ritter 261
Rittersches Schnittverfahren 261 ff.
Rohr 184
Rödeldrähte 297

S

Schalbleche 340
Schalung 297
Schätzwerte 311, 321, 333, 345
Scherkraft 71
Schlankheit 178 ff., 217, 380, 383
Schlußlinie 94, 242 ff.
Schnee 14, 26 ff.
Schneelast 15, 23
Schnittgrößen 125
- Basis- 318
Schnittkräfte 68 ff.
Schnittpunkt 226 ff.
Schub 152 ff., 307 ff., 310, 316
- Bemessung 101
- kraft 152 ff., 297
- spannung 114, 154 ff., 308, 339
Schweißnähte 160
Schwellen 185
Schwerachse 150
Schwerlinie 140, 143 f.
Schwerpunkt 133, 144
Schwinden 116
Schwingungen 15, 162
Seil 237
- durchhang 246
- eck 233 ff.
- kräfte 237
- linie 244 ff., 269
Senkung, Stützen- 62
Sicherheitsbeiwerte 129, 296
Sicherheitsfaktoren 24, 124 ff.
Sicherheitskonzept 124 ff.
Sog 23 ff.

Spannung 113 ff., 121, 129, 130 ff., 148
-, Druck- 114
-, Grenz- 114, 161
-, ideelle 373
-, Schub- 114, 339
-, Zug- 114
-, zulässige 180
Spannungs-Dehnungs-Diagramm 122, 290
Spannungsdiagramm 131
Spannungshypothese 131
Spannungslinie, Knick- 184
Spannweite 298
Splitt 287
Stabachse 55
Stäbe 249 ff.
stabförmige Druckglieder 382
Stabkraft 261 ff.
Stablänge 379
Stahl 121 ff., 129 ff., 138, 291
-, Fließen des 121
Stahlbeton 123, 138, 287 ff.
- balken 297 ff., 352 ff.
- druckglieder 367
- fertigteile 288
- platte 312 ff., 318 ff., 321, 354 ff.
- und Betonstützen, gedrungene 369
- stützen 370, 376
Stahldehnung 293, 319
Stähle 302 ff., 323
Stahleinlagen 295
Stahllängsbewehrung 370, 384
Stahlquerschnitt 311
Stahlstäbe 288
Stahlstütze 181 ff., 206
Stahlträger 205
Standmoment 54
Statik, graphische 225 ff.
statisch bestimmt 62
statisch unbestimmt 61 ff
statische Bestimmtheit 61 ff., 251
statische Unbestimmtheit 251
Staudruck 23
Steg 167 f.
Steifigkeit 140

Stein, künstlicher 287
Streckenlast 17 ff., 27 ff., 50 ff.
Streckgrenze 180, 291
Stützen 31, 36, 195, 204
- aus Beton und Stahlbeton 367 ff.
-, bügelbewehrte quadratische 375
- einzugsfläche 388
-, Holz- 204
-, kreuzförmige 188
- mit Knickgefahr 384
- momente 338
- querschnitt 388
-, Stahl- 206
- Senkung 62
Systemskizze 27

T

Tangente 85, 91, 95
Tangentialpunkte 85
Teilresultierende 231 ff.
Teilsicherheitsbeiwert 352, 370
Teilsicherheitsfaktor 369
Temperatur-Dehnung 62
Temperaturänderung 15
Träger 135, 287 ff., 356 ff.
- auf zwei Stützen 46 ff.
-, Biege- 166 ff.
-, deckengleiche 334 ff., 343 ff., 365 ff.
-, Einfeld- 90, 95
-, geknickte 273 ff.
-, Gerber- 64
-, Holz- 168
-, Quer- 345
-, schräge 273 ff.
-, Stahl- 205
Tragfähigkeit 215, 368
Tragfähigkeitsnachweis 135 ff., 160
Trägheitsmoment 130 ff., 139 ff., 161
Trägheitsradius 179
Traglastverfahren 292
Trennwände 314
-, variable 15
Treppen 275 f.

U

Überschlagsmethode 266
Uhrzeigersinn 252
Umfahrungsrichtung 253
Umweltbedingungen 291, 300
Unbekannte 261
Untergurt 267
– stäbe 249 ff., 267 ff.
unverschieblich 245

V

Verankerung 197
Verformungen 115 ff.
Verkehrslasten 15, 32 ff.
Verteilung 14, 17
Vertikalkräfte 39 ff.
Vertikalstab 249 ff., 268 ff.
Vollast 54 ff., 191 ff.
Vollholz 149
Vorzeichen 38 f., 47, 49, 74, 262 ff.
– regel 69, 81, 105, 277

W

Wand 33
– aus Beton und Stahlbeton 367 ff.
–, aussteifende 209
– berechnung 215
– dicke 215
–, 3seitig gehaltene 213, 216, 219, 223
–, 1seitig gehaltene 216

–, 1seitig gelagerte 213
–, Mauerwerk 209
–, nichttragende 209
–, tragende 209
–, 4seitig gehaltene 213, 217, 219, 223
–, 2seitig gehaltene 213, 216, 219, 222
Wärmedehnung 45
Wendepunkt 175
– der elastischen Linie 99
Widerstand 13
Widerstandsfähigkeit 115, 127, 129
Widerstandsmoment 130 ff., 139 ff., 161
Widerstandsmoment 134 ff.
Wind 14
– lasten 15, 23 ff.
Winkel 229 ff.
Wirkungslinie 225 ff., 251
Würfel-Druckfestigkeit 289

Z

Zange 35, 193
Zapfen 186
Zement 287
Zugkraft 69, 262 ff., 288
Zugspannungen 114, 288, 292
Zugstäbe 171 ff., 253 ff., 301 ff.
Zugstähle 297 ff.
Zugzone 292
Zwängungen 63
Zweigelenkrahmen 63, 65
Zwischenbügel 375
Zylinder-Druckfestigkeit 289

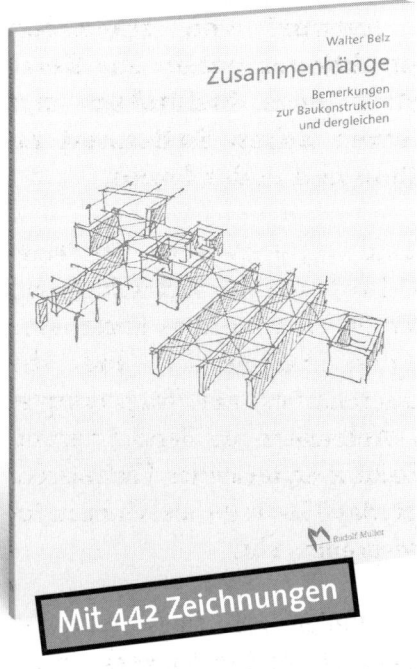
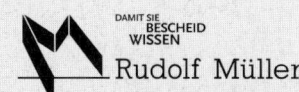

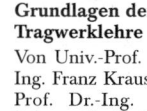
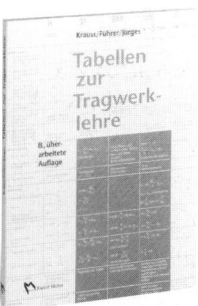